近代中国

李文海 著

灾荒史论

江苏人民出版社

图书在版编目（CIP）数据

近代中国灾荒史论 / 李文海著. —南京：江苏人
民出版社，2023.12
ISBN 978 - 7 - 214 - 28671 - 0

Ⅰ.①近…　Ⅱ.①李…　Ⅲ.①自然灾害－历史－中国
－近代－文集　Ⅳ.①X432－092

中国国家版本馆 CIP 数据核字（2023）第 209517 号

书　　　名　近代中国灾荒史论
著　　　者　李文海
责 任 编 辑　康海源
装 帧 设 计　刘　俊
责 任 监 制　王　娟
出 版 发 行　江苏人民出版社
地　　　址　南京市湖南路 1 号 A 楼，邮编：210009
照　　　排　南京紫藤制版印务中心
印　　　刷　江苏凤凰数码印务有限公司
开　　　本　880 毫米×1230 毫米　1/32
印　　　张　12.5　　插页 2
字　　　数　288 千字
版　　　次　2023 年 12 月第 1 版
印　　　次　2023 年 12 月第 1 次印刷
标 准 书 号　ISBN 978 - 7 - 214 - 28671 - 0
定　　　价　68.00 元
（江苏人民出版社图书凡印装错误可向承印厂调换）

目　录

第一辑　开拓灾荒史研究的意义

第二辑　灾荒与近代中国研究

第三辑　灾荒史的现实镜鉴

第四辑　灾荒书序与书评

李文海先生与中国近代灾荒史研究

（代前言）

　　敬爱的李文海老师虽然永远离开了我们，却留下了十分丰富的学术遗产。其中，他关于中国近代灾荒史的研究，无疑是一个值得特别重视的部分。作为这一领域最重要的开拓者，他主撰、主编的许多论著和资料集，不仅为该领域打下了坚实的基础，对于整个中国灾荒史以至环境史研究的发展和深化也都起到了重要的引导作用，为新时代中国历史学的繁荣发展做出了积极贡献，在国内外学术界都产生了重大影响。我们作为李老师培养起来的学生，又长期追随李老师从事这一领域的研究，深切感到，充分认识和继承这份遗产，既是学术发展的客观要求，也是对李老师最好的怀念。

一

　　毋庸讳言，在李老师之前，早有学者涉足过中国近代灾荒史研究。但很少有人像李老师那样，在涉足这一领域之初，便对其理论和现实意义进行了深刻、缜密的思考，并使这种思考成为不断拓展这一领域的不懈动力。同时,李老师又以自己卓越的领导能力和巨大的人格魅力,组织起一支团结奋进的研究队伍,开展了诸多卓有成效的工作。这才可以理解,原先在其他学者那里只是一个普通研究方向或课题的中国近代灾荒史,却能够从李老师这里开始,迅速成长为一个方兴未艾的重要研究领域。也正是在这个意义上,李老师作为该领域的开拓者和奠基人是当之无愧的。

李老师决定大力开展近代灾荒史研究,起步于 1985 年组建"近代中国灾荒研究"课题组。而这个课题组的成立,以及李老师此时决定大力开展这项研究,是与他此前对整个历史学科体系的深刻反思分不开的。李老师自己曾直言不讳地承认,他们之所以选择近代历史上的灾荒问题作为研究课题,是在改革开放初期有关"史学危机"的讨论刺激下,经过深入思考而开辟的一条研究新路。

李老师在 1988 年发表的《论近代中国灾荒史研究》一文,是其第一篇关于近代灾荒史的论文,更可谓他和课题组同仁致力开拓这一领域的宣言书。他在文中明确指出,当时的史学研究,"很不适应飞速前进的社会发展的需要,同现实生活的结合不够紧密"。造成这种状况的主要原因是:对待马克思主义理论的简单化;研究题材的单一化;研究方法和表述方法的程式化。具体而言,"常常只是把最主要的精力集中在历史的政治方面,而政治史的研究又往往只局限于政治斗争的历史,而且通常被狭隘地理解为就是指被统治阶级与统治阶级之间的阶级斗争的历史";而研究阶级斗争史,"又只注意被压迫阶级一方,或者是革命的、进步的一方,不大去注意研究统治阶级或反动的一方"。其结果"势必把许多重要的题材排除在研究视野之外,而最被忽视的,则要算是社会生活这个领域"。他多次引用马克思说过的一段话:"现代历史著述方面的一切真正进步，都是当历史学家从政治形式的外表深入到社会生活的深处时才取得的。"而在中国历史上，灾荒问题作为社会生活的一个重要内容，"对千百万普通百姓的生活带来巨大而深刻的影响"，从其与政治、经济、思想文化以及社会生活各个方面的相互关系中，完全"可以揭示出有关社会历史发展的许多本质内容来"。①

这里有必要提及的一个重要细节是，李老师决定转向近代灾荒史研究时，他其实已经过了"知天命"之年。并且，他这时还担任着中国人民大学副校长和党委书记的职务，诸多繁重的行政工作，使他每每自嘲自己的专业研究只能在"八小时以外"来进行。此外，在这个时候，李老师业已是一位知名学者，在素来为史学界所关注的太平天国、义和团、辛亥革命等重大问题上，都取得了令学界瞩目的成就。以他此时的身份、地位，毅然置身一个全新的研究领域，对常人来说是难以想象的。然而，凭着对学科发展的使命感，对学术研究的热爱，以及卓越的研究能力，李老师成功实现了这个巨大的学术转向，使灾荒史研究成为自己最后三十多年中最富活力的学术志业。

促使李老师进行这一学术转向的另一个重要因素，则是他敏锐地意识到了灾荒史研究所蕴含的深远和深刻的现实意义。他本人坦承，很早以前，他便在毛泽东同志于1955年所写的《关于农业合作化问题》一文的启发下，注意到灾荒问题是了解国情、研究国情的一个重要方面。② 就此而言，他之所以选择研究历史上的灾荒问题作为对"史学危机"讨论的回应，当然不是出于一时灵感，而是基于长期以来结合理论与实际、历史与当代所进行的思考。后

① 李文海：《论近代中国灾荒史研究》，《中国人民大学学报》，1988年第6期。
② 李文海、周源：《灾荒与饥馑，1840—1919》，高等教育出版社，1991年，前言。

来的社会现实则更加有力地证明了李老师开拓这一领域所独具的前瞻性。在他着手组建课题组两年后的 1987 年,联合国大会通过第 169 号决议,把 20 世纪的最后十年定为"国际减轻自然灾害十年"。次年,中国灾害防御协会为此召开会议,认为"我国是一个自然灾害频繁、灾害损失严重而防灾意识又比较薄弱的大国,应积极响应和参加这项活动"。① 因此,当他和课题组同仁于 1990 年、1991 年相继推出《近代中国灾荒纪年》和《灾荒与饥馑,1840—1919》两部著作时,即被认为是中国史学界参加这项活动的一个努力。②

　　此后,随着我国经济建设的迅速发展,人与资源、环境之间的各类矛盾日益尖锐和突出。1991 年、1998 年长江流域两次特大洪灾的发生,使得灾害问题对社会的重大影响开始得到越来越多的重视,又因灾害问题都蕴含着长时段的发生机制,故而了解近代以来的中国灾害状况也有着迫切的社会需要。1997 年,江泽民总书记特地邀请八位历史学家分别座谈中国历史上的九个重大问题,李老师受邀所谈的问题便是"中国近代灾荒与社会稳定"。③ 有鉴于此,尽管当时灾荒史研究实际上仍处于寥若晨星的状态,但是李老师已经敏锐地感到,这必将是一个大有可为的领域。朱浒清楚地记得,1999 年深秋,自己作为入学不久的博士生,跟李老师商讨博士论文选题时,一开始并未决心将灾荒史作为主攻方向,李老师则用平静而坚定的语气指出,从事学术研究,要会寻找一座有可持续发展前途的"富矿",而灾荒史正是这样的"富矿"。

---

① 《人民日报》,1988 年 2 月 13 日。

② 彭明:《〈灾荒与饥馑,1840—1919〉序》,载李文海、周源:《灾荒与饥馑》。

③ 国家教委高校社会科学发展研究中心组织编写:《中外历史问题八人谈》,北京:中共中央党校出版社,1998 年 3 月。

事实证明了李老师的预见。进入 21 世纪之后，灾害问题以更加猛烈的势头在人类社会中扩展，如 2003 年的"非典"流行、2004 年的印度洋海啸、2008 年的汶川地震、2011 年的日本海啸，都极大激发了人们了解自然灾害的渴求，从而大大促进了灾荒史研究的进一步发展。这里有个特别明显的对比：在 2000 年以前的近百年中，关于中国灾荒史研究的成果，总量不过是六七部专著、200 余篇学术论文；2001 年之后，关于灾荒史的专著以年均至少 2 部的速度出现，学术论文则达到年均 120 篇以上。这充分体现了灾荒史研究的生命力和价值。在 2005 年举行的"清代灾荒与中国社会"国际学术研讨会上，李老师在总结灾荒史研究的成绩时明确指出："学术发展史告诉我们，任何一种学术，任何一个学科，只有存在着巨大的社会需求，并且这种客观需求越来越深刻地为社会所认识和了解时，才可能得到迅猛的发展和进步。社会需求是推动学术发展和繁荣的最有力的杠杆。"[①]毫无疑问，这一方面是对灾荒史研究得以迅速发展的准确总结，另一方面又何尝不是他本人当初以极大勇气开拓新领域、进行学术转向的心声。

二

谈到李老师对于灾荒史研究的奠基性作用，另一个必须强调的方面是他对资料工作的高度重视以及为之付出的巨大努力。凡是从事历史研究的人都知道，"论从史出"是历史研究的不二法门。

---

① 李文海：《进一步加深和拓展清代灾荒史研究》，《安徽大学学报（哲学社会科学版）》，2005 年第 6 期。

傅斯年甚至以"史学即是史料学"的说法，来高度凸显原始资料对于史学研究的基础作用。李老师从开展灾荒史研究之始，便严格遵循这一基本规律和要求，他不仅将本人的研究成果完全建立在充分的资料之上，更以无私的精神将自己和同仁们辛苦搜集的资料完全公之于众。直至生命的最后时刻，他还在贯彻这种嘉惠学林的努力。可以大胆地说，在李老师之后步入灾荒史研究领域的学者，很少有人不从他的这些努力中受益。

李老师及其团队公开出版的第一部灾荒史著作，是他们历经5年之久才完成的、将近70万字的《近代中国灾荒纪年》一书。尽管该书的编撰框架和结构内容蕴含着作者们深厚的研究功力和睿见卓识，但是无论如何不能否认的是，这本书的面貌首先是一本标准的资料集。关于为何要首先编纂这样一部书，李老师曾在该书的前言中解释说，"全面研究和分析有关灾荒问题的各个方面，不是靠一本著作所能完成的"，所以他和课题组成员给自己定下的第一个任务，"是对从鸦片战争到五四运动这八十年时间的自然灾害状况，选择一些典型的、可靠的历史资料，加以综合的、系统的叙述"。他既谦虚又自信地认为，"这是一件基础性的工作，因为不弄清楚自然灾害的具体情况，对灾荒问题的进一步研究也就无从谈起。我们不知道这部书是否能对社会提供多少有益的帮助，但至少有两点是问心无愧的：一是我们确实还没有看到哪一本书曾经对这一问题提供如此详细而具体的历史情况。二是由于本书使用了大量历史档案及官方文书，辅之以时人的笔记信札，当时的报章杂志，以及各地的地方史志，我们认为对这一历史时期灾荒面貌的反映，从总体来说是基本准确的"。①

---

① 李文海：《论中国近代灾荒史研究》，《中国人民大学学报》，1988 年第 6 期。

时间和事实证明，不仅李老师的这份自信是有充分依据的，而且这部书的价值也得到了极其广泛的认同。在国内外学界，这部书早已成为研究近代中国灾荒史的必备工具书。时至今日，作为李老师学生的我们还多次碰到有人索要这部书的情况。在《近代中国灾荒纪年》出版的 1990 年，出版学术书籍的困难是众所周知的，这部在当时算得上大部头的著作，仅仅印刷了 620 本，每本定价不过几块钱。现如今，在国内最大的旧书交易网站——孔夫子旧书网上，该书的价格甚至被推上了几百元的价位，但即便如此仍是一书难求。而同样的情形，也出现在该书的续篇即《近代中国灾荒纪年续编（1919—1949）》身上。

在李老师开展灾荒史研究的过程中，他始终遵循的研究工作顺序是，先公开出版他领导的团队编纂的相关资料，然后才发表在这些资料基础上形成的研究性著作。例如，在《近代中国灾荒纪年》出版的次年，才推出他和周源合著的《灾荒与饥馑，1840—1919》一书；在《近代中国灾荒纪年续编（1919—1949）》之后，才推出《中国近代十大灾荒》这部著作。这一方面显示了他对史料和文献整理工作的高度重视，另一方面也说明，他从不独占和垄断资料，而是尽可能将自己和课题组多年辛苦积攒的史料原汁原味地奉献出来，让国内外学术界共同分享，吸引更多的学者加入灾荒史研究的队伍中来，从而共同推动这一学术事业的发展。从这一意义上来说，这样的资料整理工作，实际上是为学界提供了一个从事灾荒史研究的公共平台，属于一种公共文化工程。

李老师对于这种公共文化工程的热忱，在出版 12 卷本《中国荒政书集成》的曲折过程中得到了极其显著的体现。这部《集成》基本囊括了宋元明清时期出现的重要灾荒专书，总字数约 1200 万字。不太为人所知的是，这套书的编纂其实可以追溯到 20 世纪

90年代后期,期间甚至一度面临难以为继的窘境。本来,这部大型资料集曾定以《中国荒政全书》的名字推出,原定计划总数为16本。到2004年,在这套书出版了第5本之后,原出版社突然以出版经费不足为由,要求中止出版合同。至于最终交涉的结果,不过是出版社赔偿1万余元毁约费而已。更严重的是,由于这时绝大部分书稿的点校任务都已分配出去,众多同仁的努力也面临着"十年之功,毁于一旦"的厄运。在接下来的几年中,正是依靠李老师的不懈呼吁和多方努力,这只半死不活的"断尾巴蜻蜓"才终于得到再生的机会。经过热心朋友的穿针引线,天津古籍出版社表示愿意接手整套书的出版,这才最终成就了《中国荒政书集成》一书。而这套书的价值也很快得到学界的高度评价,并获得2010年度全国优秀古籍图书一等奖。这里特别值得一提的是,李老师对这套书的出版绝非仅仅起着"务虚"作用,他当时虽年事已高,却每每主动请缨去点校许多字迹最难辨认的稿本、抄本,其完成的工作量在全部点校者中名列前茅,这恐怕也是外人难以想象的。

　　在李老师主持编纂这些资料的过程中,作为近水楼台的弟子,我们都是其中最大的受益者,当然也希望成为这一精神的践行者。我们能够顺利完成博士学位论文,出版自己的专著,是与李老师等前辈学者多年来所坚守的资料整理工作分不开的,所以在后来的研究工作中,也常常把资料整理工作放在非常重要的位置。可是,众所周知,在目前的学科评价体制下,再坚持这样的工作,实属难上加难。我们在李先生指导下编纂各类史料的过程中,一方面深感责任重大,另一方面也难免逐渐滋生烦躁之情。尤其是想到穷十年、数十年之功弄出来的大型文献资料汇编,在科研管理机构那里,往往还比不上一篇普通学术论文的时候,不免有些心灰意冷。

　　但是,李老师依然壮心不已。在即将迎来80寿辰之际,他又决心将另一部规模更大、史料价值更可宝贵的灾荒史文献公诸于世，这就是收录清宫原档多达 4 万余件的《清代灾赈档案史料汇编》。说来话长，这批档案最初得以整理，还是得力于李老师的干劲。2004 年初，国家清史编纂委员会确定李老师为新修清史项目《灾赈志》的负责人，李老师立即贯彻自己"先资料、后研究"的方针，在接受任务后没两天，就率领项目组全体人员前往第一历史档案馆，与档案馆达成了合作整理灾赈档案的协议。这批档案的整理，也使《灾赈志》项目的完成得到了重大保证。而李老师并不以此为满足，本着一贯的学术为天下公器的无私精神，他非常希望能够将这部珍贵文献推向更大的社会范围。虽然其间也几经曲折，但在第一历史档案馆和出版社的鼎力支持下，这一工程终于在2013 年初启动。按原定计划，课题组将于是年 6 月 9 日开会讨论相关编纂细则，并请李老师作进一步指导，未曾想他竟在 6 月 7 日溘然长逝。在他去世的那一天，课题组同仁曾就要不要取消筹备会进行了商讨，结果包括外地成员在内，所有人都同意照常举行，并表示一定要以完成这项工作作为对李老师的深切缅怀。

三

李老师固然把资料性工作置于非常优先的位置，但是这决不意味着他会降低自己在研究性工作中的标准。从数量上来说，李老师在灾荒史研究方面的论著并不算太多。造成这种状况的原因，除了行政等其他事务和投入资料工作占据大量精力外，在相当大程度上也与他对个人研究工作的严格要求有关。也正是因为遵照这样的严格要求，李老师的许多灾荒史研究成果，虽然发表时间大都距今超过 20 年之久，却一直保持着很强的生命力，至今还对后来者发挥着很强的引领和指导作用。

李老师的研究何以具有这样的生命力呢？在我们看来，其中最重要的因素应该是他从一开始就摒弃了通常那种专业化分工的做法，形成了一种更具综合性和动态特征的研究视角，由此使他无论对于许多灾荒问题的考察深度，还是对灾荒具体内容的开掘，都能够言人所未言、见人所未见。

在很多学者那里，灾荒史首先是被作为历史研究的一个领域来看待的。由此形成的一套通行研究路数，就是致力于说明灾荒的种类、成因、规律、影响以及减灾救荒等应对措施，等等。应该说，这些内容当然是灾荒史研究不可或缺的组成部分，但如果拘泥于此，往往会不自觉地陷入就灾荒论灾荒，乃至"灾荒决定论"的境地。而李老师从研究伊始，就一再强调应该以此为基础来揭示灾荒在社会历史进程的地位与作用。用他自己的话来说，就是要注意自然灾害"给予我国近代的经济、政治以及社会生活的各个方面以巨大而深刻的影响，同时，近代经济、政治的发展，也不可避免地使得这一时期的灾荒带有自己时代的特色"。[①] 无疑，这样一种视角，不仅在当时起到了对曾经教条化的革命史观的反思和修正作用，即便与如今力倡的环境史或生态史视角相比，亦多有可资沟通之处。

根据这种视角，李老师在具体研究内容上开辟的第一个重要领域，就是从自然现象与社会现象相互作用的角度，来重新观察和解释近代中国历史上一系列重大事件。其中最具代表性的成果，

---

① 李文海：《中国近代灾荒与社会生活》，《近代史研究》，1990 年第 5 期。

当推其 1991 年发表的《清末灾荒与辛亥革命》一文。①

　　该文的主要特色在于:首先,这是第一次将灾荒因素引入近代中国政治史的研究之中,而且并非像某些学者认为的那样,过于夸大灾荒的影响,实际只是将之视为导致辛亥革命爆发的几个重要因素之一;其次,该文固然强调了因灾而起的民众抗议或社会性骚乱在促进革命形势日趋高涨的过程中所起的作用,但也只是突出其与辛亥革命这一新的革命运动之间的密切联系,同时揭示了两者的分歧,从而将其与传统的改朝换代式的农民起义区别开来;其三,与前一点相关,该文从灾荒观的角度,从革命派通过灾荒揭露清朝封建统治的舆论层面,反映了新旧政权交替之际政治合法性论据的变化,即从以灾异为核心的天命观向政治统治之民生绩效方面的转变,也就是从天命观向宪政观的转移;第四,该文还首次对晚清民初中国救荒体制演变进行了梳理,尽管其中有个别问题的分析尚需重新评估,但大体趋势基本上还是符合历史事实的。

　　从以上介绍可以看出,通过这样一篇有理、有据、有节的论文,李老师清楚地展示了如何以灾荒问题为视窗,又如何将灾荒作为重要变量来审视相关的重大历史事件,而从未出现任何所谓"灾荒决定论"的偏激观点。同样依据这样的思路,李老师还考察了灾荒与鸦片战争、灾荒与甲午战争等问题,并阐发了此前学界未曾触及的洞见。不仅如此,在他的影响和指导下,一些合作同事和他指导的研究生也从这一思路出发,分别探讨了灾荒与太平天国、灾荒与洋务运动、灾荒与义和团运动、灾荒与抗日战争等主题,揭示了诸多为前人所忽略却颇具重要意义的内容,从而进一步证明了这一思路的独特价值。

---

① 　李文海:《清末灾荒与辛亥革命》,《历史研究》,1991 年第 5 期。

　　李老师基于此种综合性动态视角而做出的另一项重要开拓，则体现在对一些原本看似为人忽略或重视不够的社会内容进行了极具深意的探讨。在这方面，首先应该提及的是他关于晚清义赈活动的研究。尽管在李老师之前，也曾有个别学者注意到义赈活动，但大都仅仅将之视为地方精英所从事的一项公共事业，往往一带而过。李老师则在接触这一内容伊始，便敏锐地发现其中包含着许多复杂的线索，故而予以了特别的关注。

　　他在 1993 年发表的《晚清义赈的兴起与发展》一文，是国内外学界第一篇专门论述义赈活动的论文。[①] 该文首次较为完整地勾勒了义赈活动兴起和发展的过程，并明确展示了义赈活动隐含的两条复杂社会脉络：其一，义赈活动并不是一项单纯的地方社会义举，其与国家层面兴办的洋务运动之间有着密切关联，吸收了许多新的社会经济成分，是一项新兴的社会事业；其二，义赈与属于地方社会的善会善堂等慈善资源之间，存在着既继承又超越的关系，也大大突破了先前民间赈灾活动只能在小区域范围内开展的状况。由此表明，义赈活动决不能仅仅放在中国救荒机制的近代演变中来理解，而必须与更大范围、更多层次的社会变迁背景勾连起来加以考察。

　　大约在李老师此文发表十年以后，近代义赈活动的价值和意义才在学界引起了广泛的注意。根据中国知网和读秀提供的数据统计，以近代义赈为主题的专著迄今至少出版了 6 部，论文总数约为 100 篇。就绝大多数成果而言，固然补充甚至纠正了李老师当初文章中的一些薄弱乃至不确之处，但在整体思路上并未超越李老师的见解。对于那些力图推进近代义赈研究的研究者来说，李

---

① 李文海：《晚清义赈的兴起与发展》，《清史研究》，1993 年第 3 期。

老师当初的认知思路则是他们必须面对的思考起点。

　　李老师在灾荒的社会内容方面另一项眼光独到的开掘,则是对灾荒诗歌的研究。在《晚清诗歌中的灾荒描写》一文中,他通过对灾荒事实与灾荒诗歌内容的对照和解读,既揭示了诗歌对晚清灾荒的特征和危害的独特呈现形式,又表现了灾荒对文学所产生的深刻影响。他还结合文学和史学的属性,对灾荒诗歌的价值给予了十分客观的评判,认为"就艺术性而言,固然不见得是可以传诵千古的佳品,但就其现实主义的思想内容来说,应该说是上乘之作的"。① 虽然这篇文章篇幅有限,论述上也存在一些薄弱之处,但是李老师在这里显示出来的眼光和思路,都反映出了令人赞叹的学术前瞻性。这方面的第一个表现是,近几年来,国内外学界都出现了对灾荒文学的关注,除去具体研究对象的差别,这些研究者的主要考察手法,仍然是历史与文学的对照及互动。第二个表现则是,随着清史资料的加速拓展,以及清代灾荒史和文学史研究的大大深入,清代灾荒诗歌的繁盛状况逐渐被认为是一个需要加以重视的社会现象和文学现象。总之,以对灾荒诗歌的关注为焦点,推进关于灾荒的社会文化史研究,已经成为一个备受期待的取向,从而有力凸显了李老师这篇文章作为开山之作的价值。

　　在一般人看来,以李老师的身份、地位和贡献,却从未专门阐述过灾荒史研究的理论、体系或方法之类的东西,似乎是个不小的缺憾。但在李老师心中,这根本算不上一个问题。在1995年出版的《世纪之交的晚清社会》的前言中,他直言:"全书没有提出什么对于中国近代社会的惊人的理论观点,也几乎未曾参加近年来中国近代史领域一些热门问题的讨论,大概不免会被有些人目为保

---

① 李文海:《晚清诗歌中的灾荒描写》,《清史研究》,1992年第4期。

守之作的。"同时他也很自信地认为，自己的著述有一个好处，那就是"注意的问题往往是过去研究较少甚至是被人们所忽略的；写作时努力少讲空话，尽量不去做抽象的概念争论，对于历史现象和社会现象的叙述和分析，力求具体、细致，言必有据"。① 无疑，李老师在自己的灾荒史研究强烈贯彻了这一理念，而这些成果的长久生命力，反过来也成为对这种理念的有力证明。

李文海先生门下弟子谨撰

---

① 李文海：《世纪之交的晚清社会》，中国人民大学出版社，1995 年，前言。

第
一
辑

开拓灾荒史研究的意义

论近代中国灾荒史研究[①]

1987 年 11 月 18 日,《人民日报》刊载了如下一条消息:

> 据民政部农救司今天提供的资料,近年来交替发生的旱灾、风暴灾、霜冻灾、病虫害和地震等自然灾害,使我国农村每年平均有五六百万间民房被毁坏,有五六千人死于非命,近三亿亩农作物受灾减产,造成一亿多人缺少口粮。国家地震局局长安启元透露说,新中国成立以来,各种自然灾害使中国蒙受的经济损失已达数千亿元,政府用于各项救灾的专款达数百亿元。减轻自然灾害,减少人为事故,是我国经济建设的当务之急。

当时,这本《近代中国灾荒纪年》的初稿,才写了六分之一。读到这则消息,使我们进一步增强了尽快完成这部书稿的决心。不言而喻,在推翻了腐朽的反动统治、进入了社会主义初级阶段、生产力水平和抗灾能力较之过去已有很大提高的今天,自然灾害尚

① 该文原载《中国人民大学学报》,1988 年第 6 期。本文亦为作者与他人合著《近代中国灾荒纪年》一书的前言。

且带给人民如此巨大的损失，那么，在半殖民地半封建的旧中国，这种灾害的严重程度，也就可想而知了。把中国近代历史上自然灾害的基本面貌加以系统的整理和描述，使人们对这一特定历史阶段的灾荒状况有一个总体的、全面的了解，这不仅对研究近代社会和近代历史很有必要，就是在今天加强灾害对策研究的工作中，也是具有重要的借鉴意义的。

我们选择近代历史上的灾荒问题作为自己的研究课题，这个想法可以说是由来已久了。把这一愿望付诸实施，则是在前几年史学界热烈讨论"史学危机"的时候。对"史学危机"这个提法，有人赞成，有人反对，看法并不一致。平心而论，中华人民共和国成立以来，特别是最近十年来，历史科学的发展是迅速的，成绩是巨大的，这是有目共睹的事实。但也确实应该承认，史学研究还很不适应飞速前进的社会发展的需要，同现实生活的结合不够紧密，没有能充分发挥在建设社会主义精神文明中理应起到的作用。要解决这些问题，我以为，很重要的一方面，是要努力克服史学工作中长期存在的几个主要弊端，这就是：对待马克思主义理论的简单化；研究题材的单一化；研究方法和表述方法的程式化。拿题材问题来说，社会历史本来是五彩缤纷、丰富复杂的，只有从各个不同角度去观察、研究、分析，才能描绘出真实的、丰满的、有血有肉的历史本体来。但我们常常只是把最主要的精力集中在历史的政治方面，而政治史的研究又往往只局限于政治斗争的历史，而且通常被狭隘地理解为就是指被统治阶级与统治阶级之间的阶级斗争的历史。研究阶级斗争史，又只注意被压迫阶级这一方，或者是革命的、进步的一方，不人去注意研究统治阶级或反动的一方。结果，势必把许多重要的题材排除在研究视野之外，而最被忽视的，则要算是社会生活这个领域。实际上，不对社会生活的各个方面做全方位的综合考察,要深入了解特定时期的社会历史,几乎是不可能的。正如马克思所说:"现代历史著述方面的一切真正进步,都是当历史学家从政治形式的外表深入到社会生活的深处时才取得的。"①

灾荒问题,是研究社会生活的一个非常重要的方面。自然灾害不仅给千百万普通老百姓的生活带来巨大而深刻的影响,而且从灾荒同政治、经济、思想文化以及社会生活各个方面的相互关系中,可以揭示出有关社会历史发展的许多本质内容来。

一旦接触到那么大量的有关灾荒的历史资料后,我们就不能不为近代中国灾荒的频繁、灾区之广大及灾情的严重所震惊。就拿黄河水灾来说,有道是,"华夏水患,黄河为大"。历史上有记载可查的黄河大决口即达 1500 次左右,进入近代以后,黄河"愈治愈坏",如《清史稿》所说:"河患至道光朝而愈亟。"②1885 年 12 月 26 日(光绪十一年十一月二十一日)的上谕也承认:"黄河自铜瓦厢决口后,迄今三十余年,河身淤垫日高,急溜旁趋,年年漫决。"③其实,年年受灾的何止是黄河中下游地区?其他不少地方亦大抵如此。淮河流域的皖北地方,"秋禾则十岁九淹"④;长江流域的湖北一带,"被水成灾"之处"几于无岁无之"⑤。京师和直隶地区,同治年间,永定河曾连续决口十来年,有一次特大洪水,卢沟桥处流量达到 14000 立方米/秒,前三门水深数尺,不能启闭⑥;所以谭嗣同

① 《马克思恩格斯全集》,中文 1 版,第 12 卷,第 405 页。
② 《清史稿》,卷 383。
③ 《光绪朝东华录》(二),总第 2042 页,北京:中华书局,1958 年。
④ 第一历史档案馆藏:《朱批档》,光绪二十四年九月二十八日安徽巡抚邓华熙折。
⑤ 《光绪朝东华录》(二),总第 2139 页。
⑥ 《人民日报》,1983 年 7 月 2 日。

《上欧阳中鹄书》说："顺直水灾,年年如此,竟成应有之常例。"①珠江流域的广东,据张之洞在1886年11月10日(光绪十二年十月十五日)的奏折所说,水患"从前每数十年、十数年而一见,近二十年来,几于无岁无之"②。膏腴之地尚且如此,其余省份更可想见。近水地方,水患频仍;高原地区,则是亢旱连年。这些情况,只要稍微翻翻本书,就可以得到一个清晰的轮廓。所以,相当一批地方,"十年倒有九年荒",丝毫不是文学上的夸张,而是实际生活的真实写照。

每当讲到自然灾害的严重后果时,大家总常用"饥民遍野""饿莩塞途"等去加以形容。由于经过了高度的抽象和概括,对这些字眼中间所包含的具体内容,往往不去细想。实际上,在这短短的八个字的背后,融涵着多少血和泪,辛酸和苦难!只有当我们在历史资料中读到这样的具体描述时,前面的那些形容词才变成了一幅幅生动而悲惨的画面:几万甚至几十万群众在大水漫淹时露宿在屋脊树梢,一面哀戚地注视着水中漂浮的尸体,一面殷切而无望地等待着不知何时才能到来的"赈济";在长期干旱而造成的千里赤地上,千百成群的饥民剥光了树皮,掘尽了草根,不得不艰难地吞咽着观音土,以苟延残喘;寒冬腊月,饥寒交迫的灾民在走向施粥厂的道路上每天几十成百地倒毙在城市街头;在长达十余里的"人市"上,只要花几百个铜钱就可买到一个男孩或者女孩,而官吏绅商则"挑选清秀男女,或送人,或留作奴婢";在特大灾荒之后,出现了某个村庄,"七十家,全家饿死六十多家",某个村庄"五十家全绝了"等等惨绝人寰的现象,以致田地抛荒十多年仍无人复种;更不用说公开标价买卖人肉的骇人听闻的人间惨剧了。我们这个灾难

---

① 《谭嗣同全集》,增订本,下册,第449页。

② 《光绪朝东华录》(二),总第2175页。

深重的民族,经历了中外反动派在政治上奴役欺压的苦难,经历了特权阶级在经济上残酷剥削掠夺的苦难,经历了封建伦理纲常钳制束缚的苦难,此外,还经历了自然灾害带来的水深火热的苦难。这些苦难,是我们永远不应该忘记的,因为这将成为推动我们投身"振兴中华,实现四化"的宏伟事业的强大精神力量。

天灾造成了人祸。反过来说,在某种意义上,又是人祸加深了天灾。近代历史上自然灾害的普遍而频繁,当然是束缚在封建经济上的小农经济生产力水平低下的结果,但同时,在很大程度上也是当时政治腐败所造成的。这一点,连封建统治阶级中的某些有识之士也不讳言。有一位名叫洪良品的御史在一个奏折里说:"天变之兴,皆由人事之应,未有政事不阙于下而灾眚屡见于上者也。"①另一位御史贺尔昌,在 1882 年(光绪八年)上疏说:"比年以来,吏治废弛,各直省如出一辙,而直隶尤甚。灾异之见,未必不由于此。"②这些议论,虽仍然脱不了那种把自然灾害看作是"天象示警"的传统观念,但直截了当地把政治的腐败同自然灾害的频发联系起来,毕竟还是具有一定的现实斗争意义。洋务派官僚的认识较这要前进一步。郭嵩焘曾谈到他同一位朋友讨论"民生日蹙,岁有水旱"的原因,那位朋友回答说:"此吏治不修之过也。"郭听后大为赞赏,认为"此言极为有见"③。伟大的革命先行者孙中山讲得就更加一针见血:"中国人民遭到四种巨大的长久的苦难:饥荒、水患、疫病、生命和财产的毫无保障。这已经是常识中的事了。……其实,中国所有一切的灾难只有一个原因,那就是普遍的又是有系统的贪污。这种贪污是产生饥荒、水灾、疫病的主要原因"。"官吏

---

① 《光绪朝东华录》(二),总第 1401 页。
② 《光绪朝东华录》(二),总第 1445 页。
③ 《郭嵩焘日记》,第 3 卷,第 34 页。

贪污和疫病、粮食缺乏、洪水横流等等自然灾害间的关系，可能不是明显的，但是它很实在，确有因果关系，这些事情决不是中国的自然状况或气候性质的产物，也不是群众懒惰和无知的后果。坚持这说法，绝不过分。这些事情主要是官吏贪污的结果。"[1]有一大批历史资料足以为孙中山的这个判断做出有力的证明，这里为节省篇幅计，我们只选用下面一个材料。当解释为什么晚清时期会出现"河患时警"的现象时，《清史纪事本末》写了这样一段话：

> 南河岁费五六百万金，然实用之工程者，什不及一，余悉以供官吏之挥霍。河帅宴客，一席所需，恒毙三四驼，五十余豚，鹅掌、猴脑无数。食一豆腐，亦需费数百金，他可知已。骄奢淫佚，一至于此，而于工程方略，无讲求之者。[2]

清朝封建统治者，常喜欢宣扬他们如何"深仁厚泽，沦浃寰区，每遇大灾，恩发内帑部款，至数十万金而不惜"[3]。辛亥革命后，窃取了胜利果实的袁世凯也吹嘘他的政府"实心爱民"，"遇有水旱偏灾，立即发谷拨款，施放急赈，譬诸拯溺救焚，迫不及待"[4]。要说这些话完全是无中生有的欺骗宣传，倒也未必。去掉自我标榜的成分，应该说，他们对赈灾问题，从主观上还是比较重视的。其原因，并不是如他们自己所说的出于"爱民"之意、"悯恻"之心，而是他们清醒地懂得，大量的饥民、灾民、流民的存在，会增加社会的动

---

① 《孙中山全集》，第 1 卷，第 89 页。

② 《清史纪事本末》，卷 45，《咸丰时政》。

③ 第一历史档案馆藏：《录副档》，光绪二十四年八月二十七日两江总督刘坤一、江苏巡抚奎俊折。

④ 《东方杂志》，第 12 卷，第 11 号，第 7 页。

荡不安,直接威胁到本已岌岌可危的统治秩序的稳定。在统治集团的来往文书中,充斥了这样的语句:"近年生计日艰,莠民所在多有,猝遇岁饥,易被煽惑";"忍饥无方,又恐为乱";"民风素悍,加以饥驱,铤而走险";"设使匪徒借是生心,灾黎因而附和,贻患何堪设想"。这些话,颇能道出问题的实质。

基于上面的这种考虑,统治阶级设计和规定了许多对待自然灾害的措施和办法,形成了一套周密而完整的救荒机制。拿清王朝来说,首先,一旦发生灾荒,各级地方政权必须迅速而及时地"报荒""勘灾":

> 地方遇有灾伤,该督抚先将被灾情形、日期,飞章题报,夏灾限六月中旬,秋灾限九月中旬。仍一面题报情形,一面遴委妥员,会同该州县迅诣灾所,履亩确勘,将被灾分数,按照区图村庄,逐加分别申报司道,复行稽查,详请督抚具题。其勘报限期,州县官扣除程限,定限四十日;上司官以州县报到日为始,定限五日,统于四十五日内勘明题报,如逾议处。①

待到将灾荒情形确切勘明之后,政府就要按照灾情轻重,确定缓征或蠲免应征之地亩钱粮,其具体办法为:

> 例载,水旱成灾,地方官将灾户原纳地丁正赋作为十分,按灾请蠲。被灾十分者,蠲正赋十分之七;被灾九分者,蠲正赋十分之六;被灾八分者,蠲正赋十分之四;被灾七分者,蠲正赋十分之二;被灾六分、五分者,蠲正赋十分之一。又例载,勘

① 《刘坤一遗集》,第6册,第2767页。

明灾地钱粮，勘报之日即行停征。所停钱粮，被灾十分、九分、八分者，分作三年带征；其被灾七分、六分、五分者，分作二年带征；五分以下不成灾地亩钱粮，有奉旨缓征及督抚提明缓征者，缓至次年麦熟以后，其次年麦熟钱粮，递缓至秋成以后。又例载，直省成灾五分以上州县中之成熟乡庄应征钱粮，准其一律缓至次年秋成后征收。①

除了减征、缓征、免征钱粮，一旦有较大的灾情发生，清政府虽然在财政拮据、府库空虚的情况下，也总要多方设法，拿出几万、几十万甚至几百万两银子，截留若干漕米，以作赈济之用，并且详细规定了登记造册、按户核实、分别极贫次贫和大口小口监督发放等办法。

从条规来说，明确、具体，几乎可以说是无懈可击的。这些办法和规定，在有清一代，也确实曾经发挥了相当积极的作用。但是，历史进入了近代之后，清王朝的统治危机日趋严重，政权的腐败程度有加无已，而在一个彻底腐朽了的政权统治下，任何有效的政治机制都会运行失灵，任何严格周密的规章制度都会成为一纸具文；在多数场合下，实际活动甚至往往表现为对成文规定的明目张胆的背离和破坏。晚清时期封建王朝的救荒活动就正是如此。拿"报荒"来说，很多封建官僚不是"以丰为歉"，捏报灾情，就是"以歉为丰"，匿灾不报。虚报是为了贪污，"州县不肖者遇平岁，相率为欺蔽以灾欠上闻，而实则预征民赋，为官吏使用，名曰'存章'"②。"地方官不论年之果否荒熟，总以捏报水旱不均，希图灾缓，借此可

---

① 第一历史档案馆藏：《录副档》，光绪二十五年十二月十七日广西巡抚黄槐森折。
② 《清朝碑传全集》三编，卷15，《前河南巡抚李庆翱墓志铭》，第4124页。

以影射。督抚不察灾之虚实，擅以掩饰奏请，从中谅可分肥。绅官更生觊觎，刁劣者不独不知输纳，益且娄诈县州浮收。"①匿灾或者是出于政治上的考虑，以粉饰太平来逃避自己对防灾不力的责任，制造小民"安居乐业"的假象来吹嘘自己的"政绩"，如一首诗歌中所描写的："天既灾于前，官复厄于后。贪官与污吏，无地而蔑有。歌舞太平年，粉饰相沿久。匿灾梗不报，谬冀功不朽。"②或者是出于经济方面的贪婪追求："在上者惟知以催科为考成，在下者惟知以比粮为报最，故虽连年旱灾，尽行匿而不报。田虽颗粒无出，而田粮仍须照例完纳。"③"被水州县，尚有成灾不报，借为催科地步，得分余润者。"④这种情况实在是极其普遍。胡林翼曾谈起自己在湖北巡抚任上的一段经历：1855 年（咸丰五年），湖北大熟，"州县乃或报灾"；第二年，湖北大饥，"州县转不报灾"。于是他不禁大发感慨地说："以丰为歉，是病国计；以歉为丰，是害民生，而终害于国计。歉岁官吏私收蠲缓，实惠不及于民。有所谓'挖征'、'急公'等名目，无一非蠹国病民。"⑤

也许想象不到，不但封建官僚常常讳灾不报，有时候，老百姓自己也宁肯隐匿灾情，不向官府报告。乍看起来，似乎有点不可思议，说穿了却很简单，因为在勘灾、救荒过程中，官府的骚扰甚至比灾荒本身更为可怕。这里可以举这样一个实例：道光初年，直隶一带发生蝗灾，群众不敢说有蝗虫，只以"土蚂蚱"上闻。因为清朝政府有规定，一旦发现蝗灾，即要调集军队，前去助民"捕蝗"。军队

---

① 柯悟迟：《漏网喁鱼集》，北京：中华书局，第 5 页。
② 高旭：《甘肃大旱灾感赋》，见《辛亥革命诗词选》，第 215 页。
③ 《申报》，1877 年 11 月 23 日。
④ 第一历史档案馆藏：《录副档》，光绪九年九月十三日御史萧晋蕃折。
⑤ 《清史稿》，卷 406，《胡林翼传》。

到达灾区后，即向当地多方需索，不但要好吃好喝招待，而且要送一笔可观的贿赂，否则，这些军队便以"捕蝗"为名，把地里尚未被蝗虫吃尽的庄稼故意踩得稀烂。老百姓是很实际的，他们知道，这些封建军队实在比蝗虫更可怕，与其引来兵灾，不如忍受蝗害。

关于勘灾要有期限、"如逾议处"的规定，也在封建官僚政治面前变得毫无约束力量。1906 年（光绪三十二年），河南道监察御史倬寿在一个奏折中这样说："救荒之要，惟在于速。向来州县灾荒，非至十分，则意图开征，匿不上报。及至灾象已成，州县申详道府，道府申详督抚，批发往返，动需旬月。比及拨款赈恤，则已嗷鸿遍野矣。"①比这早几十年，另一位御史曹登庸讲得更为切直："夫荒形甫见则粮价立昂，嗷嗷待哺之民将遍郊野。必俟州县详之道府，道府详之督抚，督抚移会而后拜疏，迩者半月，远者月余，始达宸聪。就令亟沛恩纶，立与蠲赈，孑遗之民亦已道殣相望。况复迟之以行查，俟之以报章，自具题以迄放赈，非数月不可。赈至，而向之嗷嗷待哺者早填沟壑。"②无数生命就在封建官僚政治的文牍往还中白白葬送了。

至于放赈过程中的种种弊窦和黑幕，就更是一言难尽了。这里，我们只是举出一些有名色的花样：

"卖荒"——"每遇蠲缓之年，书吏辄向业户索取钱文，始为填注荒歉，名为'卖荒'。出钱者，虽丰收亦得缓征；不出钱者，虽荒歉亦不获查办。甚至不肖州县，通同分肥。"③

"卖灾""买灾""送灾""吃灾"——同前面的"卖荒"含义仿佛，只是内容更复杂一些："若胥吏则更无顾忌，每每私将灾票售卖，名

---

① 第一历史档案馆藏：《录副档》，光绪三十二年十一月二十二日倬寿折。
② 第一历史档案馆藏：《录副档》，咸丰六年十月十六日曹登庸折。
③ 《清文宗实录》，卷 208。

曰'卖灾'；小民用钱买票，名曰'买灾'；或推情转给亲友，名曰'送灾'；或恃强坐分陋规，名曰'吃灾'。至僻壤愚氓，不特不得领钱，甚至不知朝廷有颁赈恩典。迨大吏委员查勘，举凡一切供应盘费，又率皆取给于赈银，而饥民愈无望矣。"①

"急公"——这个名目，在前引材料中已经提到，具体内容，1868 年（同治七年）给事中刘庆的奏折中有所说明："不肖州县，于业经蠲缓之钱粮，往往借口因公，巧换名目，按户苛派。"②

"勒折"——强行向灾户勒索费用，无钱则以赈银折抵，如灾民"不愿出钱"，则"吓称若不允给，不得有票"，灾民无奈，只得忍痛允应。1899 年（光绪二十五年），奉命查办山东赈务的溥良，曾揭露不少地方官吏"竟有按亩按户摊派钱文而取给于所领之赈款以为盘费者"。由于多方克扣，"灾重之地，印委各员往往以人多款少，禀请酌减钱数，或每大口仅给钱数百文，或每户仅给钱数百文；并有泊舟村外，量取数千文、数十千文，付之村人，领回分给，至有每口仅分钱数文、数十文者"③。庄长、书吏上下其手，视勒折之多寡，定赈数之高低，"户口之大小多寡与极贫、次贫之差等，得以任意赢缩，重领冒领习为固然"④。"需索不遂，而赤贫之户多漏遗；中饱堪图，而次贫、稍次之户多添改。以至老羸壮者，年貌不符；绝户摊丁，花名滥列。地方之劣衿、刁监，知赈款之不无浮冒也，遂群起而相挟制，迭出而事把持，而弊愈辗转，不胜穷诘。"⑤

"积压誊黄"——一旦朝廷决定蠲缓钱粮，照例要将有关谕旨

---

① 第一历史档案馆藏：《录副档》，道光二十九年九月初九日御史方允镶折。
② 《清穆宗实录》，卷 247。
③ 第一历史档案馆藏：《录副档》，光绪二十五年正月初七日溥良折。
④ 第一历史档案馆藏：《录副档》，光绪二十一年九月二十二日山东巡抚李秉衡折。
⑤ 第一历史档案馆藏：《录副档》，光绪十九年七月十四日御史叶庆增折。

刊刻誊黄，以便周知。但"州县且多积压誊黄，赶紧催科，待催科过半，而后张贴"①。刘恩溥在奏折中也说："向来州县牧令，偶遇水旱偏灾，禀报到省，委员勘验，该省大吏入告后奉有蠲缓恩旨，刊刻誊黄，辗转动须数月之久。此数月中，州县明知其必奉蠲缓也，因而敲扑比催，不遗余力。及至誊黄到后，遂将征存者尽饱私囊，并无流抵次年正赋之说。小民之不被实惠，概由于此。"②

以上列举的，实在只是旧中国救荒中各种痼疾宿弊的一小部分，真可以说得上是挂一漏万，但也毕竟不难举一反三，窥一斑而见全豹。有人说，当时办赈，向有"清灾""浑灾"之分。办"清灾"者，"必亲历乡村，遍核户口，府县每惮其烦"；办"浑灾"者，"则俟领到赈银，酌提若干先肥己囊，其余或归诸绅士，或委之胥吏，任其随意放给，府县并不过问"③。但是，在当时的历史条件下，连统治阶级自己也说"牧令中十人难得一循吏"④，那么，真正能够办"清灾"者能有几许呢？清政府的救荒活动，总体来说，不过是浑水一潭而已。

到了光绪初元，随着带有资本主义性质的经济成分的出现，产生了有别于"官赈"的，由民间筹集资金、民间组织散放的"义赈"，相应地，也产生了一批"慈善事业家"。应该说，这是一个进步。开始一段时间，"义赈"也确实起了明显的积极作用。但是，从事"义赈"活动的人，虽是以"民间"的身份出现，却终究不能摆脱对封建官僚政治的依赖和联系，不多久，"官赈"中的各种弊端也就不能不传染到"义赈"中去。所以有人指出，社会上颇有一些人是靠办"慈善事业"而发家的，并感叹说："自义赈风起，或从事数年，由寒儒而

① 第一历史档案馆藏：《录副档》，光绪六年五月十七日御史李暎折。
② 第一历史档案馆藏：《录副档》，光绪十一年刘恩溥折，日月不详。
③ 第一历史档案馆藏：《录副档》，道光二十九年九月初九日方允镔奏折。
④ 第一历史档案馆藏：《录副档》，光绪二十七年五月内阁中书许枋折。

致素丰。"偶有个别人真正鞠躬尽瘁于赈务，"每遇灾祲，呼吁奔走，置身家不顾"，并且"始终无染，殁无余赀者"，倒成了凤毛麟角，"盖不数觏"的了。① 丘逢甲在《新乐府》之一的《花赈会》里，更公然把那些"海上善士"称作是"闻灾而喜，以赈为利"的人②，确也有所据而发，不能一味地指责他过于刻薄。

胡适在谈到中国人对付灾荒之法时，说："天旱了，只会求雨；河决了，只会拜金龙大王；风浪大了，只会祷告观音菩萨或天后娘娘；荒年了，只好逃荒去；瘟疫来了，只好闭门等死；病上身了，只好求神许愿。"③这段话，虽仍有他惯常存在的那种民族自卑心理的流露，但也不能不说在一定程度上反映了那个时代的社会现实。如前面所说的，统治阶级的救荒对策既因封建政治的窳败而变成具文，老百姓除了求神拜佛，确实也就只剩了逃荒等死的一条路了。社会生活的现实存在决定了相应的社会意识，而落后的传统观念一旦形成，又变成了桎梏民族精神的因袭的重担。我们看到，不但封建统治阶级，就是在太平天国统治区，那些农民出身的地方军事行政长官，一旦遇到干旱，做得最起劲的，也仍然还是设坛求雨、出示禁屠那一套。

全面研究和分析有关灾荒问题的各个方面，不是靠一本著作所能完成的。这本《近代中国灾荒纪年》，主要任务只是对从鸦片战争到五四运动这 80 年时间的自然灾害状况，选择一些典型的、可靠的历史资料，加以综合的、系统的叙述。我们认为，这是一件基础性的工作，因为不弄清楚自然灾害的具体情况，对灾荒问题的进一步研究也就无从谈起。我们不知道这部书是否能对社会提供

① 《清史稿》，卷 452，《潘民表传》。
② 《岭云海日楼诗钞》，卷 11。
③ 《胡适论学近著》，第 638 页。

多少有益的帮助,但至少有两点是问心无愧的:一是我们确实还没有看到哪一本书曾经对这一问题提供如此详细而具体的历史情况;二是由于本书使用了大量历史档案及官方文书,辅之以时人的笔记信札,当时的报章杂志,以及各地方史志,我们认为对这一历史时期灾荒面貌的反映,从总体来说是基本准确的。就是说,就其基本轮廓来说,是可信的。但是,至多也只能说是总体的"基本准确"和"基本轮廓"的可信,却无论如何不能说完全地准确和完全地符合历史实际,因为有很多客观条件的限制,使我们无法做到这一点。一般来说,档案资料在史料中的真实可靠性较大,但也只是"较大"而已,正如"尽信书不如无书"一样,尽信档案,有时也不免上当受骗的。前面已经说过,地方官吏对灾情的报告,出于各种原因,常有偏轻偏重的现象,因此,一些地方督抚对朝廷的灾情报告,也并非完全可信。对于某些明显的虚捏讳饰,我们在书中做了一点必要的考证,但要弄清每一件报告的真实程度,却是无法做到的。其次,封建统治阶级考虑灾荒问题,一个重要着眼点是财政问题。因此,凡是主要赋税所出之处,有关灾荒问题的反映就快,材料也多;有些贫瘠地区,钱粮所入于政府财政关系不大,灾荒情况的反映就很少,甚至根本无所反映,但这并不等于这些地方就没有灾荒。再次,官方文书中有关灾荒的叙述,有的本身就比较笼统,如清廷每年发布若干因灾蠲免或缓征钱粮的上谕,总要开列一批州县名称,但这些地方受灾的轻重和面积的大小(是整个州县还是该州县的局部地区),却有很大的不同。有些我们可以通过其他材料来加以比较具体区分,有的则只能照抄,提供一个受灾地区的大致范围。在发生国内战争(如太平天国运动)和民族战争(如鸦片战争、甲午战争等)时期,清廷蠲缓钱粮,一般包括自然灾害和"兵灾"两种情况在内,但亦无从区分,只能笼统说"受灾地区"有多大,请读者阅读时加以注意。最后,近代历史资料汗牛充栋,浩如烟海,我们只能选择一些最重要的资料,肯定会有不少的遗漏。特别是地方志,应该是反映各地灾荒的重要依据,但因条件所限,也只看了一小部分。有些州、县的方志,则恐过于琐碎,也有意地舍弃了一些。总之,这部书的不足之处,肯定会是不少的,我们诚恳地期待读者的批评指正。

这部书稿,是由林敦奎、周源、宫明和我合作完成的。他们三位,花去了三年中除教学以外的全部工作时间,而我则占用了这三年的所有"八小时以外"的业余时间。在写作过程中,得到了许多同志的关心和支持。戴逸同志除热情肯定我们的研究计划外,还特为本书撰写了序言。中国第一历史档案馆的同志为查阅档案资料,提供了不少方便。吴孝英同志几乎承担了全部书稿的抄写、复印工作,花去了不少的劳动。湖南人民出版社的邓代蓉同志,在我们的研究计划确定后不久,就多次表示愿意承担书稿的出版任务,这在学术著作出版甚难的今天,确实表现了一个出版工作者的胆识和魄力,在书稿写作过程中,又提出了许多很好的意见。所有这些,都是要衷心表示我们的谢忱的。此外,我们的研究工作,得到了国家社会科学基金的资助,也一并在此表示感谢。

报载,联合国通过决定,在 1990 年到 2000 年,开展"国际减轻灾害十年"的活动。中国灾害防御协会为此召开会议,认为"我国是一个自然灾害频繁、灾害损失严重而防灾意识又比较薄弱的大国,应积极响应和参加这项活动"①。那么,就把这本书的出版,算作是参加这项活动的一个小小的努力吧!

———————————

① 《人民日报》,1988 年 2 月 13 日。

《近代中国灾荒纪年续编》前言[①]

　　事有凑巧。《近代中国灾荒纪年》出版不到一年,就遇上了1991 年这个大灾之年。这一年,由于部分地区气候异常,我国广袤大地上频繁发生了水、旱、风、雹等灾,特别是江淮和太湖流域,出现了历史上罕见的特大洪涝灾害,使工农业生产和人民生命财产受到重大损失。据不完全统计,在这次灾害中,安徽倒塌房屋96.7 万间,损坏 129.6 万间;江苏倒塌房屋 26.9 万间,损坏近 40 万间;许多人被水围困,过着风餐露宿的生活,仅安徽一省受灾人数即达 4000 万。全国遭洪水淹浸的耕地面积达 2.5 亿亩。这次大灾,给人们留下了两个极为深刻的印象:一是,即使在社会主义条件下,生产力水平和防灾抗灾能力较之过去已有很大提高的今天,自然灾害也仍然是我们生存和发展的极大威胁,是丝毫不能掉以轻心的大敌。二是,社会主义社会毕竟同以往的封建社会或半殖民地半封建社会有着根本性质的不同,即使发生了如去年那样严重的灾情,在中国共产党和人民政府的组织领导下,已经获得解放的人们也能够凭借自己的力量,通过艰苦拼搏,顽强奋战,把自然

---

① 该文原载李文海、林敦奎、程歗、宫明:《近代中国灾荒纪年续编》,湖南教育出版社,1993 年。

灾害造成的损失,减少到尽可能低的限度,夺取抗灾斗争的胜利。去年的灾情是百年不遇的,但即使在重灾区,也没有发生像旧中国遇到这种情况时必然要发生的成千上万人离乡别土、到处逃荒要饭的现象,没有发生"道殣相望""饿殍塞途"的悲惨情景,也没有发生灾后通常会伴随而至的疫病的流行。灾区群众在全国人民、海外侨胞以及国外有关方面物质和精神的支援下,用自己的双手,迅速恢复生产,重建家园。为了较为具体形象地说明后面这一点,我当时曾利用《近代中国灾荒纪年》的资料,分别发表了《灾年谈往》(1991年9月3日《北京日报》)和《一样天灾两般情》(《真理的追求》1991年第9期)两篇文章,一些单位还邀请我去向年轻人讲讲旧社会灾荒的情景。从这里,使我更加深切地感到,我们的历史研究决不是与现实社会生活毫无关系的对于历史踪迹的迷恋和欣赏。

不过,《近代中国灾荒纪年》刚出版不久,我们就感到这本书存在着一个很大的缺陷:它只反映了从1840年鸦片战争到1919年五四运动这个历史阶段的灾荒状况。按较早的说法,这一段历史被称为中国近代史,五四运动以后的历史则称为中国现代史。因此,《纪年》写到1919年,自然也有一定的道理。但是,后来就有不少学者提出,完整的中国近代史,应该包括从1840年鸦片战争到1949年中华人民共和国成立这一历史阶段,即中国半殖民地半封建社会从开始到终结,中国民主革命(包括新、旧两个阶段)从发生到胜利的历史。这一主张逐渐为学术界所接受,到现在,虽然在学校的课堂教学和教科书中尚没有改过来,但很多研究性的著作实际上已把五四运动前后全部半殖民地半封建社会的历史都统一纳入中国近代史的范围中了。灾荒史不同于政治史,用政治事件来作为划分阶段的依据,更显得不合情理。正因为这样,我们总觉得,我们的工作只做了一半。《纪年》这本书,借用鲁迅先生的话说,好像是个"断尾巴蜻蜓",未免有头无尾。一些关心这部书的朋友们建议:能不能继续写下去,出个《续编》? 湖南教育出版社彭润琪同志也一力促成,认为1920—1949年这一段时间,是旧中国的最后一个阶段,直接与中华人民共和国的历史相连接,研究这一时期的灾荒状况,具有更强的现实意义。

我们课题组认真地研究了这个建议,既为自己的学术责任所驱策,又为朋友们的热情关怀所感动,决心挤出时间,集中精力,力争把《近代中国灾荒纪年续编》写出来。经过了一年多的努力,终于完成了近50万字的书稿。

由于自然条件和生态环境并没有大的变化,社会生产力也基本处于同一水平线上,因此,就自然灾害发生的频率和程度而言,后期(1920—1949)与前期(1840—1919)相比并没有很大的不同。在《近代中国灾荒纪年》的前言中,我们说过这样一句话:"一旦接触到那么大量的有关灾荒的历史资料后,我们就不能不为近代中国灾荒的频繁、灾区之广大及灾情的严重所震惊。"这句话,对于后期也是完全适用的。拿抗战胜利第二年的1946年来说,联合国善后救济总署对中国灾情就有这样的描述:"若救济灾区之工作,如不加紧进行,中国人民之死于饥馑者,将达3000万人。中国战后之灾区达19省,现今约有400万人接得小部分之接济。……中国灾区之成因,有以下数点,即战祸、大旱、水灾、蝗虫、瘟疫、渔业不振、农事无耕具,又需以大量米粮供军队及日本战俘,同时中国之经济状况等,均影响至大。……湖南地区,人口中竟有700万人为饥馑之众,食草根、泥土、树皮以维持生命。其他如河南、河北等地区亦有同样情形,遍地草根已有抢食一光之势。"①其实,岂止1946

---

① 《民国日报》,1946年4月10日。

年是如此,可以毫不夸张地说,整部《续编》都在逐页地印证这个看法。但是,后期的灾荒也并非没有自己的某些特点,这主要反映在以下三个方面:

第一,这一个时期,政治上的动荡更加严重,反动统治更加脆弱,这就不能不使得社会经济更形凋敝。一个直接的结果,便是大大削弱了社会的防灾抗灾能力。举一个例:1925年,四川发生大旱灾,据四川筹赈会派员调查,"综计全川饿死者达三十万人,死于疫疠者约二十万人,至于转徙流离,委填沟壑者,在六七十万人以上。灾情极重者,亦达三十六七县。有争掘草根杀伤人命者;有攫食黄泥,名观音粉,腹塞而死者;有饿逼自缢或投河者;有先杀儿女再行自食[尽]者;有全家服毒同死者;有聚众向官索食,求予枪毙者;有相率逃亡,估吃大户,死亡载道者"。造成如此严重灾荒的原因何在呢? 当时的《申报》载文分析,认为"并不尽由天祸,强半出自人为",并具体列举如下五个人为的因素:(1)"各区防军,勒令民间种烟,致民间秋种杂粮益少"。(2)"川省连年内乱,两军交绥,多妨害农民耕作"。(3)"军队抽收丁粮,苛敛无厌",弄得老百姓"絜(挈)众远逃,土地荒芜"。(4)"军队抢夺民食,致民间一无储蓄"。(5)一些人无法生活,只得铤而走险,以抢掠为生,"土匪多甲于天下"。这虽然说的是四川的情形,却颇具典型意义。一方面是人祸加剧了天灾,另一方面则灾荒又进一步破坏了生态环境,于是形成了一种恶性循环。史沫特莱在《中国的战歌》一书中对此做过颇为深刻的揭示,她在描述一个"军阀混战,河水泛滥,饥馑连年的重灾区"时指出:"好几百万农民被赶出他们的家园,土地卖给军阀、官僚、地主以求换升斗粮食,甚至连最原始简陋的农具也拿到市场上出售。儿子去当兵吃粮,妇女去帮人为婢,饥饿所迫,森林砍光,树皮食尽,童山濯濯,土地荒芜。雨季一来,水土流失,河水暴涨;冬天来了,寒风刮起尘土,到处飞扬。有些城镇的沙丘高过城墙,很快沦为废墟。"①在这里,灾荒和生态环境的破坏,二者既是因,又是果,因即是果,果即是因,因果循环,往复不已。

　　第二,这一时期,兵连祸结,战乱不已。有军阀之间的混战,有国民党中央政权与地方势力的争夺,有日本帝国主义发动的侵华战争,还有国民党政权挑起的反人民内战。天灾与战祸,往往交相迭见,使人民雪上加霜,遭受着双重的打击。如 1920 年直奉皖军阀混战时,京畿一带旱蝗相继,禾稼不收,人民群众本已衣食无着,困苦颠踬;加之军队的肆意蹂躏,更使战区"各村农民,困苦不堪言状"。当时的《申报》载:"其在京南者,适在火线之中,房屋早化灰烬,流离失所,无家可归。其不在战线范围以内者,如京城四周各乡镇,亦备受败兵之蹂躏,虽居室未遭焚烧,而牛羊杂物,则皆化为乌有。本年午季,本属歉收,高粱玉蜀黍之在田者,且已践踏殆尽,哀此穷民,将有绝食之患。"这类情况,各地屡见不鲜。更有甚者,有些军队为了所谓的"战略需要",有意破坏自然环境,人为制造大浸巨灾。1922 年湘鄂军阀战争中,吴佩孚决开长江堤闸多处,使"鄂东、湖北十余属数千万之性命财产尽付东流";1939 年夏日本侵略军乘河北省暴雨连朝之机,悍然炸开滹沱、大清、子牙、滏阳等河堤岸共 182 处,使冀中 22 县、冀南 35 县尽成泽国,都是明显的例证。至于蒋介石政权在"以水代兵"的幻想下为图阻止日军南下而决开黄河花园口大堤,造成大面积黄水泛滥,在"焦土抗战"的名义下制造了长沙大火,使全城陷入一片火海之中,虽然其历史环境与政治背景有所不同,但就对人民群众带来的苦难而言,显然同样是陷百姓于真正水深火热之中的倒行逆施,在当时就成为震惊中

---

① 《史沫特莱文集》,卷 1,第 48 页。

外的政治丑闻。

第三,在这个时期,从中央到地方各级政权机构的救荒机制已在很大程度上运行失灵。在清朝,各省督抚必须定期向朝廷报告气象、粮价、年成等情况,一旦发生灾荒,则有一整套报灾、勘灾、赈灾的规定和措施。这些制度虽然到晚清由于政治的腐败而在执行过程中大打折扣,甚至存在着许多黑幕和弊病,但从表面上和理论上来说,还是要严格照此办理的。到本书所叙述的时间里,由于政局的动荡和战乱的频繁,过去封建王朝有关"荒政"的一些表面文章也常常顾不上做了。譬如,清朝有一种"蠲缓"制度,朝廷几乎每年要对勘定成灾地区,发布蠲缓灾年地丁钱粮的谕旨。但到了民国以后,情况有了很大的不同。一些地方当局常常预收钱粮。据《申报》披露,有的省份在民国十四年,即已预收钱粮至民国二十七年或民国二十八年了。而且"这个军队来,预征一二年,改调乙队,不予承认,另外征收"。等到发生灾荒的时候,那一年的钱粮早在好多年前就已被收走了,哪里还谈得上"蠲缓"二字?至于赈济,各地有各地的筹赈会,中央有中央的筹赈会,似乎颇为热闹,但究其实际效果,却实在可怜得很。1921 年 9 月 4 日《晨报》发表文章,记载:"陕西去年的旱灾,闹得死了数十万的人民,起初官家漠视民命,……还多方摧残……勒捐派饷,专和苦百姓作对。省城赈抚局人员,只知抽大烟,叉麻雀,吃花酒。"后来,华洋义赈会派了一个洋人前去调查,不料从县知事到道尹到督军,"都一口声说陕西没有旱灾",同时对那位洋人待如上宾,酒肉歌舞,仅招待费就花了6000 余元。那位洋人也就"当作陕西真没旱灾"。以后经社会各界力争,才算争到了一笔赈款。但这些赈款,"起先发放的,每名灾民只领到 12 枚铜元;末后发到县里的,竟被恶绅劣官狼狈地吞没了"。又如,1940 年安徽先旱后涝,"灾区辽阔,灾民众多",灾情颇重。为了赈济，从中央到省政府都拿了些钱，但分到灾民头上，"每人只有二分"。二分钱，对于在死亡线上挣扎的灾民来说，可以说是连苟延残喘的作用都起不到，这与其说是救灾，不如说是对于"救灾"的讽刺。难怪连当时的安徽省主席李品仙也说是"杯水车薪，何济于事？"一位德国朋友王安娜在《中国——我的第二故乡》中曾经描述过 1942—1943 年的大饥荒，据她说："从 1942 年到 1943 年，光是三次悲惨的饥荒，就有数百万人饿死。"她从两位在河南实地考察的美国朋友口中得知："路上满是尸体和像骸骨一样瘦得可怕的人；所有的树皮，都被饿得绝望的人吃光了。""在这种令人毛骨悚然的状态中，更为可怕的是招待我们的政府高级官员们的宴会，山珍海味堆如山积。而这些高级官员就住在饿死者和倒在地上快要饿死的人的近处。"接着。她又写道："重庆政府也利用饥荒的机会来发财。海外响应救济机构的号召，捐款救灾，这些钱在法定的金融市场上换成中国货币，但汇率只及黑市兑换价，亦即实际价值的十分之一。这就是说，政府的银行至少吞了救济金的一半。"等到第二年，政府终于决定拿出一些钱到灾区发放救济金时，却可惜这笔钱来晚了，"对饥荒的受害者并无用处"，因为冻馁而亡的大批灾民再也不需要也没有可能去使用这些钱了。更何况在分配救济金时，大部分又落到发饥荒财的那些家伙的腰包里。

我想，这些材料，用来说明当时的救荒状况，应该说是足够的了。

当然，所有这一切，都已经随着中华人民共和国的建立而成为过去。中华人民共和国成立以来，我们在减轻自然灾害的工作上，已经取得举世瞩目的伟大成就。这里可以举几个最简单的数字：到中华人民共和国成立 40 周年时止，我国在农、林、水利、气象方面的基本建设投资共 1074.94 亿元。仅兴修水利一项，1952—

1986 年,国家财政的投资累计达 630 亿元。据估计,中华人民共和国成立以来防汛抗洪共减少经济损失 3000 多亿元。一旦发生较严重的自然灾害,人民政府立即组织群众抗灾救灾,40 年来,国家用于解决灾民生活的救灾救济费累计达 170 亿元,调拨救灾口粮 2000 多亿公斤。在旧中国连年漫决的黄河,在中华人民共和国却岁岁安澜。特别是党的十一届三中全会以后,我国先后开建了一系列大规模的生态工程。在著名的"世界八大生态工程"中,我国即占了五项,包括:(1) 中国"三北"防护林体系;(2) 中国平原绿化建设;(3) 中国长江中上游防护林体系;(4) 中国沿海防护林体系;(5) 中国太行山绿化工程。其中,仅第一项工程的范围就包括东北西部、华北北部、西北东部的 551 个县、市、旗,面积为 406.9 万平方公里,占国土总面积的 42.4%。当然,尽管做了这些努力,如一开头我们就提到的,仍然不能说自然灾害已经不构成巨大的威胁了。同自然灾害作斗争,还是一个艰巨而长远的任务。

　　本书在编写过程中,使用了大量历史档案、官方文书、调查报告、新闻报道以及各种私人著述,力求尽可能准确地反映 1920—1949 年这 30 年的灾荒面貌。我们不敢说这部作品已经很好地做到了这一点,但至少可以说(如《纪年》出版时我们曾经说过的那样),"我们确实还没有看到哪一本书曾经对这一问题提供如此详细而具体的历史情况"。令人遗憾的是,有少数年份(如抗日战争中有几年),或者由于战争环境的影响,或者由于某些政治势力的有意封锁,反映灾荒的资料极不完整,因此在本书中也就出现了与其他年份在详略上不太平衡的现象。这一点,只有留待以后做更深的发掘来弥补了。

　　最后,还需要对本书的写作过程作一个简单的交代。当我们的研究计划刚刚稳定的时候,课题组成员周源同志因工作调动,无法继续参加了。为了不影响工作进度，我们商请程歗同志加入课题组，蒙慨然应允。待到材料大体搜集得差不多，快要动笔时，宫明同志又因肾疾卧床，被迫中断工作。因此，本书的初稿，主要是由程歗、林敦奎两同志执笔的，书稿的统一修改和定稿则由我负责，在搜集资料的过程中，夏明方、张宏、章其祥和段林萍同志帮助做了一些工作，吴孝英同志编制了《今昔地名对照表》。此外，本书的编写得到了国家社会科学基金的资助。对于所有帮助、支持本书编写和出版的单位及同志们，我们由衷地表示诚挚的感谢。

《天有凶年》前言[①]

　　近 20 年来,国内外学术界对中国灾荒史的研究有着浓厚的学术兴趣,发表了大量富有启发意义的学术成果,其中尤以清代灾荒问题为研究的重点。这是由以下三方面原因所决定的:首先,清朝是中国封建君主专制统治的最后一个王朝,也是离我们最近的一个封建王朝,当代中国的经济、政治、军事、外交、民族关系等诸多方面的问题,大都由清朝演化、延伸而来,研究清代的灾荒,对今天有着最直接的借鉴意义。其次,清代灾荒极其严重,而人民群众的抗灾斗争也积累了丰富的经验,政府的救荒机制及实际运作,也集古代荒政之大成,更加完备和系统,发展到了一个较高的水准。最后,迄今留下的有关灾荒的历史资料,也以清代为最多,例如我们所编的《中国荒政全书》中,清人所写的荒政著作就占了全部资料的百分之九十强,不可谓不宏富。如何在以往研究的基础上进一步加深和拓展对清代灾荒史的研究,是我们在 21 世纪所面临的一个重大历史课题。

---

① 该文原载李文海、夏明方主编:《天有凶年》,生活·读书·新知三联书店,2007 年。本书是 2005 年春召开的"清代灾荒与中国社会"国际学术研讨会的论文结集。

近 20 年来中国学术界对灾荒史研究的新进展

在中国,近代意义的灾荒史研究,起步于 20 世纪的 20、30 年代。一些可敬的学术拓荒者在这一领域披荆斩棘、筚路蓝缕,艰难而卓有成效地开辟着道路。但是,作为历史学的一个分支学科,被学术界所接受和承认,并且形成了一支专业队伍,产生了一批研究成果,严格说来,还是近 20 年来的事情。正因为这样,我们着重谈这一个历史阶段的情况。

已经有一些文章对近年来灾荒史研究状况做过学术综述和总结。其中较为重要的,我们可以举出这样三篇:一篇是朱浒博士的《二十世纪清代灾荒史研究述评》,发表在 2003 年第 3 期《清史研究》;一篇是邵永忠博士的《二十世纪以来荒政史研究综述》,发表在 2004 年第 3 期《中国史研究动态》;还有一篇是阎永增、池子华教授的《中国近代灾荒史研究综述》,发表于 2001 年第 2 期《唐山师范学院学报》。这些文章详细列举了有关灾荒史的重要研究著作和文章,评析了这一研究领域的学术成就和不足,瞻望了学科发展的前景和方向。因此,我们完全没有必要再对这些问题做多余的重复,只需要简单明了地归纳一下近 20 年来灾荒史研究发展中的几个特点就可以了。

我以为,近 20 年来灾荒史研究最有意义的新进展,主要表现在这样几个方面:

一是社会和学术界对灾荒史学科地位和作用的认识越来越高,关注和支持的程度越来越大。出现这样一种令人鼓舞的趋势,原因很多,具有决定意义的主要有两条。第一,社会生活本身的要求。我们只要想一想,1991 年和 1998 年的两次全国性大洪水,

2003 年春夏的"非典"流行，2004 年岁末印度洋地震引发的殃及 20 余万生命的大海啸，无时无刻不在提醒我们，自然灾害怎样成为人类生存和发展的巨大威胁，加强灾荒史研究具有何等重大的紧迫性。第二，学术工作者通过自身的努力，以自己的研究成果证明了这门学科的学术价值和现实意义。正因为这样，灾荒史研究不仅引起了众多学者的研究兴趣，也成为报刊和出版机构的一个热门选题，国家社科规划办曾经多次将灾荒史列入历史学的年度课题指南，向全国学术界招标。

二是出现了一批内容丰富、质量上乘的研究成果，使灾荒史学科的理论框架逐步清晰、学术内容相对完整、资料依据更加充分，在学科建设上迈出了决定性的步伐。在这方面，有一点也许值得强调一下，那就是这些年来，克服了以往较多注意灾荒的自然方面，相对忽视从社会的角度去审视和观察灾荒的偏向。中华人民共和国成立后，为了经济建设和防灾、抗灾的需要，许多自然科学工作者展开了对各种自然灾害规律的探讨，从天象、气象、水文、地质、地理、生态等角度，系统地揭示了几千年来特别是近 500 年来旱、涝、风、虫、地震等各种灾害的演变趋势，自然成因及其影响，提出了灾害防治的技术、工程对策，这是灾荒史研究的一个巨大成就。不足的是，灾荒同社会的相互关系几乎很少被纳入当时的研究视野。其实，自然现象同社会现象从来都不是互不相关而是相互影响的。人生活在一定的自然环境之中，同时也生活在一定的社会条件之下。自然灾害，当然是由自然原因造成的，但不同的政治条件和社会环境，对灾害的发生及其后果会产生很大的差异。所以，只有从灾荒同自然、社会的相互关系、相互作用、相互影响的对立统一中，才能更加深刻、更加全面地揭示自然灾害各个方面的本质。这也许正是灾荒史研究在近 20 年中取得的最重要的学术进步。

三是初步形成了一支虽然数量不多，但结构合理、思想活跃的专业队伍。学科发展的基础在人才。这种人才由两部分人组成，其一是并不专门从事灾荒史研究，但对这一领域有着浓厚的兴趣，在自己的主攻方向中，随时找到可以与灾荒史结合的切入点，并做出相应的学术贡献。另一种是以灾荒史为主要研究方向的专业人员，这部分人是学科建设的骨干力量。前一类人才应力求其广，后一类人才应力求其精。令人欣慰的是，经过这些年的努力，灾荒史的专业人才机制已经初步建设起来，这次"清代灾荒与中国社会"会议就是一个生动的证明。毫不夸张地说，十几年以前要想组织这样一个会议，几乎是不可能的，因为那个时候还不存在这样一支队伍。现在，不但选择灾荒史为自己主要研究方向的学术工作者不断增多，一些高校和研究机构还经常性地招收灾荒史的硕士、博士研究生，有的还设立了以灾荒史为主要研究内容的博士后流动站，这就为学科的建设和发展提供了可靠的人力保证。

灾荒史研究面临着极好的发展机遇

学术发展史告诉我们，任何一种学术，任何一门学科，只有存在着巨大的社会需求，并且这种客观需求越来越深刻地为社会所认识和了解时，才可能得到迅猛的发展和进步。社会需求是推动学术发展和繁荣的最有力的杠杆。

当今世界，科技进步日新月异，经济发展一日千里，社会面貌瞬息万变。这种情况，对于人和自然的关系来说，对于社会和灾荒的关系来说，其实是一把双刃剑。一方面，科技进步和经济发展，极大地增强了人类"为自己创造新的生存条件"的能力，增强了抵御自然灾害,有效地防灾、抗灾、救灾的能力。但另一方面,由于人类不恰当地对待自然界,迅速发展的科技和经济反而加速了生态环境的恶化,使自然灾害的发生频率日益增高,灾害造成的人员伤亡、财产损失和社会影响也越来越严重。不久以前,联合国公布的一份材料显示,在最近30年时间里,城市快速扩张,大片的森林遭到破坏,内陆的湖泊干涸,触目惊心地展示了人类对地球的破坏性影响。

　　正因为人们日益认识到这一问题的极端严重性,1987年11月,第42届联合国大会通过了169号决议,把20世纪最后十年定为"国际减轻自然灾害十年",并成立了"国际减灾十年委员会"。1989年第44届联合国大会又通过了《国际减轻自然灾害十年决议案》及《国际减轻自然灾害十年行动纲领》,目的是通过国际社会的一致努力,充分利用现有的科学技术成就,提高各国抵御自然灾害的能力,减轻自然灾害给世界各国,特别是发展中国家所造成的生命财产损失和社会经济失调。中国政府和中国人民积极响应并参与了这一活动,取得了显著的成效。这也是中国学术界灾荒史研究在这一时期取得重大突破的重要背景。作为例证,我们可以举出下面两个事实:10卷本、近3000万字的"灾害管理文库",主编即由中国国际减灾十年委员会副主任兼秘书长范宝俊担任,整个工作也正是中国实施"国际减灾十年"行动纲领的组成部分;另外,我们课题组编写的《近代中国灾荒纪年》,也在"前言"中明确说明,出版这部书"是参加这项(国际减灾十年)活动的一个小小的努力"。

　　从中国的国内情况来说,进入21世纪以后,中国政府和中国人民在总结20多年来改革开放和现代化建设的成功经验,吸取世界上其他国家在发展中的经验教训的基础上,对国家和社会的发展问题，达到了一个新的认识，提出了以人为本，全面、协调、可持续的科学发展观。胡锦涛同志对科学发展观做了这样的表述："坚持以人为本，就是要以实现人的全面发展为目标，从人民群众的根本利益出发谋发展、促发展，不断满足人民群众日益增长的物质文化需要，切实保障人民群众的经济、政治和文化权益，让发展的成果惠及全体人民。全面发展，就是要以经济建设为中心，全面推进经济、政治、文化建设，实现经济发展和社会全面进步。协调发展，就是要统筹城乡发展、统筹区域发展、统筹经济社会发展、统筹人与自然和谐发展、统筹国内发展和对外开放，推进生产力和生产关系、经济基础和上层建筑相协调，推进经济、政治、文化建设的各个环节、各个方面相协调。可持续发展，就是要促进人与自然的和谐，实现经济发展和人口、资源、环境相协调，坚持走生产发展、生活富裕、生态良好的文明发展道路，保证一代接一代地永续发展。"①与此同时，还提出了建设社会主义和谐社会的构想，这种和谐社会的特征，就是民主法治、公平正义、诚信友爱、充满活力、安定有序、人与自然和谐相处的社会。而人与自然和谐相处的具体内容，就是"生产发展、生活富裕、生态良好"。在这里，人与自然的和谐发展，经济发展和人口、资源、环境相协调，建立良好的生态环境，被放到了突出的位置，而这些，正是灾荒史应该关注和研究的重要内容。

谈到这里，自然不能不提到中国正在着力进行的促进人文社会科学发展的努力。除了中央发布了《关于进一步繁荣发展哲学社会科学的意见》，明确了新时期繁荣发展哲学社会科学的指导方针、总体目标和主要任务外，政府还采取了一系列具体措施，包括

---

① 2004 年 3 月 10 日在中央人口资源环境工作座谈会上的讲话。

加强对哲学社会科学工作的领导、加大对人文社会科学研究经费的投入、加紧对人文社会科学学术队伍的建设等，力争人文社会科学在全面建设小康社会、开创中国特色社会主义事业新局面中发挥不可替代的重要作用。之所以能这样做，是因为大家认识到，人文社会科学在社会发展、民族振兴中具有不可低估的战略地位，人文社会科学的发展水平，体现了一个民族的思维能力、精神状态和文明素质，反映了一个国家的综合国力和国际竞争力。这种认识，为学术发展创造了一个良好的社会大环境。

总之，不论从世界范围还是从国内情况来看，社会发展对人和自然的关系，其中也包括灾荒史的研究，提出了客观的强烈要求，这就必然成为一种强大的推动力量，促进灾荒史研究的发展和进步。当然，这里说的主要是有利于学科建设的社会大环境，但如果联系到上面我们所讲的这些年来学术界自身所取得的种种进步，那么，我们完全有理由信心十足地判定，在新的世纪，灾荒史的研究一定会不断取得新的成绩，开创新的局面！

加深和拓展灾荒史研究要重视五个"结合"

良好的学术环境、紧迫的社会需求，毕竟只是灾荒史学科发展的客观条件。要使灾荒史研究取得真正突破性进展，最终还得凭借学者艰苦细致、锲而不舍的学术实践。在学术活动中，我以为要特别重视五个方面的相互结合。

一是社会科学工作者同自然科学工作者的结合。一般说来，不同学科之间的交叉与渗透，是科学发展的重要途径和明显趋势。而对于灾荒史来讲，提倡社会科学工作者同自然科学工作者之间的交流与合作，提倡社会科学同自然科学之间在研究内容、研究思路与研究方法上的交叉与渗透，就尤为重要。因为灾荒史研究的对象，既有自然的，又有社会的，特别是要从自然与社会的相互关系、相互作用中，揭示问题的本质，发现事物的规律。不要说仅靠一支队伍的孤军奋战，无法完成对灾荒史全貌的科学认识，就是两支队伍各自为战，互不通气，也会因视角的狭窄和方法的局限，难以对历史真相做出完整、全面和准确的判断。如果两支队伍携起手来，或者对共同感兴趣的问题多加切磋，或者对重大课题进行联合攻关，一定会大大增强创新的能力，大大推进学科的进步。

二是学术研究的开拓创新同历史资料的发掘整理的结合。创新是学术发展的本质要求，大力加强学术创新体系建设，积极推进学术观点创新、学科体系创新和科研方法创新，是学术繁荣发展的必由之路。灾荒史研究并不是一个老的学科，因此，在打开新的学术视野、提出新的学术课题、掌握新的历史现象和表征、做出新的历史分析和判断等方面，都有着可以纵横驰骋的广阔天地。历史资料是认识历史的根据和基础，没有对历史资料的系统发掘和整理，学术研究的创新就变成无本之木、无源之水，勉强去做也不免成为无米之炊。必须克服重学术研究、轻资料整理的错误倾向。事实上，灾荒史的资料，既大量存在，又分散难找，急需要投入相当的人力、物力，做有计划的发掘整理。例如，中国第一历史档案馆的同志，组织力量初步摸底发现，仅比较集中的有关清代灾赈档案就达四万余件，还不包括分散在其他案卷中的档案资料。如果这部分档案整理出来，必然会对清代灾荒状况提供大量的新情况和新材料。

三是基础研究同应用研究的结合。正确处理基础研究和应用研究的关系，是学术健康发展的必要条件之一。对于像灾荒史这样既包括基础研究又包括应用研究的学科，科学地、合理地对待二者的关系就显得尤为重要。既不能认为只有基础研究才是学问，才有理论性和思想性，应用研究不过是具体的工作计划和对策方案，没有多少学术含量；也不能反过来，认为只有应用研究才有现实价值，能够解决实际问题，基础研究不过是不着边际的空谈，是无裨于实事的纸上谈兵。灾荒史研究所承担的主要任务，包括再现自然灾害肆虐人类的惊心动魄的历史场景，时时唤起人们的历史记忆，不断提高大家居安思危的忧患意识；总结人类同自然灾害作斗争的丰富的经验教训，为今天的防灾抗灾斗争提供宝贵的历史借鉴；探索和把握各种自然灾害发生、发展的客观规律，更好地掌握防止和减轻自然灾害的主动权；提出实现人与自然和谐发展以及应对自然灾害的各种对策建议，保证社会的可持续发展。可见，在这里，基础研究和应用研究二者是不可或缺的。基础研究离不开现实生活的出发点，应用研究也离不开深厚的学术根基。厚此薄彼，有失偏颇；互济互动，相得益彰。

四是中外学者的结合。经济全球化、信息网络化，要求人们更多地站在整个人类和全球的角度，去面对和思考人类生存所无法回避的各种问题。地球是我们共同的家园，同自然灾害作斗争是人类面临的共同课题。越来越严峻的生态环境的恶化，如土壤急剧退化、温室效应加剧、森林面积锐减、海洋污染严重、生物物种减少、人口压力巨大等，几乎在世界各国都变本加厉地蔓延。全球的自然灾害，也就不可避免地呈现出愈来愈频繁的趋势。面对日益严重的自然灾害，动员全世界的力量进行共同的斗争，无疑是十分必要的。特别是印度洋地震引发的海啸大灾难之后，一些学者，如德国基尔大学灾害研究专家沃尔夫·东布罗夫斯基就发出了加强全球防灾活动、制定全球防灾计划的呼吁；在今年年初举行的"世界减灾会议"上，中国政府的代表也强调了进一步开展防灾减灾的国际合作的必要性。在这样的情况下，研究灾荒史的中外学者之间，加强学术交流，不仅相互提供学术资料，交流学术心得，共享学术成果，而且广泛开展实质性的共同研究，就成为一项切实而紧迫的任务。我们真切地期望，以这次会议为契机，在这方面迅速地跨出新的步伐。

五是学术工作者同实际工作者的结合。专门从事灾荒史研究的学术工作者，数量毕竟是有限的。但同自然灾害作斗争，是涉及男女老少每一个人的事情，社会上还有一支数量庞大的防灾抗灾的实际工作者队伍。他们对于社会灾荒的各个方面，有着形象具体的切身体察，有着广泛生动的感性知识，有着丰富深刻的工作经验，他们理应成为学术工作者的良师益友和思想源泉。一般说来，任何一门科学，哪怕是最深奥的学问，如果不同鲜活丰富的社会生活发生紧密的关联，就不可能有生命力。更何况像灾荒史这样同广大群众有着密切联系的学科。如果我们不从广大群众的生动实践中吸取营养，如果我们的研究不能得到广大群众的关注和反响，那就不能不说是我们的悲哀。

让我们携起手来，为清代灾荒史乃至中国灾荒史研究的发展共同奋斗。

推进灾害史研究的紧迫性[①]

今天,我们相聚在美丽的春城昆明,相聚在具有悠久历史和学科特色的著名学府云南大学,共同来研讨"西南灾荒与社会变迁"这样一个主题,对于灾害史这个学科领域来说,称得上是一次学术盛会。

改革开放以来,随着我国经济、社会的快速发展和综合国力的大幅提升,随着政治大环境和学术大环境的不断优化,人文社会科学也得到了巨大的发展和长足的进步。回顾 30 年的历史,我们可以毫不夸张地说,灾荒史研究,同其他学科相比,是在一个起点相对较低的条件下取得了同样的,甚至可以说是更加迅速的发展。这确实是一个了不起的、值得自豪的成就。这主要表现在:社会和学术界对灾荒史学科地位和作用的认识越来越高,关注和支持的程度越来越大。发掘、整理了一大批内容丰富的珍贵历史资料,完成并出版了相当数量具有创新意义的研究成果,使灾荒史学科的理论框架逐步清晰,学术内容日益充实,资料依据更加充分,在学科建设上迈出了决定性的步伐。形成了一支结构合理、学风严谨

---

① 该文原载周琼、高建国主编:《中国西南地区灾荒与社会变迁》,云南大学出版社,2010 年。本文是 2010 年 8 月 20 日在第 7 届中国灾害史国际学术研讨会开幕式上的发言。

的专业队伍。同国外同行之间的学术交流日趋活跃。正因为这些,中国灾荒史研究吸引了国内外学术界的广泛关注,使他们对这一领域产生了浓厚的学术兴趣。

这些成就的取得,当然不是偶然的,而是有着种种主客观原因的。如果简单地说,可以用三句话来表达:一是强烈的社会需求,二是观念的深刻转变,三是学科社会功能的充分发挥。

学术发展史告诉我们,任何一种学术,任何一个学科,只有存在着巨大的社会需求,并且这种需求越来越深刻地为社会所认识和了解时,才可能得到迅猛的发展和进步。社会需求是推动学术发展和繁荣的最有力的杠杆。人们谁也不会忘记,近年来发生的那些突发性灾害:国内从 1998 年夏天的全国性洪涝巨灾,到 2003 年春夏的"非典"流行,再到 2008 年 5 月引起全民族巨大悲痛的汶川大地震,再到今年春的玉树地震,一直到现在正在经历着的由极端天气条件造成的多发性洪涝灾害(按照回良玉同志的说法,这次灾害"受灾范围之广、洪水量级之大、出现险情之多、灾害损失之重,均为历史罕见"),特别是刚刚发生的甘肃舟曲县突发性特大山洪泥石流地质灾害;国外从 2004 年岁末印度洋地震引发的大海啸,到前些年发生的导致 21 万余人罹难的海地大地震,到前两年全球范围的甲型流感大流行,一直到现在仍在肆虐的葡萄牙、俄罗斯的森林大火及大面积旱灾,巴基斯坦的严重洪灾。所有这些,是如此惊心动魄,扣人心弦,它们无时无刻不在提醒我们,自然灾害是人类生存和发展的巨大威胁和障碍。

当今世界,科技进步日新月异,经济发展一日千里,社会面貌瞬息万变。这种情况,对于人和自然的关系来说,对于社会和自然灾害的关系来说,其实是一把双刃剑。一方面,科技进步和经济发展,极大地增强了人类"为自己创造新的生存条件"的能力,增强了抵御自然灾害,有效地防灾、抗灾、救灾的能力。但另一方面,由于人类不恰当地对待自然界,迅速发展的科技和经济反而加速了生态环境的恶化,使自然灾害的发生频率日益增高,灾害造成的人员伤亡、财产损失和社会影响也越来越严重。

正因为这样,保护生态环境,应对气候变化,加强防灾减灾,就成为全人类必须共同面对的重大课题。灾害史的研究也就越来越凸显出其紧迫性和重要性。

从我国的国内情况来说,进入21世纪以后,全党、全国人民在总结改革开放和社会主义现代化建设的历史经验,吸取世界上其他国家在发展中的经验教训的基础上,对国家和社会的发展问题,达到了一个新的认识,提出了以人为本,全面、协调、可持续的科学发展观。其中,"统筹人与自然和谐发展""促进人与自然的和谐,实现经济发展和人口、资源、环境相协调,坚持走生产发展、生活富裕、生态良好的文明发展道路,保证一代接一代地永续发展""建立良好的生态环境",成为科学发展观的重要组成部分。而这些,正是灾害史应该着重关注和研究的主要内容。

当然,灾害史学科能够受到社会的关注和人们的重视,同我们广大灾害史的研究工作者的潜心钻研、刻苦努力是分不开的。正是由于大家的辛勤劳动,社会真正感到这门学问能够为现实生活提供历史借鉴和智力支持,这才使灾害史学科得到了自己的用武之地。俗话说:"有为才能有位",某个学科的学术价值,只有靠自己的学术研究和学术贡献来证明,来取得。这里我可以举一个例子:正因为大家做出了成绩,最近几年,国家社科基金每年中国历史学的课题指南,几乎都有关于灾害史的项目。这当然一方面表明国家和社会对灾害史研究的需求,另一方面也是对灾害史研究者工作的肯定。

　　同志们:我们都是灾荒史研究的同行。过去有句老话,叫作"同行是冤家",还有一句话叫作"文人相轻"。这两句话当然并不是普遍规律,但也在一定程度上多少反映社会生活的实际。但是,只要我们大家都有着一种强烈的历史责任感,只要我们大家都努力弘扬实事求是、尊重客观历史真实的优良学风,只要我们大家都有追求真理、捍卫真理又善于尊重和容纳学术多样性的学者风度,只要我们能够多搭建一些像这次会议一样进行学术交流、信息互通、成果共享的学术平台,上面那两句话就可以各改一个字,"同行是冤家"变成"同行是一家","文人相轻"变成"文人相亲"。只要我们的队伍是团结的,同心同德的,朝气蓬勃的,我们就一定会在新的世纪里为灾害史的研究做出新的历史性贡献!

治理灾害离不开哲学社会科学①

随着越来越严峻的生态环境恶化，自然灾害呈现出愈来愈频繁的趋势。如何减轻日益严重的自然灾害所造成的生命财产损失和社会经济破坏，已经成为全人类必须共同面对的紧迫任务。

应对自然灾害离不开哲学社会科学

人生活在一定的自然环境之中，同时也生活在一定的社会条件之下，自然现象同社会现象从来不是互不相关的而是相互影响的。在大体相似的自然条件下，政治条件和社会环境不同，自然灾害的发生及其后果会有很大的差异。因此，在应对自然灾害时，不仅要从自然方面而且更需要从社会方面去思考，在这方面哲学社会科学有着极大的用武之地，也承担着巨大的社会责任。

有学者指出：人类的问题千头万绪，归根到底就是一个问题，一个"元问题"，也就是"人与自然"的问题。对于这个问题的思考与回答，从古代的"天人合一""天人相应"，到今天科学发展观提出的"统筹人与自然和谐发展""促进人与自然和谐相处""坚持走生

① 该文原载《中国社会科学报》，2011 年 3 月 22 日。

产发展、生活富裕、生态良好的文明发展道路"的理念,这种认识上的深化与升华,正是建筑在千百年来广大群众艰苦实践基础上的哲学概括及政治思考的结果。

我们面临着一个表面上似乎相悖的现象:经济飞速发展和科技日益进步,极大地增强了抵御自然灾害、有效地防灾抗灾的能力,但自然灾害发生的频率越来越高,灾害造成的人员伤亡、财产损失和社会影响也越来越严重。这种矛盾现象的产生,根源于人类不恰当地对待自然,迅速发展的科技和经济反而加速了生态环境的恶化。在这当中,社会的因素显然要远远大于自然的因素。因此,解决问题的出路当然也要更多地由哲学社会科学来提供。

灾害一旦发生,实时的应急处理及灾后重建是一个复杂的系统工程,涉及政治、社会、经济、法律、新闻、人口、教育、卫生、心理等各个方面,几乎包括了哲学社会科学的各个学科。这些学科的积极参与,必然会对科学应对自然灾害产生积极、重大的影响。

史学对研究自然灾害意义特殊

我国自古以来就是一个多灾害的国家。中国人民在同灾害作斗争中积累了十分丰富的经验。由于史学的发达和政府对荒政的重视,中国也是一个对自然灾害记录最丰富、最完整的国家,历朝历代都有对自然灾害比较详细、具体的记录,留下了大量的历史文献。近年来,史学对研究自然灾害的意义越来越为人们所认识。作为史学分支学科的灾荒史在最近 20 余年的迅速发展,就是一个有力的证明。

史学对灾害研究的意义,至少可以从三个方面来看:

一是加深对自然灾害的规律性认识。只有掌握了灾害发生、发展的规律,我们才能更加清醒、更加自觉、更加主动地加以应对。但规律并不会直接呈现在人们的面前。人们看到的只是历史的表象,只有在对一次次灾害历史过程的具体了解、反复比较中,才能够提炼、概括从而发现、掌握规律。就像江泽民同志所说:"自然灾害是件坏事,但通过同它的斗争,人们可以加深对自然规律的认识和把握,从中得出有益的结论,从而更加科学地利用自然为自己的生活和社会发展服务。"①

二是不断提高全社会的防灾意识。每次大灾后,身历其事者往往"惨目伤心,兴言欲涕"。但是,随着时光的流逝,印象也就渐渐地淡漠了,甚至对以往的经历不甚了然了。严重一点的,竟然患了健忘症,居然"今不识先,后不识今",把曾经的劫难忘得一干二净。某种意义上来说,自然灾害正是对人类破坏自然生态的报复和惩罚。可惜的是,自然灾害过去之后,人们往往好了疮疤忘了痛,为了暂时利益、局部利益而肆意破坏生态环境的现象故态复萌。史学家的任务之一,就是时时唤起人们的历史记忆,用历史上大裱巨灾的痛苦经历,告诫人们要始终保持对大自然的敬畏和友好之情,以不断提高防灾抗灾的意识。

三是从历史中吸取应对自然灾害的经验教训。我国既是一个多灾害的国家,也是一个具有丰富防灾、抗灾、救灾经验的国家。《周礼》中就有关于荒政十二条的记载。秦汉以后的历朝政权,逐渐建立并完善了救荒的政治运作机制和政策措施,积累了许多具有借鉴意义的经验,至今还留下了大量的有关荒政的档案资料。大约从宋代开始,一批有识之士即系统地总结和整理源自官方和民间的救荒经验和赈灾措施,并著录成书。据我们不完全的收集,

---

① 《江泽民文选》,第2卷,第232页。

此类"荒政书"有数百种之多,字数在千万字以上,是极其宝贵的文化遗产。

加强灾荒史学科建设

既然社会生活对灾荒史学科的发展存在着紧迫的要求,史学工作者理应通过艰苦细致、锲而不舍的学术实践,使灾荒史研究取得真正突破性进展,为灾荒史走向繁荣做出自己的努力。为了做好这个工作,我以为重视下面五个方面的结合是十分重要的:

一是社会科学工作者同自然科学工作者的结合。就灾荒史来讲,提倡社会科学工作者同自然科学工作者之间的交流与合作,提倡社会科学同自然科学之间在研究内容、研究思路与研究方法上的交叉渗透,尤为重要。因为灾荒史既要研究自然,又要研究社会,特别是要从自然与社会的相互关系、相互作用中,揭示问题的本质,发现事物的规律。

二是学术研究的开拓创新同历史资料的发掘整理的结合。历史资料是认识历史的根据和基础,必须克服重学术研究、轻资料整理的错误倾向。事实上,灾荒史的资料既大量存在又分散难找,急需投入相当的人力、物力,做有计划的发掘整理。

三是基础研究同应用研究的结合。正确处理基础研究和应用研究的关系,是学术健康发展的必要条件之一。像灾荒史这样既包括基础研究又包括应用研究的学科,科学合理地对待二者的关系就显得尤为重要。基础研究离不开现实生活的出发点,应用研究也离不开深厚的学术根基。厚此薄彼,有失偏颇;互济互动,相得益彰。

四是中外学者的结合。经济全球化、信息网络化,要求人们更多地站在整个人类和世界的角度,去面对和思考人类生存所无法回避的各种问题。研究灾荒史的中外学者之间加强学术交流,不仅相互提供学术资料,交流学术心得,共享学术成果,而且广泛开展实质性的共同研究,就成为一项切实而紧迫的任务。

五是学术工作者同实际工作者的结合。专门从事灾荒史研究的学术工作者,数量毕竟是有限的。社会上还有一支数量庞大的防灾抗灾的实际工作者队伍,他们理应成为学术工作者的良师益友和思想源泉。像灾荒史这样同广大群众有着密切联系的学科,如果学术工作者不从广大群众的生动实践中吸取营养,如果学术研究不能得到广大群众的关注和反响,那就不可能有旺盛的生命力。

关于中国人民大学生态史研究中心
未来发展的几个建议[①]

今年是联合国环境与发展大会的 20 周年,再过一个月,联合国将在巴西里约热内卢再一次召开环境与发展大会。在这个时刻,中国人民大学"生态史研究中心"正式成立,可以说是正当其时,套用一句中国的老话,就是占尽了天时、地利、人和。天时,就是客观形势;地利,就是社会条件;人和,就是研究队伍。把这三点讲全了,就是三句话:客观形势呼唤着、推动着包括环境史在内的环境科学的迅速发展;同时也具备了环境科学发展的良好社会条件;"中心"组织和团聚了一批既有实力又有活力的生机勃勃的中青年学术力量,足以承担起推进环境史研究的艰巨任务。所以,"生态史研究中心"的成立,确实是一件非常值得庆祝的喜事。

最近,联合国组织了一个"全球可持续性问题"的高级别小组,撰写了一份题为《具有承受力的人类、具有复原能力的地球:值得选择的未来》的报告。这个报告的头一句话是这样写的:"今天,我们的地球和我们的世界正处于最好的时期,也正处于最坏的时期。全世界正在经历前所未有的繁荣,而地球也承受着空前的压力。"

① 该文原为 2012 年 5 月 23 日在中国人民大学生态史研究中心成立仪式暨"历史的生态学解释"国际学术论坛上的发言。

确实是这样。我们的物质生活越来越好,我们享受着各种文明的成果,使我们的生活从来没有像现在这样丰富多彩。但是,这只是问题的一个方面。另一方面,地震,海啸,干旱,洪涝灾害,气候变暖,疫病流行等等,随时威胁着人们的生命财产,环境问题越来越严峻。正像有人所描写的:"地球已被糟蹋得遍体鳞伤了。""移山造海、乱砍滥伐、无休止掘矿采矿、捕猎珍奇动物等等,可以说到了无以复加的地步!"人类在发展过程中,肆无忌惮地对环境进行掠夺和破坏,严重超过了环境可承受的限度。我们今天的发展,实际上是向环境、向资源、向子孙后代借了很多债。

恩格斯有一句名言:"人类的每一个进步都必须付出巨大的代价。"如果人类只顾自己的发展,把我们生存于其中的自然环境都破坏了,那么人类的发展环境也就没有了,有人甚至说:"如果人类仍然一意孤行,以为可以在地球上称王称霸,那么人类毁灭之日将不会遥远。"我以为这个话决不是危言耸听。环境破坏造成的危害,有一个特点,就是它的普适性,不管你是哪国人,不管你生活在什么社会制度下,不管你的皮肤是什么颜色,甚至也不管你的社会身份与地位,任何人都不能独善其身,所以,你永远不要对他人遭受的环境灾难无动于衷,因为谁也无法保证下一个不是你。就这样,解决环境问题,就成了全人类必须共同面对的一个十分紧迫的重大课题。学术史告诉我们,任何一种学术,任何一个学科,只有存在着巨大的社会需求,并且这种客观需求越来越深刻地为社会所认识和了解时,才可能得到迅猛的发展和进步。社会需求是推动学术发展和繁荣的最有力的杠杆。环境问题越来越突出,环境科学的发展就越来越重要。

现在也确实具备了一个迅速发展环境科学,包括环境史研究的良好社会条件。这个社会条件,包含两个层面,一是思想、观念的层面,一是物质、经济的层面。从思想、观念的层面来说,这些年来,我们对人与自然必须和谐相处的认识,有了很大的进步。从世界范围看,至少从20世纪的60年代开始,美国及欧洲一些国家,掀起了轰轰烈烈的环境保护运动,环境科学也随之得到了长足的进步。从我国的情况看,随着科学发展观的确立,坚持以人为本,坚持全面、协调、可持续的发展,促进人与自然的和谐,实现经济发展和人口、资源、环境相协调,努力做到"生产发展,生活富裕,生态良好","人与自然和谐相处",不仅成为大多数人的共识,而且已经上升到国家的重大战略决策之中。一个多月以前,我国政府在斯德哥尔摩召开的"可持续发展伙伴论坛"上,再一次郑重表示:"绝不靠牺牲生态环境和人民健康来换取经济增长!"我国政府在历次政府工作报告中,在"十二五"发展规划中,在各种相关的国际会议上,已经反复表示过这样一种态度。这可以从两方面来分析:一是说明我国政府认识明确,态度坚决;另外也说明我国环境问题确实已经十分严重,到了不能不坚决治理的时候了。除了思想层面,还有一个物质层面的问题。按照经济学的观点,环境治理一般需要强大的经济基础作支撑,国际上惯例是人均GDP超过3000美元才可进行环境治理的研究,我国GDP已经达到人均5000美元,已经有进行环境治理研究的经济支撑基础。所以我说,开展环境史研究已经具备了良好的社会条件。

　　形势的迫切需要,良好的社会条件,加上一批很优秀的研究力量,这个"中心"就可以做点事情,做成事情,做好事情。我希望这个"中心"将来办成什么样呢?我希望"中心"是一个有实力、有特色、和谐、开放的研究中心。

　　既然叫"研究中心",它的立足点当然就在学术研究。我看了"研究中心"的建设规划,应该说目标还是很宏伟、很远大的,要"力争在五至十年的时间内将其建设成国内一流、国际知名的生态史研究中心、学术交流中心、人才培养中心、文献资料中心以及生态文化宣教中心"，这很好，努力方向也很明确，但做到这个并不容易，归根到底，要靠全体成员的刻苦钻研，潜心治学。要每年出一批学术成果，每年向社会交出我们的优秀答卷。学术地位是需要得到社会认可的，靠炒作，靠包装，靠公关，靠关系，统统不灵，只有靠自己实实在在的努力。有为才能有位，有所作为才能取得相应的社会地位。

既然环境科学已经成为一门显学，国内外环境史研究机构也设立了不少，我们的"研究中心"，要能够脱颖而出，就必须要有自己与众不同的特色。不能平均使用力量，必须有所为有所不为，集中优势兵力，选准自己的特色，锻造自己的特色，发展自己的特色。在环境史这个学科中，有一个或几个研究方向和研究重点，是我们最拿手的、最出色的、最权威的、最光彩夺目的、最有发言权的，这就使我们有了杀手锏，有了看家本领，对社会也可以作出自己的特殊贡献。

一个学术单位，有没有生气，有没有活力，有没有凝聚力，有没有战斗力，很重要的是有没有一个民主的、生动活泼的、团结和谐的人际关系。在学术问题上，在工作问题上，什么话都可以说，什么不同意见都可以心平气和地讨论。领导大公无私，光明磊落；成员间互相尊重，互相爱护。大事齐心协力，小事淡然处之。这样不但有利于工作，也有利于大家的健康。

最后，说一说"开放"的问题。这个问题包含的内容很多。恩格斯说："历史可以从两方面来考察，可以把它划分为自然史和人类史。但这两方面是不可分割的；只要有人存在，自然史和人类史就彼此相互制约。"①环境史或者生态史,恰好就是最典型的自然史和人类史的交汇学科。所以,首先在学科上必须是开放的,要特别注意不同学科之间的交叉和融合。环境史学科既有很强的思辨性,又有很强的实践性,所以一定要同社会生活密切接触和联系,避免闭门搞研究,把这个学科变成远离实际的经院哲学,这是另外一种意义上的开放。我们搞研究,不但要以自己的研究成果服务于社会,还要尽可能致力于学术资源共享,为学术界和同行们提供学术资料和学术信息。在研究力量上,我们要注意同外单位朋友们的合作和交往,善于吸取别人的长处,努力获取社会各方面的关心和支持。至于发展国内外的学术交流,更是题中应有之义,无需多说了。

再一次衷心祝贺中国人民大学生态史研究中心从今天开始,欣欣向荣,苗壮成长。

---

① 《马克思恩格斯选集》第1卷,第66页。

第二辑

灾荒与近代中国研究

鸦片战争爆发后连续三年的黄河大决口[①]

　　鸦片战争的发生及失败,对中国社会,不论在政治上、经济上还是社会心理上,都产生了极大的震颤。恰恰在这一时期,发生了连续三年的黄河大决口,即 1841 年(道光二十一年)的河南祥符决口、1842 年(道光二十二年)的江苏桃源决口、1843 年(道光二十三年)的河南中牟决口。这三次黄河漫决,受灾地区主要为河南、安徽、江苏等省,波及山东、湖北、江西等地,这些地区大都离鸦片战争的战区不远。因此,严重的自然灾害,不能不给战祸造成的社会震动更增添了几分动荡不安。

　　在中国历史上,黄河曾孕育了中华文明,也带给了人们数不尽的灾难。到了晚清时期,黄河"愈治愈坏"。一方面,是由于封建统治者对黄河一贯采取"有防无治"的方针,如道光初年河道总督张井在一个奏折中所说的:"历年以来,当伏秋大汛,司河各官,率皆仓皇奔走,抢救不遑。及至水落霜清,则以现在可保无虞,不复再求疏刷河身之策。渐至河底日高,清水不能畅出,堤身递增,城郭居民尽在河底之下,惟仗岁请金钱,将黄河抬于至高之处。"[②]以至

① 该文原载《清史研究通讯》,1989 年第 2 期。本文由李文海、林敦奎、周源、宫明集体创作,李文海执笔。
② 《河南通志·经政志稿·河防》。

造成河身堤身竞相争高的恶性循环。另一方面,是随着吏治的败坏,河工积弊层出不穷,官员们将巨额治河经费挥霍贪污,"防弊之法有尽,而舞弊之事无穷"①。结果便是《清史稿》所说的,"河患至道光朝而愈亟"②。本文将要叙述的鸦片战争爆发后的连续三年黄河大决口,不过是道光朝河患较为突出的表现而已。

一、1841 年的河南祥符决口

1841 年夏,正当英国侵略军肆虐闽、浙之际,黄河在祥符县(今属开封)上汛三十一堡决口。据 8 月 7 日(六月二十一日)上谕,河道总督文冲曾于数日前上奏:"本年入夏以来,黄河来源甚旺,各厅纷纷报险,所有下南厅祥符上汛三十一堡,滩水已过堤顶,漫塌二十余丈。"③这个奏折没有提具体决口日期。曾国藩在一封家信中曾说:"黄河于六月十四日开口。汴梁四面水围,幸不淹城。"④但署理河南巡抚鄂顺安在奏折中则称:"道光二十一年六月十六日,祥符汛三十一堡漫口,省城猝被水围,其非常之险,层见叠出。"⑤两个材料所记决口日期略有出入,当以鄂顺安奏折较可靠。

这里都提到了水围河南省城开封之事。事实上,冲出决口的黄水曾包围开封达八个月之久,这在我国灾荒史上也可说是极为罕见的。赵钧《过来语》记:"六月初八日,黄河水盛涨。至十六日,

---

① 道光元年署河南河道总督严烺折,见《河南通志·经政志稿·河防》。
② 《清史稿》,卷 383。
③ 《清宣宗实录》,卷 353。
④ 《曾国藩全集·家书》(一),第 10 页。
⑤ 《录副档》,道光二十二年(日期不详)鄂顺安折。本文所引《录副档》均为第一历史档案馆藏档,不一一说明。

水绕河南省垣,城不倾者只有数版。城内外被水淹毙者,不知凡几。"①《清代七百名人传》中《邹鸣鹤传》云:"是年六月,河决祥符上汛三十一堡,省城猝被水围。(署开封知府邹)鸣鹤露宿城上七十昼夜,随同巡抚牛鉴等竭力修防。省城形如釜底,堤高于城,河水冲决,势如建瓴……堵御八月之久,城赖以全。"一份专门奏报此事之折片称:"臣于七月二十二日到省,正至急至危之时,即驻宿城关,督率官民日夜防守。目击浪若山排,声如雷吼。城身厚才逾丈,居然迎溜以为堤,而狂澜攻不停时,甚于登陴而御敌。民间惶恐颠连之状,呼号惨怛之音,非独耳目不忍见闻,并非语言所能殚述。所赖官绅士庶不避艰危,凡可御水之柴草砖石无不购运如流,凡力能做工之弁役兵民无不驰驱恐后,始能抢修稳固,化险为平。至霜降以后,水势虽见消减,而凌汛旋又届期,复经署开封府邹鸣鹤会同兰仪同知张承恩等先事预防,所有冲顶之处,皆密排逼凌木椿,冒寒守御,城身幸未被冰击撞。迨上游解冻,即据驰报,万锦滩骤然长水,又须加倍严防。计自上年六月望后至本年二月初旬,共阅八月之久,大溜一日未经离城,即一日不敢稍懈……伏查此次省城被水,实出非常,为二百年来所未有。"②此折原件残缺,作者不详,但据奏折内容推断,似为替代文冲任东河河道总督之朱襄所上。

原来的河督文冲,先是被朝廷革去职务,后来又"枷示河干"。堂堂的总督竟被枷号示众,这可以说是极大的羞辱了,但对于文冲来说,却实在是罪有应得。据记载,文冲任河督时,与河南巡抚牛鉴"同在一省",却"久不相能",专搞摩擦,且"视河工为儿戏,饮酒

---

① 《近代史资料》,总41号,第133页。
② 《录副档》,道光二十二年二月二十八日折。

作乐,厅官禀报置不问,至有大决"①,可见文冲实为这场大灾难的直接责任者。待河决之后,文冲又荒唐地主张暂缓堵筑决口,放弃开封,迁省会于洛阳。文冲的这个错误主张遭到清廷特意派往河南"督办东河大工"的大学士王鼎、通政使慧成等人的抵制,才未实现。《清史稿》记载此次争论情况说:"(道光)二十一年六月,决祥符,大溜全掣,水围省城。河督文冲请照睢工漫口,暂缓堵筑。遣大学士王鼎、通政使慧成勘议。文冲又请迁省治,上命同豫抚牛鉴勘议……八月,鉴言节逾白露,水势渐落,城垣可无虞,自未便轻议迁移。鼎等言:河流随时变迁,自古迄无上策,然断无决而不塞、塞而不速之理。如文冲言,俟一二年再塞,且引睢工为证。查黄水经安徽汇洪泽,宣泄不及,则高堰危,淮扬尽成巨浸。况新河所经,须更筑新堤,工费均难数计。即幸而集事,而此一二年之久,数十州县亿万生灵流离,岂堪设想。且睢工漫口与此不同。河臣所奏,断不可行。"②如果真按文冲的意见去办,千万群众将葬身鱼腹,后果真是不堪设想。所以前往江苏赴按察使之任的李星沅,路过河南时,在日记中亦云:文冲"妄请迁省洛阳,听其泛滥,以顺水性,罪不容于死矣! 约伤人口至三四万,费国帑须千百万,一枷示何足蔽辜? 汴人欲得其肉而食之,恶状可想!"③

在这场争论中,河南巡抚牛鉴站在正确的一方。但有的材料把牛鉴描写成与群众同甘苦、同洪水作搏击的人物,却也大谬不然。事实上,河决之后,牛鉴见"水势直冲省城",只是"长跪请命",祈求上天保佑④,并未积极组织抗洪斗争。水围开封之后,牛鉴一

---

① 《李星沅日记》,上册,第279、280页。
② 《清史稿》,卷126。
③ 《李星沅日记》,上册,第280页。
④ 《李星沅日记》,上册,第280页。

味注意"力卫省城",不及其他。虽上谕曾强调"省城固为紧要,亦不可顾此失彼,著牛鉴多集人夫料物,设法分疏溜水,抢护堤工缺口",但牛鉴等仍以"正河业经断流,护堤决口,势难抢筑"为借口,"专议卫省城,兴筑水坝,以资抵御"①。对省城以外的救灾事宜,根本不予置理。结果,省城虽获保全,但河南各属一片汪洋,且"下游各处间被淹浸,又兼江水盛涨,江宁、安徽、江西、湖北等省,均有被灾地方"②。

河决祥符后之水势趋向,据江南河道总督麟庆奏:"黄河大溜,直奔河南省垣西北城角,分流为二,汇向东南,下注至距省十余里之苏村口;又分南北两股,其北股溜止三分,南股溜有七分,计经行之处,河南、安徽两省共五府二十三州县,被灾轻重不等。"③8 月 23 日(七月初七日)上谕亦云:"现在水势,口门下分为两股,一绕省城西南下注,一由东南而行,均至归德、陈州两府属归入江境等情,是江苏、安徽两省漫溢淹没之处,定已不少。"④因为河南属江苏、安徽之上游,黄河在河南决口,全黄之水汇集洪泽湖,又四处漫溢,故"三省之荡析离居不堪设想"。而且漫决若在秋成之后,老百姓尚"糊口有资",此次漫在夏间,"远近饥民,更难绥辑"⑤。安徽巡抚程楙采报告此次灾情称:"据查豫省黄河漫水,灌入亳州涡河,复由鹿邑归并入淮,以致各属被灾较广,小民荡析离居。"⑥时任翰林院检讨的曾国藩在家书中亦云:"河南水灾,豫楚一路,饥民甚多,行

---

① 《清代七百名人传》,上册,《牛鉴传》。
② 《清宣宗实录》,卷 369。
③ 《清宣宗实录》,卷 359。
④ 《清宣宗实录》,卷 354。
⑤ 《录副档》,道光二十二年二月十三日王鼎等折。
⑥ 《清宣宗实录》,卷 355。

旅大有戒心。"①封建统治者深恐流民众多,激化阶级矛盾,一面宣布缓征或蠲免灾区地丁钱粮,一面设法将"无业游民"招募入军,以便控制。

这时,在鸦片战争中坚持反侵略斗争的林则徐,正好因受到一部分投降势力的排挤,被道光帝"发往伊犁效力赎罪"。王鼎极力请求将林则徐暂留河南协助治河救灾,得到朝廷允准。林则徐在遣戍途中自扬州"折回东河",于9月30日(八月十六日)到达开封。他亲自在祥符六堡河工,往返筹划指挥,受到灾民的热烈欢迎,他们交口称赞:"林公之来也,汴梁百姓无不庆幸,咸知公有经济才,其在河上昼夜勤劳,一切事宜,在在资其赞画。"②在东河工次,林则徐赋诗描述此次水灾之惨状:"尺书来汛汴堤秋,叹息滔滔注六州(原注:时豫省之开、归、陈,皖省之凤、颍、泗六属被淹)。鸿雁哀声流野外,鱼龙骄舞到城头。谁输决塞宣房费,况值军储仰屋愁,江海澄清定河日,忧时频倚仲宣楼。"另诗中还有"狂澜横决趋汴城,城中万户皆哭声"之句。这些诗句,既反映了这次水灾的严重程度,也抒发了一位关心民瘼的正直封建官吏的忧时之情。

二、1842年的江苏桃源决口

在鸦片战争正在进行的过程中,清朝政府在军费支出十分浩繁的情况下,好不容易筹措了500余万两银子,几经周折,一直到1842年4月3日(道光二十二年二月二十三日),才总算把上年的祥符决口堵合。但仅仅过了四个多月,黄河又在江苏桃源(今属泗

---

① 《曾国藩全集·家书》(一),第14页。

② 《林则徐年谱》(增订本),第366—367页。

阳)县北崔镇汛决口。

这一年,江苏由夏入秋,亢旱甚久。一部分地区由于上年黄水泛滥的积水未消,另一部分地区则因久旱缺雨,所以麦秋"合计通省约收五分有余",歉收本已十分严重。不料到 8 月 22 日(七月十七日),黄河突于桃源县北崔镇汛决口 190 余丈。与此同时,徐州府附近之铜山、萧县,亦因"水势涌猛,闸河不能容纳,直过埝顶,致将铜山境内半步店埝工冲刷缺口"①。所以这一年江苏黄水漫溢,实有二处,正如本年岁末两江总督耆英、江苏巡抚程矞采奏折所云:"本年入夏以来,黄水异涨,桃源县北岸扬工长堤漫溢,萧县地方亦因启放天然闸座等处,以致该二县沿河低洼田地均被淹浸。"②只是由于决口处已处黄河下游,距入海口不远,故遭漫水淹浸面积较少。曾国藩在一封家信中估计,"黄河决口百九十余丈,在江南桃源县之北,为患较去年河南不过三分之一"③。

河决桃源之后,清廷将南河河道总督麟庆革职,命吏部左侍郎潘锡恩接任。潘上疏报告水情云:"黄河自桃北崔镇汛、萧家庄北决口,穿运河,坏遥堤,归入六塘河东注。正河自扬工以下断流,去清口约有六七十里之远,回空漕船,阻于宿迁以上。"④一个恰好途经灾区的官僚太常寺少卿李湘棻向朝廷报告说:"臣行至宿迁县,知桃源县桃北厅扬工下萧家庄漫成口岸。路遇被水灾民询称'今岁异涨陡发,实历年所未有'。臣缘堤而行,察看北岸水痕,大半高及堤顶,全仗子堰拦御,情形危险至极。源南岸王工晤河臣麟庆,据称:'漫溢口门已有百余丈,水头横冲中河,向东北由六塘河、海

---

① 《录副档》,道光二十三年七月初二日署两江总督璧昌、江苏巡抚孙宝善折。

② 《录副档》,道光二十二年十二月二十七日耆英、程矞采折。

③ 《曾国藩全集·家书》(一),第 31 页。

④ 《清史稿》,卷 383。

州一带归海。彼处旧有河形,大溜趋赴,势若建瓴,当不致十分泛滥。惟运河淤垫,急宜挑浚。'"①

　　麟庆所说黄水漫溢后,因流入"旧有河形",故"不致十分泛滥",显然带有讳饰之意。事实上,这一年的桃源决口,虽较上年祥符决口为轻,但仍然带给当地人民以极大的灾难。河决后不久,一个上谕即引用程矞采的奏疏,称桃源、萧县一带"庐舍被淹,居民迁徙"②。程矞采在另外两个奏折中还说:"窃照桃源、萧县二县,本年或因扬工漫溢,或因开放闸河水势过大,以致田亩庐舍均被浸没,居民迁徙,栖食两无。""据宿州扬斯熙禀称:上游黄水来源甚旺,自七月二十一日至二十五日,逐渐加长,睢河、北股河不能容纳,漫溢出槽,西北、东北二乡沿河一带,水深二三尺不等。在田秋粮尽被淹浸,驿路亦被淹没。"③户部尚书敬徵、工部尚书廖鸿荃会奏此次黄水漫溢造成的灾情,计桃源县境内有"秋禾多被淹没,庐舍亦间有冲塌,情形较重,成灾九分"者共17图,有"因黄水汇归六塘等河,并无堤埝捍御,禾稼亦被淹损,情形次重,成灾七分"者共11图。沭阳县境内有"始因缺雨,继遭黄水漾漫,秋禾无获"者共9镇12堡。清河、安东、海城等县,"亦因先旱,复被淹浸,秋禾间有损伤,以致收成歉薄"④。又据淮安府知府曹联桂报告:"桃源县应需抚恤户口一万五百一十六户,内大口一万七千四百九十二口,小口九千一百八十八口。"⑤从以上这些数字看,这次黄河决口所造成的灾区面积,并不很小,受灾人口也有相当数量;再加上春夏之

---

①　《录副档》,道光二十二年。

②　《清宣宗实录》,卷379。

③　《录副档》,程矞采折。

④　《录副档》,道光二十二年十月十三日敬徵、廖鸿荃折。

⑤　《录副档》,道光二十二年十月十六日程矞采折。

旱,苏南的苏州、松江二府属又因秋雨连绵,"秋禾被水歉收",以致形成了江苏全省性的灾祲。这一年,正是因鸦片战争失败,清政府被迫在南京与英国签订了第一个丧权辱国的不平等条约,当地人民既目睹了民族的屈辱,又身受着天灾的侵袭,在这种双重打击之下,物质生活和精神心理都受到何等严重的摧残,也就可想而知了。

三、1843 年的河南中牟决口

继上二年黄河漫决之后,1843 年 7 月末,黄河又在河南中牟县下汛九堡漫口,造成连续三年黄水年年决口的严重状况。

这一年夏秋之间,河南省大雨连朝,淫霖不绝。黄水盛涨,大溜涌进,于 7 月末"将中牟下汛八堡新埽,先后全行蛰塌"。正当防河官兵集料抢补的时候,不料大溜"忽下卸至九堡无工之处。正值风雨大作,鼓溜南击,浪高堤顶数尺,人力难施,堤身顿时过水,全溜南趋,口门塌宽一百余丈"[①]。由于这一带"土性沙松",又正"值大汛河水盛涨之际",所以口门不断扩大,数日后"刷宽至二百余丈"。至 9 月 8 日(闰七月十五日)的上谕中,则称"现在口门塌宽至三百六十余丈","下游州县"被灾情形,"较之上次祥符漫口,情形更为宽广"[②]。

事件发生后,清政府始则将河道总督慧成革职留任,接着又正式"革任",并像对待前任河督文冲一样,"枷号河干,以示惩儆"。河督一职,派原库伦办事大臣钟祥接任,并命礼部尚书麟魁、工部

---

① 《清宣宗实录》,卷 394。
② 《录副档》,道光二十三年。

尚书廖鸿荃"督办河工"。但工程进展缓慢,第二年整整一年,"黄流未复故道"①。1844 年 5 月 4 日(道光二十四年三月十七日)的上谕谈及河工情况时称:"上年中牟漫口,特派麟魁、廖鸿荃会同钟祥、鄂顺安,督率道将厅营办理大工,宜如何激发天良,妥筹速办,于春水未旺以前,赶紧堵筑。乃毫无把握,临事迁延。将次合龙之际,被风蛰失五占,以致水势日增,挽回无术,现在坝工暂行缓办,上年被淹各处,一时未能涸复。"②同年 8 月 29 日(七月十六日)上谕又云:"中牟漫口后,一年以来,未能堵合,三省灾黎,流离失所。"③直至 1845 年 2 月 2 日(道光二十四年十二月二十六日),始告正式合龙。

这种情况,自然要给沿河人民带来更大的苦难。黄河决口后不久的一个上谕就指出:"此次漫口,大溜下注,所历各州县地方……比二十一年被水较宽,灾亦较重。"④前引材料中所说的"三省灾黎",主要是指河南、安徽、江苏三省,在这些地区,被黄水漫淹而衣食无着、流离失所甚至家破人亡的,在在皆是。

就河南本省而言,河南巡抚鄂顺安于 12 月 3 日(十月十二日)奏称:"豫省本年夏秋大雨频仍,兼之黄河及各处支河屡次盛涨泛溢,滨河及低洼各州县村庄均被淹渍,并有雨中带雹及飞蝗停落之处。"⑤大面积的水灾,再加上局部地区的震灾和蝗灾,势孤力单、脆弱无力的小农经济,还能有什么抗拒能力?据鄂顺安后来的两次奏报,中牟漫口后,共有 16 个州县"地亩被淹"。其中"被灾最

---

① 《清史稿》,卷 383;又《清代七百名人传》,中册,第 975 页。

② 《清宣宗实录》,卷 403。

③ 《清宣宗实录》,卷 407。

④ 《清宣宗实录》,卷 394。

⑤ 《录副档》,鄂顺安折。

重"的有中牟、祥符、通许 3 县及阳武（今属原阳）的一部分；"被灾次重"的有陈留（今属开封）、杞县、淮宁（今淮阳）、西华、沈丘、太康、扶沟等 7 县；"被灾较轻"的有尉氏、项城、鹿邑、睢州（今睢县）等 4 州县。另有郑州等 10 州县虽被水较轻，考城（今属兰考）等 23 州县虽只是局部地区有"被水、被雹、被蝗"之处，但也都造成了歉收。而在那些重灾区和次重灾区，不少地方是颗粒无收的。

安徽的灾情，同河南几乎是不相上下。中牟决口后，清政府就在上谕中指出："皖省自上次河决祥符，所有被灾州县，元气至今未复。本年漫水，建瓴直下，太和、阜阳、颍上以及滨淮各州县地方，或房屋塌卸，或田亩淹没，情形较前更重。"①在另一个上谕中又说："河南中牟漫水，皖省地处下游，被淹必广。现据查明，顶冲之太和县，通境被灾；分注之亳州及滨淮十余州县，洼地淹入水中。"②安徽巡抚程楙采也于 10 月 23 日（九月初一日）奏称："本年豫省中牟汛九堡漫水决堤，大溜南趋，皖境下游之颍州、凤阳、泗州三府州属，均被漫淹。兼闰之七月上中二旬，凤、泗二属雨水过多，淮、黄同时并涨，宣泄不及，被淹地方较广……现在节逾寒露，水未消退，秋成失望。"③这一年，安徽全省因灾蠲缓额赋之地区达 37 州县。

江苏在这一年开始时，遇到了像上年一样的严重春旱，二麦"收成大为减色"。江苏是鸦片战争中受战祸最烈的地区之一，又连年遭水，"情形尤为困苦"。但到了秋后，又阴雨连绵，加之上游"黄水来源不绝"，结果不少地方"山水、坝水下注，湖河漫溢，低洼田亩被淹"。也有些地方，"或因雨泽愆期，禾棉不能畅发，继被暴

① 《清宣宗实录》，卷 395。
② 《清宣宗实录》，卷 396。
③ 《录副档》，程楙采折。

风大雾,均多摧折受伤"①。据统计,沭阳及上年黄河决口之桃源县,不少田地都"成灾八分"(即只有二分收成),其余上元(今属南京)等53州县,虽"勘不成灾"(按清制,收成不足五分者才算"成灾",五分收成以上只能算"歉收"),但均"收成减色"。由于雨水多漫,并累及盐场亦均歉收。兼理盐政之署两江总督璧昌奏称:"富安、安丰、梁垛、东台、何垛、丁湾、草堰、刘庄、伍佑、新兴、庙湾十一场,因本年夏间亢晴日久,禾草受伤,继因秋后雨多,海潮上涌,坝水下注,又被漫淹,收成均属歉薄,内惟新兴场情形稍轻。又海州分司所属板浦、中正、临兴三场,先因黄水下注,嗣因秋雨过多,池、井、滩、荡皆被淹浸,以致秋收歉薄。"②

河决中牟,不仅往南影响苏皖,往北甚至影响到直隶。一个名叫德顺的主管盐政的官员(具体职务不详)在奏折中说:"奴才前于本年闰七月间因豫省中牟黄河漫口,漳河、沁河、卫河同时并涨,以致南运河各引地冲没店厂、盐包、房屋、骡马、器具,阻隔水陆运道,其直隶附近南运河并永定河之各引地口岸,亦因之堤决漫口。"③这个材料,颇能说明此次决口影响之广。

以上叙述的鸦片战争爆发后连续三年的黄河大决口,造成的危害可以说是灾难性的,因为它不仅在当时给人民带来了巨大的痛苦,而且所伤的元气,在很长时间里都未能恢复。一直到十年之后,即1851年2月20日(咸丰元年正月二十日),朝廷根据陕西布政使王懿德的奏疏,还发布了这样一道谕旨:"王懿德奏,由京启程,行至河南,见祥符至中牟一带,地宽六十余里,长逾数倍,地皆

---

① 《录副档》,道光二十三年十月二十三日署两江总督璧昌、江苏巡抚孙宝善折。
② 《录副档》,道光二十三年十月十五日璧昌折。
③ 《录副档》,道光二十三年十月初一日德顺折。

不毛,居民无养生之路等语。河南自道光二十一年及二十三年,两次黄河漫溢,膏腴之地,均被沙压,村庄庐舍,荡然无存,迄今已及十年。何以被灾穷民,仍在沙窝搭棚栖止,形容枯槁,凋敝如前?"①上谕中这个"何以"问得很好,但封建统治阶级自己恐怕永远也无法做出正确的回答。无情的黄水,把"膏腴之地"变成"地皆不毛",但时隔十年,老百姓仍"凋敝如前",这难道仅仅是老天爷的原因吗?

---

① 《清文宗实录》,卷 26。

晚清的永定河患与顺、直水灾^①

在有清一代，自鸦片战争到清王朝最后覆亡的 71 年，即所谓晚清时期，是社会矛盾最尖锐、社会震荡最剧烈、社会变动最深刻的历史阶段。政治上多种力量的殊死搏斗，经济上新旧成分的兴衰消长，思想上相互对立观念的碰撞冲突，构成了一幅令人眼花缭乱的社会生活图景。由于封建统治已到了日薄西山、气息奄奄的王朝末日，政治腐败日趋严重，人祸不可避免地加深了天灾。于是，在这一时期中频繁发生的各式各样的自然灾害，又为那社会生活画面添上了几笔特殊的浓重色彩。

晚清时期，中国大地上存在着若干个多灾区域，以京师为中心的顺天府和直隶地区，就是其中之一。由于这一地区的特殊政治地位，在这里发生的自然灾害，对于当时的政治和社会生活的影响，远远超出了其他地区之上。因此，研究顺直地区的灾荒状况，自然会引起我们更多一点的兴趣。限于篇幅，本文叙述的范围主要集中在与永定河有关的几次重大的水灾情况。

---

① 该文原载《北京社会科学》，1989 年第 3 期。本文系与林敦奎、周源、宫明合作。

一

　　永定河是"畿辅五大河"之一。①"旧名卢沟，上流曰桑干。"卢
沟的"卢"是黑的意思，"故又名黑水河"。"水徙靡定，又谓之无定
河。康熙三十七年，赐名永定。"②1871 年（同治十年），直隶总督李
鸿章在奏疏中曾谈到永定河地位之重要："永定河南北两岸，绵亘
四百余里，为宛平、涿州、良乡、固安、永清、东安、霸州、武清等沿河
八州县管辖地面。""永定河为畿南保障，水利民生，关系尤巨。"③
但这条横贯畿辅的大河，却河患频仍，成为威胁京畿的重要祸
害。1823 年（道光三年），河臣张文浩奏称："永定河水性悍急，
一遇大雨，动辄拍岸，步步生险。土性纯沙，所筑之堤不能坚固，
每遇大溜顶冲，随即坍溃。防守之难，甚于黄河。""永定河绵长
四百余里，两岸皆沙，无从取土，不能处处做堤，俱成险工。而出
山之水，湍激异常，变迁无定，动辄挖根漫顶，如水浸盐，遇极盛涨
时，堤防断不足恃。"④《永定河志》也说它"有小黄河之目，水性激，
挟沙与黄河同"。

　　据各种资料统计，晚清 71 年间，永定河发生漫决 33 次，平均
接近两年一次。为了提供一个永定河患的概貌，我们将晚清时期
永定河漫决情形列表如下：

---

① 　其余四河为南运河、北运河、大清河、子牙河。
② 　《光绪顺天府志》，第 1230 页，北京：北京古籍出版社，1987 年。
③ 　《光绪顺天府志》，第 1418 页。
④ 　《光绪顺天府志》，第 1583 页。

时间	决口简况	漫决地段
1843 年 （道光二十三年）	闰七月初八日上谕："永定河北六工汛北遥堤十一号，因大清河水势过大，顶托浑水，有长无消，初三、初四两日，堤身蛰塌二十余丈，漫淹二十余里。"（《清宣宗实录》，卷 395）	北六工在今河北省永清县境。（据《光绪顺天府志·河渠志》，下同）
1844 年 （道光二十四年）	六月初二日上谕："永定河南七工五号堤身，因连日大雨，水势侧注，以致蛰塌十余丈。"（《清宣宗实录》，卷 406）	南七工五号在霸州境。
1850 年 （道光三十年）	六月初三日上谕："永定河北遥堤，地势低洼，因上游山水下注，大清河水又复同时并涨，以致北七工八、九两号相连处所堤顶漫溢三十余丈之多。"（《清文宗实录》，卷 11）	北七工八、九两号在永清县境。
1853 年 （咸丰三年）	御史隆庆九月二十四日奏："永定河于本年夏秋之际，大雨连旬，沿河堤岸被水冲塌百有余丈，河道因改于固安县城南。沿河两岸，被水淹没村庄数十处，灾民数千。"（《录副档》）①	此次决口在南三工十三号，属今河北省固安县境。
1856 年 （咸丰六年）	直隶总督桂良六月二十六日奏："南七工于六月十四、五日河水增长五尺余寸，连底水共深一丈四、五尺不等。"后又奏："至十八日午未之交，堤面漫溢四十余丈，深约尺余。""至二十八日，大溜直漫堤顶，以致北四上汛十号，北三工十三号堤工被水漫溢，均冲缺二十余丈。"（《录副档》）	北四上汛十号在涿州境。北三工十三号在今固安县境。

① 本文所引《录副档》《朱批档》，均为第一历史档案馆藏档，不再一一注明。

续　表

时间	决口简况	漫决地段
1857 年 （咸丰七年）	署理直隶总督谭廷襄六月二十一日奏："六月十六、七日连朝大雨，河水四次增长，至一丈八尺四寸之多。……北四上汛十号内全河大溜逼注，一时镶堤全行上水，计二三尺不等。……骇浪奔腾，水面骤时抬高四五尺，溢过堤顶，人力难施，以致堤身于十八日已深漫塌二十余丈，即行夺溜。"（《录副档》）	北四上汛十号为上年漫决之处，属涿州境。
1859 年 （咸丰九年）	七月初九日上谕："本年伏汛届期，永定河水叠次增长，又因大风骤作，北三工十二号堤埝，漫塌四十余丈。"（《清文宗实录》，卷 287）后续被冲刷至七十余丈。	北三工十二号在宛平县（今属北京市卢沟桥镇）境。
1867 年 （同治六年）	七月十九日上谕："永定河自入伏以后，山水涨发，七月初旬，连次陡长数丈，兼之风雨猛骤，水面抬高，以致北三工五号堤身于初九日漫坍三十余丈。"（《清穆宗实录》，卷 208）	北三工五号在宛平县境。
1868 年 （同治七年）	是年永定河两度漫决。一次在四月十三日，据直隶总督官文奏："十三日戌刻，陡然北风大作……水势又涨，抬高三四尺有余，漫上埝顶，一涌而过，掣动大溜，口门约宽二十余丈。"（《朱批档》）另一次为七月初七日，官文在另一折中奏称："永定河南上汛十五号堤工，前于七月初七日漫溢。……不料秋雨频倾，来源过旺，河流叠次盛涨，致口门塌卸更宽"。（《清代海河滦河洪涝档案史料》，第 465 页）	第一次决口处为南四工，在今固安县境；第二次为南上汛十五号，在宛平县境。

续　表

时间	决口简况	漫决地段
1869 年 (同治八年)	九月二十四日上谕:"(直隶总督)曾国藩奏……永定河北下四汛堤岸于本年五月间漫决后,接连伏秋二汛,尚未合龙。"(《清穆宗实录》,卷 267)	北下四汛在今永清县境。
1870 年 (同治九年)	曾国藩在家书中云:"今又闻永定河决口之信,弥深焦灼。自到直隶,无日不在忧恐之中。"(《曾国藩全集·家书》(二),第 1373 页)	此次决口在南五工,属今永清县境。
1871 年 (同治十年)	是年永定河漫溢二次。《清史纪事本末》载:"夏六月……永定河溢。……秋七月,永定河复决。"(该书,卷 50)	六月间决口在南二工六号,属今北京市良乡境;七月间决口在南岸石堤五号,漫水流经良乡、涿州。
1872 年 (同治十一年)	《光绪顺天府志》载:"七月,北下汛十七号漫口六七十丈。"(第 1569 页)	北下汛十七号在今北京市良乡境。
1873 年 (同治十二年)	直隶总督李鸿章八月初三日奏:"闰六月十五日,永定河南四工九号漫口,水由固安、霸州一带东下。"(《朱批档》)	南四工九号在今固安县境。
1874 年 (同治十三年)	七月三十日《申报》载:"永定河于六月初漫口数处,现在顺属东八县、北五县半成泽国。"	决口地点不详。
1875 年 (光绪元年)	七月间,"永定河南二工漫口"。(《翁同龢日记》,第二册,第 810 页)	南二工分属良乡、涿州境。
1878 年 (光绪四年)	八月初二日上谕:"自七月二十、二十一、二十二等日,昼夜大雨,上游诸水汇涨,汹涌异常。二十二日戌刻,雨势如注,水又陡长,北六工十四号,漫过堤顶二尺,大流迅猛,人力难施,遂致漫口。"(《清德宗实录》,卷 77)	北六工十四号在今永清县境。

续 表

时间	决口简况	漫决地段
1883 年 （光绪九年）	李鸿章奏："本年六月间，大雨连旬，河水盛涨。……自七月二十三、二十四、二十五等日，连次大雨如注，水势陡长，南五工十七号大流冲剧，漫堤而过，人力难施，二十五日卯刻，夺流成口。"（《清德宗实录》，卷 168）	南五工十七号在今永清县境。
1884 年 （光绪十年）	"永定河决，诏树铭往勘。既至，奏罢河工酌用民力及折价交土章程，民德之。"（《清史稿》，卷 442，《徐树铭传》）	决口地点不详。
1887 年 （光绪十三年）	是年永安河两度漫决。一次在年初，据李鸿章奏："二月二十二日夜，狂风大作，水盖抬高，排空而下，人力难施，从南八下汛十三号漫过堤顶。该堤本因清河之水北泛业被浸润，遂刷成漫口二十余丈，并有旱口数处。"另一次在六月中，李鸿章奏："六月十九至二十二日，河水涨至一丈九尺五寸，惊涛骇浪，拍岸盈堤。……距下游南七工西小堤四号已于二十二日寅刻漫溢……刷宽口门四十余丈。"（《光绪朝东华录》（二），总第 2252、2253、2312 页）	南八下汛十三号在今天津市武清区境；南七工西小堤四号在霸州境。
1888 年 （光绪十四年）	是年永定河两度漫口。据李鸿章七月二十四日奏："北上汛十二号刷开大堤……漫水经过村庄无多。"九月二十七日又奏："永定河……南二工十七号漫口。"（《清代海河滦河洪涝档案史料》，第 528 页）	北上汛十二号在今武清区境；南二工十七号在涿州境。

时间	决口简况	漫决地段
1890 年 （光绪十六年）	李鸿章六月十一日奏："五月二十八日以后，连日大雨如注。直、晋山水连瓴而下，河水陡涨至二丈三尺八寸，浩瀚奔腾，异常汹涌。……北上汛二号溜成横河，万分危急。……于（六月）初五日子刻，漫口七八十丈。"（《清代海河滦河洪涝档案史料》，第 538 页）	北上汛二号在今武清区境。
1892 年 （光绪十八年）	李鸿章闰六月初二日奏："自六月十八日起，至二十四日，连日大雨如注，河水陡涨至二丈七尺。奔腾直下，卢沟桥翅过水足余。……北三工十二号，北二上工五号，因大溜横激，水过堤顶，堤身塌溃。……据南上汛二号禀报，灰坝大溜顶冲金门，与坝台相平……至二十四日子时，漫口四十余丈。"（《清代海河滦河洪涝档案史料》，第 559 页）	北三工十二号及北二上工五号均在宛平县境；南上汛二号在霸州境。
1893 年 （光绪十九年）	李鸿章六月十九日奏："（六月）初八日以后，连宵达旦，大雨如注，堤外沥水数尺。至十二日，河水长至二丈三尺，已有全河莫容之势。十三日寅刻，雨势盖疾……浪高卢沟桥顶者丈余，桥上东西石栏冲走数十块，该桥迤上西岸石堤冲倒四十余丈。……南上汛之三四号、十四五号，北上汛之五号、七号，北中汛之九、十号，北下汛之头号至五号并接连迤上之北中汛末号，同时漫溢。"（《清代海河滦河洪涝档案史料》，第 569 页）	南上汛三四号、十四五号在霸州境；北上汛五、七号，北中汛九、十号在武清县境；北下汛之头号至五号在宛平县境。

续　表

时间	决口简况	漫决地段
1896 年 （光绪二十二年）	直隶总督王文韶十二月二十日奏："自六月以后,节次大雨,加以上游山水暴发……潮白、永定、子牙等河相继溃决,沿河低洼之区,水深数尺至丈余不等,庐舍民田尽成泽国。"（《录副档》）	此次永定河决口在北中汛六、七号及北六汛,属宛平及大兴县境。
1898 年 （光绪二十四年）	光绪二十五年佚名奏折称："上年雨水不多,而永定河下游之霍家场、葛渔城两处溢出之水,灌入凤河。……至今一片汪洋,上下百余里,数十村庄,皆在水中。"（《录副档》,奏主及上奏日期均不详。）	决号地段不详。
1904 年 （光绪三十年）	直隶总督袁世凯十二月十日奏："六七月间,节次大雨,山水下注,以致永定、潴龙等河堤岸漫决,并泛滥出槽。"（《录副档》）	此次漫口为北下汛,在今北京市卢沟桥、良乡一带。
1907 年 （光绪三十三年）	袁世凯六月二十五日急电："二十日,南五工十一号、十九号漫溢成口。二十一日,北甲上汛十四号堤身刷开。"（《录副档》）	南五工十一号、十九号在永清县境;北甲上汛十四号在武清县境。
1911 年 （宣统三年）	七月十四日上谕："七月初六至初七日,倾盆大雨,历两日夜之久,山洪奔注,永定河南三工尾第二十号,漫溢成口。口门连上十九号,约宽一百四五十丈。"（《清实录·宣统政纪》,卷 58）	南三工第二十号在固安县境。

在这期间,顺直地区的水灾虽并非全由永定河决口引起,永定河漫决时也往往与别的河流"同时并溢",但无疑永定河是晚清漫决频率最高、为害也最甚的一条河。它确曾给当时的社会生产和群众生活带来过无穷的灾难。

二

从鸦片战争到太平天国爆发前的十年间,即道光朝的最后十年,永定河虽有三次决口,但尚未造成太大的灾害。咸丰年间,永定河漫决四次,其中以1853年(咸丰三年)造成的水灾最为严重。

这年年初,永定河即因冰凌冲击,多处发生险情。直隶总督讷尔经额二月十九日奏报:"据永定河道禀称……自冰泮以后,河水迭次增长八九尺至一丈有余,溜势趋向靡定,南岸之南上、南二、南三、南四、南五、南六、南七,北岸之北二上汛、北三、北四上下汛及其北二六、七工等汛,因河流顶冲,堤段纷纷蛰陷。其并无堤工之处,亦多坍刷滩坎。"①等到冰凌全部融化后,水势才开始畅消,堤岸亦趋于稳固。春夏间,顺直地区雨水调匀,麦收颇佳,人们满怀希望地期待着有一个好的年景。

不料夏秋之交,形势大变。连续不断的暴雨,使山水汇注,河流漫溢,造成大面积的水灾。首先是永定河发生决口。讷尔经额于六月十四日奏:"据永定河道定保禀称,六月初八日自未至申,五次共长水一丈五尺二寸,连原存底水,共深二丈三尺四寸。拍岸盈堤,势甚汹涌。各汛无工不险,无堤不蛰。南四北三等工,均有水漫堤顶之处。该道督率厅汛员弁,分投抢护,幸保平稳。惟南三工十三号堤身坐蛰,时当黑夜,水势猛涨,人力难施,以致塌宽三十七丈,掣动大溜。查明民间房舍田禾,间有冲坏淹堤,并无损伤人口。"②讷尔经额在此处显有讳饰之意。上表中所引御史隆庆的奏

---

① 《清代海河滦河洪涝档案史料》,第454页。
② 《录副档》。

折,称这次永定河决口,"沿河堤岸被水冲塌百有余丈","沿河两岸被水淹没村庄数十处,灾民数千",对灾情的估计就要严重得多。不久以后,讷尔经额因在抗拒北伐太平军时多次溃败,被"褫职""下狱,论斩监候",直隶总督由兵部尚书桂良接替。桂良对永定河决口造成灾害的估计,也较讷尔经额所述为重。他在奏折中称:"本年六月间,永定河南三工十三号堤身坐蛰,塌宽三十余丈。……漫口西首续坍三十余丈,连前共宽七十五丈。……固安一带,本年被水较重,此外被灾州县,尚有八十余处。"①除永定河外,尚有多处河道漫口。如李滨《中兴别记》载:"是秋多雨,(天津附近)运河决南岸,四围皆水。"②薛福成《庸盦笔记》载:"八月朔夜,疾风甚雨,(天津)城西芥园河堤骤决。……城南弥望汪洋,倏成巨浸。静海、沧州来路,及诸歧径,皆没于水,仅存大道而已。"③《大城县志》载:"三年,岁歉。夏六月,子牙河决。"《重辑静海县志》载:"五月,二麦被淹。卫河决口,澎湃百余里,平地行舟。"《重修青县志》载:"四月夏间,大雨,河溢,空城等一百一十四村庄成灾。"④

这一年连续淫雨的时间颇长,加上多条河流决口,成灾地区十分宽广。署左都御史文瑞在一个奏折中写道:"自七月十九日以后,至二十五日,连番大雨,田地汪洋,百谷已为减色。近京东南一带卑洼之地,如通州、宝坻、香河等处,均被水灾,业经就涝。东西北高旷尚可望其秋成,惟是刈获之期全借晴暖,近日雨复大作,平地水深三尺,浸湿已久,抖晾无由,即高地亦复难保。现在云气浓

① 《录副档》,九月二十六日桂良折。
② 《太平天国史料汇编》,第2册上,第160页。
③ 薛福成:《庸盦笔记》,江苏人民出版社1983年版,第31—32页。
④ 以上均见《太平军北伐资料选编》,第431、497、512页。

重,雨势无已。"①翁心存《知止斋日记》记七月间情形云:"淫雨不止,京南京东低区皆被淹,郊外禾稼皆为风雨所偃,渰烂生芽,十分年成减去三四分矣,奈何!"②

　　减产三四分,也仍然是偏低的估计。按清朝定制,减产三四分,只能叫作"歉收",不能算作"成灾",成灾者必须减收五成以上。而这一年,据桂良九月十八日的奏折,"各州县禀报秋禾被灾者,已有八十余处";仅固安一县,即有"被水各村秋禾成灾七、八、九分"者(成灾七、八、九分,即实收一、二、三成之意)。③　虽然我们不能确切知道具体的受灾面积,但"被灾"之处几乎已遍布直隶大部分州县,则是明显不过的事实。

　　这一年的水灾,曾使京师城墙倾圮,街道积水,这也是晚清历次灾情中比较少见的。前引《知止斋日记》中有如下记载:"东直门城墙里皮坍塌者凡三十余丈。……宣武门迤西城垣亦塌数丈矣。城内官署、民居坍损者不少,道皆成坑。正阳门棋盘街水深数尺。良乡、通州皆报大道水深数尺,低者丈余。固安、霸州以永定河溢,被灾最剧。其余永清、文安、武清、宝坻、宁河、蓟州各处,被淹者一二百村庄,或数十村庄,高粱玉米渰烂生芽,豆谷更无望矣。十分年岁,转丰为歉,若此奈何奈何!"④翁心存的这一段话,既反映了咸丰三年水灾的严重性,也反映了永定河在造成这场水灾中的特殊地位。

①　《清代海河滦河洪涝档案史料》,第 455 页。
②　《太平军北伐资料选编》,第 43 页。
③　《清代海河滦河洪涝档案史料》,第 454 页。
④　《太平军北伐资料选编》,第 44 页。

三

同治年间,永定河曾经创造了连续 9 年决口 11 次的历史纪录。^① 其中,同治朝的最后四年,在顺直地区形成了极为严重的大水灾。

1871 年(同治十年),全国相当一部分省份(直隶、山东、河南、江苏及山西、湖南、四川、江西的局部地区)发生水潦灾害。在这些地区中,以直隶灾情为最重。王之春《椒生随笔》云:"辛未夏秋,直隶大水。顺天、保定、天津、河间境内有成为泽国者。自保定至京师须用舟楫,乃数百年来罕见之灾。"^②曾国藩于十月间所写书信中亦称:"直隶津、河数郡水灾,为数十年来所未有。民庐荡析,寝处俱无,其困苦情形,较之(同治)八年、九年之旱奚止十倍。"^③直至次年,御史边宝泉在奏疏中尚谈及此次之灾:"上年直隶水灾之大,为数十年所未有。畿辅东南,几成泽国。至不获已而集捐外省,发粟京仓,议赈议蠲,勤劳宸虑。迄今田庐没于水中者,所在多有。"^④此次水灾,系因雨泽过多,引起各河漫溢。六月间,永定河、草仓河先后决口;七月,这两条河再度漫决。此外,拒马河亦于北岸决口,"横流泛滥",涿州附近 26 个村庄全遭淹没。同时,天津附近的海河、南运河、北运河也"冲溢数口","滨海地面,田庐禾稼多被淹没"。六月二十九日上谕在叙述此事时,特别强调"天津、河

---

① 最后一次为光绪元年,即 1875 年。
② 王之春:《椒生随笔》,第 109 页。
③ 《曾国藩未刊信稿》,第 299 页。
④ 《清史列传》,卷 62,《边宝泉传》。

间、顺天、保定各属,地势低洼,滨河地方,被灾较广,急应筹款接济"①。兵部右侍郎夏同善曾因顺直地区"久雨为灾",特别上奏折要求皇帝"虔诚祈晴",并提出"敦节候,广赈济,开言路,清庶狱"几条主张,从自然灾害引申到改善政治上去。同治帝也确实在七月初六日专门"拈香祈祷",这虽然不过是例行公事式的表面文章,但也多少反映了这次顺直水灾对封建统治者产生了深刻的印象。据统计,直隶全省"被水地方"达87州县之多。在这些地区,"小民荡析离居","穷民生计维艰"。《申报》在翌年发表的一篇文章对此灾情做了如下描述:"去年夏秋之际,阴雨连绵,数月不止。河水盛涨,奔堤决口,地之被水者长几千里,广亦八百余里。天津境内之房屋为水冲倒者,不可胜计。百姓之露处于野者,不下七八万人焉。若总直隶一省而计之,则损坏之房产等物所值奚止千百万,而民人之颠沛流离无栖止者,又奚止万人哉!"②

　　第二年,即1872年(同治十一年),顺直地区继续发生严重水灾。前引《申报》文章续称:"今年夏秋之间,雨又大作,较之去年为尤甚。永定河堤为水冲塌,运河亦冲破河埂,水泛滥平地之中,漫淹数十州县,民人皆束手待毙,涕泣呼天而已。夫去年之为灾固甚重也,而今年则倍蓰焉。"③六月十二日之《申报》专门报道京师大雨成灾情形:"京师雨水过多,连三日夜不止。计一日之雨,平地水深七寸,各路无不被淹,房屋之倒塌者,不计其数。去岁夏间,京师多雨,而今岁复然,天心其谓之何哉!"两周后,该报又记天津被水情形:"接天津来信,知彼处天气恒多阴云下雨,原野所积之水未

---

① 《清穆宗实录》,卷314。
② 《申报》,1872年9月19日。
③ 《申报》,1872年9月19日。

退，而各处川渎水势方见日涨。……现在自天津往京都其路甚难行，盖道路半为水所浸，约深二尺余矣。"①由于连降大雨，山水暴发，造成永定、滹沱、运、卫、大清、子牙、古洋、潴龙、琉璃等河"同时盛涨漫溢出槽"，加之直隶南部的开州（今河南濮阳）、东明（今属山东）、长垣（今属河南）一带"黄水泛滥"，所以灾区极广。在漫决各河中，尤以"永定、滹沱两大河尤为汹涌，凡附近两河村庄被淹较重"②。据直隶总督李鸿章十二月十九日奏折，这一年直隶全省有良乡、房山、宝坻等 38 州县，分别有成灾五、六、七、八、九分之村庄，另有通州、香河、静海等 35 州县，分别有歉收三、四分之村庄。③不少地方人口被漂没，房屋被刷圮，禾稼被冲淹，给人民群众造成极大的灾难。

1873 年（同治十二年），顺直地区连续第三年遭重大洪灾。这一年的六月以前，天时尚可，麦收可达中稔，秋禾亦已播种。不料六月以后，暴雨竟兼旬不止。结果，又是永定河首告漫决。据记载，闰六月初十日以前，永定河盛涨四次，卢沟桥以下连底水共深一丈七八尺，两岸堤工纷纷出险。闰六月十一、十二两日，又倾盆大雨两昼夜，永定河水陡长二尺五寸。以后河水继续增长，于十五日冲决口门约宽五六十丈。接着，通州境内的潮白河水在平家疃决口，造成"东路通州等六州县田庐淹没"。此外，"温榆、蓟运、拒马等河多有冲决，大清、潴龙、滹沱、漳、卫等河冲荡亦甚，天津运堤东岸漫刷成口。统计顺天、保定，河间、天津四府属多遭水患"④。拿《申报》报道的天津被淹情形来说，"紫竹林一村，昨已淹没"；"租

① 《申报》，1872 年 7 月 17、29 日。
② 《清代海河滦河洪涝档案史料》，第 469 页。
③ 同上书，第 470 页。
④ 《朱批档》，同治十二年十月十二日李鸿章折。

界左右各处较低者,沉浸水中,郡城内外,沿河诸店面皆被水;城内街衢,多已成河"。"登高楼远望,西边及西南各处,眼界所及,惟水是见。"天津附近的保定府地方,"以有河堤,久已决圮,水惟顺性而流,四面田园,均有变为沧海之叹。各客之往来者,正如泛海,各处遥望,地皆难觅,均渺茫似重洋也。此保定天津诸客所目睹"①。这一年,直隶全省被水灾区达71州县,其中"成灾较重者"包括通州、三河、武清、蓟州、香河、宁河、霸州、保定、文安、大城、固安、永清、东安、顺义、怀柔、雄县、高阳、安州、河间、献县、任丘、交河、景州、东光、天津、青县、静海、沧州、定州29州县。据前引李鸿章十月十二日奏折,这29州县中,成灾八分的村庄共451个,成灾七分的村庄1227个,成灾六分的村庄1073个,成灾五分的村庄772个,歉收四分的村庄936个,歉收三分的村庄864个,还不包括城区在内。灾荒的严重,于此可见一斑了。

1874年是同治朝的最后一年。这一年,顺直地区连续第四年发生严重水灾。前面引用的《申报》文章已说明,由于永定河在六月间多处漫口,顺天府属"东八县、北五县半成泽国"。顺天府共辖24州县,东八县为通州、蓟州、三河、香河、宝坻、宁河、武清、东安,北五县为密云、顺义、怀柔、昌平、平谷,大部分为今北京市所属地方或相邻地区。其中一部分,上年曾因潮白河决口而致"田庐尽淹",这一年,在永定河漫决的同时,潮白河再度决口,在上年圮塌的平家疃大坝稍北处漫决200余丈,"其漫溢情形较上年为甚"②。从总体来说,本年的灾情较前三年略轻,据十月十九日上谕,全省遭水、旱、雹灾的有48州县。但在永定、潮白二河双重漫淹地方,

① 《申报》,1873年9月2、10、20日。
② 《朱批档》,同治十三年八月二十日李鸿章折。

则"有颗粒无收之处",再加上在连续三年大灾之后,贫苦饥民要能够免除冻馁而亡的厄运,也实在是难乎其难的了。

四

1875 年(光绪元年),是永定河连续决口的第九个年头,虽然在局部地区发生了一点洪涝灾害,但直隶全省主要是亢旱缺雨。接着,光绪二、三、四年,发生了晚清历史上最为严重、造成的灾难可以毫不夸张地以"惨绝人寰"来形容的秦晋大旱荒,直隶处于这片旱区的东部边缘,灾情也同样十分严重。此后,持续了几年的中等年景。从 1885 年(光绪十一年)开始,到 1896 年(光绪二十二年)止,顺直地区又经历了连续 12 年的水灾,这一段时期,大体是中法战争以后到戊戌变法前夕,正是中国近代历史上一个十分关键的时期。被光绪皇帝特意从湖南调到京师来参与变法活动的谭嗣同,在给他老师欧阳中鹄的信中,曾说"顺直水灾,年年如此,竟成应有之常例"①,指的就是这一历史阶段的情况。

在这 12 年中,灾情最严重的有两次,一次在 1886 年(光绪十二年),一次在 1890 年(光绪十六年)。

1886 年的水灾情形,直隶总督李鸿章有详细奏报:"顺直地方前因伏雨过多,边外及邻省诸水汇注,盛潦横溢,顺天、保定、天津、河间等府洼区受灾不小。北运河之武清两岸,子牙河之河间两岸,潴龙河之蠡县南岸,大清河之新城、雄县北岸,及通州之张家湾马头等处,蓟州之蓟运等河,皆有漫口。……乃入秋淫霖不止,七月十六及二十二日又接连大雨数昼夜,上游西北边外山水及西南邻

---

① 《谭嗣同全集》,增订本,下册,第 449 页。

省诸水、山东黄河皆奔腾汇注,势犹汹涌。各河宣泄不及,涨溢益甚,人力难施。顺天等四府洼区水势弥漫,高地亦有淹及。而北运河西岸黄庄漫口,现虽堵合,续于七月十八、十九日东西岸之红庙村、砖厂、火烧屯漫开三口,水淹香河、武清一带。王家务减水坝灰石水土冲坏,其上游潮白河为北运来源,二十一日于通州平家疃漫口七八十丈,刷至百数十丈,过溜十分之八,直灌通州、三河、香河、宝坻、宁河一带。潴龙河之北岸蠡县北陈村、中五夫村、布里村,高阳县之崔家庄,先于六月间续漫四口,现堵合布里村一口。安州既受蠡、高漫水,本境南北堤亦有溃决,沿河沿淀村庄,皆平地漫水数尺。天津为九河汇归之区,四面百数十里内一片汪洋,田禾淹浸,屋宇倾颓。"①此外,由于连日大雨,滦河、青河漫溢,卢龙县城于七月二十一日"猝被灌淹",低洼地区之积水,深及数尺,有的甚至深达丈余,很多房屋被冲塌,"沿河水到之处,百物几致荡然"。滦州城内也遭水淹,虽较卢龙稍轻,但亦有淹殁人口等情形。"迁安、昌黎、乐亭、抚宁各县,处处阻水,东道不通。"所以李鸿章在奏折中惊呼:"据老民声称,今年水势之大,为向来所罕有。灾区既广,民困益深,臣等赡灾乏术,莫名悚惧。"②顺天府尹薛福成等在八月初七日的奏疏中,也做了大体相同的报告。③

　　这一次的水灾,有一个比较少见的现象,就是在许多河流纷纷漫决的时候,"动辄坍溃"的永定河却意外地渡过了险情。但这种情况只是少数几次的例外,在通常情况下,较大的水灾总是同永定河决口同时发生的。

　　1890年(光绪十六年)的水灾,据有关资料的说法,是"数十

① 《光绪朝东华录》(二),总第2144—2146页。
② 《光绪朝东华录》(二),总第2144—2146页。
③ 《录副档》,光绪十二年八月初七日薛福成等折。

年"或曰"百年来"未有的"奇灾"。七月二十二日的上谕称："顺天府奏,顺属被水,叠据续报二十四县几无完区,实为百年来未有之奇灾。"①李鸿章在次年的一个奏折中也说："窃查直属上年淫雨为灾,各河漫决,被灾极重之区共计四十余州县,庐舍民田尽成泽国,灾深民困,为数十年来所未有。"②而灾情的造成,则是由于连朝暴雨,引起了永定、大清等河的决口。李鸿章六月初九日奏称："五月二十一日以后,阴雨淋漓,水势逐渐增长,洼区被淹,各河均出险工。……自二十九日起,至六月初六日,大雨狂风,连宵达旦,山水奔腾而下,势若建瓴,各河盛涨,惊涛骇浪,高过堤巅。永定河两岸并南北运河、大清河及任丘千里堤先后漫溢多口,上下数百里间一片汪洋。有平地水深二丈余者,庐舍民田尽成泽国,人口牲畜淹毙颇多,满目秋禾悉遭漂没,实为数十年来所未有。"③

水灾甚至破坏了北京城里的正常生活。据记载,五月二十八日,因为"大雨淋漓",前三门外的水无所归宿,"人家即有积水,房屋即有倒塌"。五月二十九日以后,连下了四天四夜的暴雨,弄得"家家积水,墙倒屋塌,道路因以阻滞,小民无所栖止。肩挑贸易,觅食维艰"。六部九卿各衙门,都浸灌在水中,官员入署,"沾体涂足,甚至不能下车,难以办公"。进出城门时,坐车的水深没轮,骑马的水及马腹,"岌岌可危"。永定门、左安门、右安门城门不能启闭。"行旅断绝,一切食物不能进城,物价为之腾贵。"④城外的情形更为严重。永定河水将卢沟桥淹没达一尺许。"西南一望,尽成泽国"。几十个村庄全被淹没。对被灾难民,"非用舟船无从拯

---

① 《清德宗实录》,卷287。
② 《朱批档》,光绪十七年二月初七日李鸿章折。
③ 《朱批档》。
④ 《光绪朝东华录》(三),总第2356—2357页。

济"，而又"一时造办不及"，因此不少灾民只能坐以待毙。①　天津的灾情，较京师更为严重。"天津为九河尾闾，地本低洼，加以东风鼓浪，海潮倒灌，水难宣泄。城外练军营垒并制器制造各局皆在洪波巨浸之中，官署民房多有坍塌，驿道均被阻断，各路电线亦多摧折，文报消息不通。省城西南各郡情形如何尚未可知，就近津一带而论，民间庐舍本多用土砌筑，雨淋日久，酥裂不堪，一经没入洪涛，无不墙倾屋圮。小民或倚树营巢，呼船渡救；或挈家登陆，迁避无方。颠沛流离，凄惨万状，几于目不忍见，耳不忍闻。"②据统计，这一年直隶全省被水州县多达98处。

在这样的严重水灾面前，封建统治者仍然骄奢淫逸，慈禧照旧用大量银两修建颐和园。九月间，御史吴兆泰因为"畿辅水灾，决河未塞"，上折请停颐和园工程，得到的回答却是"予严谴"，并命令"交部议处"③。这大概颇为典型地说明了封建统治阶级对待灾荒的态度。

中华人民共和国成立以来，尽管社会条件和抗灾能力已经完全不同于晚清时期，但洪涝灾害仍然对我们造成很大的威胁和损害。几年以前，人民日报曾发过一篇题为《提防永定河再次奔腾泛滥》的评论文章。④　应该说，这个提醒至今并没有过时。据气象专家的预测，1989年北京地区将是雨量较多的一年。因此，防洪抗洪的斗争还是一项十分重要的任务。就这个意义来说，了解一下历史上永定河曾经带给人民何等的苦难，无论如何不是一件多余的事。

---

① 《清代海河滦河洪涝档案史料》，第544页。
② 《朱批档》，光绪十六年六月初九日李鸿章折。
③ 《清史纪事本末》，卷56，《光绪入继》。
④ 《人民日报》，1983年7月2日。

中国近代灾荒与社会生活①

　　自然灾害是全人类的共同大敌。人类一直在同各种自然灾害的顽强斗争中艰难地发展着自己。我国地域辽阔，地理条件和气候条件都十分复杂，自古以来就是一个多灾的国家。历史进入近代之后，封建统治的日趋腐败，帝国主义的肆意掠夺，社会的动荡，经济的凋敝，使本来就十分薄弱的防灾抗灾能力更为萎缩，自然灾害带给人们的痛苦和劫难也更为严重。自然灾害曾经给予我国近代的经济、政治以及社会生活的各个方面以巨大而深刻的影响，同时，近代经济、政治的发展，也不可避免地使得这一时期的灾荒带有自己时代的特色。

　　因此，研究中国近代灾荒史，应该是中国近代史研究的一个十分重要的领域。一方面，它可以使我们更深入、更具体地去观察近代社会，从灾荒同政治、经济、思想文化以及社会生活各方面的相互关系中，揭示出有关社会历史发展的许多本质内容；另一方面，也可以从对近代灾荒状况的总体了解中，得到有益于今天加强灾害对策研究的借鉴和启示。

　　本文将对近代灾荒状况及其同社会生活的关系，作一个轮廓

---

① 该文原载《近代史研究》，1990 年第 5 期。

的介绍。

一、"十年倒有九年荒"——近代中国灾荒的频发性

　　一旦接触到大量的有关灾荒的历史资料,我们就不能不为近代中国灾荒之频繁、灾区之广大及灾情之严重所震惊。就拿水灾来说,在各种自然灾害中,这是带给人们苦难最深重、对社会经济破坏最巨大的一种,而在一些重要的江、河、湖、海的周围,几乎连年都要受到洪水海潮的侵袭。黄河是历史上决口、泛滥最多的一条大河,有道是:"华夏水患,黄河为大。"进入近代以后,黄河"愈治愈坏","河患至道光朝而愈亟"。尽管封建阶级吹嘘说"有清首重治河,探河源以穷水患",但实际上还是"溃决时闻,劳费无等,患有不可胜言者"①。1885 年 12 月 26 日的上谕也承认:"黄河自(咸丰五年)铜瓦厢决口后,迄今三十余年,河身淤垫日高,急溜旁趋,年年漫决。"②事实上,从鸦片战争开始到铜瓦厢决口的 15 年间,黄河就有鸦片战争期间的连续三年大决口和太平天国运动初期的连续三年大决口,给当时已经剧烈动荡的社会带来更大的震颤和不安。铜瓦厢决口后,黄河发生了离现在最近的一次大改道,河患更是变本加厉。举一个例子,自 1882 年到 1890 年,黄河曾连续九年发生漫决,其中 1888 年虽无新的决口,但上年冲塌之口全年未曾合龙,也就是说,这九年之间,滔滔的黄水始终浸淹着黄河下游数省的广大田地。所以山东巡抚张曜在 1889 年 4 月 11 日的奏折中这样说:"山东地方十余年来,黄水为患,灾祲频仍,民间地亩或成巨浸,

① 《清史稿》,卷 383、卷 126。
② 《光绪朝东华录》(二),总第 2042 页。

或被沙压,不能耕种,生计日蹙。"①据不完全统计,自 1840 年到
1919 年的 80 年间,发生黄河漫决的年份正好占了一半,即平均两
年中即有一年漫决,而且有时一年还漫决数次。

我国第一大河长江,全长 6300 多公里,流域面积达 180 多万
平方公里,两岸特别是中下游地区,历来是我国重要的产粮区。尽
管由于上游两岸山岩矗立,宜昌以东进入广阔的平原地区后,水流
比较平缓,加之又有许多湖泊调节水量,所以较之黄河来说,造成
的水患要小得多,但在近代的 80 年间,也曾发生 30 余次漫决,只
是浸淹的区域较黄水泛滥为小而已。

流经湖北、河南、安徽、江苏四省的淮河,也曾是一条带给人们
无穷灾难的河流。特别是安徽、江苏两省,"沙河、东西淝河、洛河、
洱河、茨河、天河,俱入于淮。过凤阳,又有涡河、濉河、东西濠及
漴、浍、沱、潼诸水,俱汇淮而注洪泽湖"。一旦淮河涨水,"淮病而
入淮诸水泛溢四出,江、安两省无不病"②。1910 年侍读学士恽毓
鼎曾经因为"滨淮水患日深",上过一个奏折,其中说:"自魏晋以
降,濒淮田亩,类皆引水开渠,灌溉悉成膏腴。近则沿淮州县,自正
阳至高、宝尽为泽国。"③由于淮河流域地貌复杂,加之淮河年久失
修,这一带出现了"大雨大灾、小雨小灾、无雨旱灾"的景象。

位于京师附近的永定河,由于"水徙靡定,又谓之无定河。康
熙三十七年,赐名永定"④。1871 年 2 月直隶总督李鸿章在奏疏中
曾谈到它的地位之重要:"永定河南北两岸,绵亘四百余里,为宛
平、涿州、良乡、固安、永清、东安、霸州、武清等沿河八州县管辖地

---

① 第一历史档案馆藏:《录副档》,张曜折。

② 《清史稿》,卷 128。

③ 《清史稿》,卷 128。高,指高邮湖;宝,指宝应湖。

④ 《光绪顺天府志》,第 1230 页。

面。""永定河为畿南保障,水利民生,关系尤巨。"①康熙皇帝虽然
把这条河的名字从"无定"改成了"永定",河患却并不因此而消失,
仍然是连年漫决,成为威胁京师的重要祸害。永定河两岸皆沙,无
从取土,所筑之堤不固,而出山之水,湍激异常,变迁无定,一遇水
涨,堤防即溃。防守之难,甚于黄河,有小黄河之目。据各种资料
统计,从鸦片战争开始到清王朝灭亡的 71 年间,永定河发生漫决
33 次,平均接近两年一次。其中,从 1867 年到 1875 年曾创造了
连续 9 年决口 11 次的历史记录,给永定河两岸的人民带来了深重
的灾难。

湖南的湘、资、沅、澧四大河,都汇流于洞庭湖,然后注入长江,
使洞庭湖成为我国最大的淡水湖之一。本来,拥有如此丰富的水
利资源,自然条件极为优越,洞庭湖周围地区理应是物产丰盈的鱼
米之乡。但封建统治者对湖区不加治理,不但使洞庭湖对长江水
量的调节作用日益减小,而且出现了沿湖州县如巴陵、岳州、临湘、
华容、安乡、南县、澧州、安福、武陵、龙阳、沅江、湘阴等几乎年年
"被水成灾"的怪现象。据《清实录》及其他有关资料记载,中国近
代史的 80 年中,上述地区明确有遭受水灾记录的共达 72 年,另一
年为出乎常规地出现了旱荒,其余 7 年则因资料缺乏而情况不明。
湖南的一些地方官僚称这些地区"滨临河湖,地处低洼,俱系频年
被淹积欠之区","各灾民糊口无资,栖身无所,情形极其困苦,且多
纷纷外出觅食"②,确是实际情况。

谈到水患,不能不涉及江、浙两省的海塘问题。《清史稿》说:
"海塘惟江、浙有之。于海滨卫以塘,所以捍御咸潮,奠民居而便耕

---

① 《光绪顺天府志》,第 1418 页。

② 第一历史档案馆藏:《录副档》,道光二十九年湖南巡抚赵炳言折。

稼也。在江南者,自松江之金山至宝山,长三万六千四百余丈。在浙江者,自仁和之乌龙庙至江南金山界,长三万七千二百余丈。"①江苏的滨海之地,因为面对的海湾"平洋暗潮,水势尚缓",所以海塘还颇能起一点拦阻海潮的作用;浙江"则江水顺流而下,海潮逆江而上,其冲突激涌,势尤猛险"。一旦海塘坍塌,"海水漂入内地百里,膏腴变为斥卤,田禾粒米不登";加之潮涨海溢之时,势极汹涌,潮头高达数丈,浪涌如山,居民连躲避都来不及,往往"漂溺不计其数"。晚清时期,"海塘大坏"。据称,"综计两省塘工,自道光中叶大修后,叠经兵燹,半就颓圮"②。因此,海塘溃决之事,连年发生。浙江水灾,相当一部分与海塘坍塌有关,而且只要是由海潮引起的水灾,一般灾情都较严重。太平天国时期,浙江嘉兴附近农村的一个小地主,面对着海潮浸淹、流民塞途的情形,感慨地说:"海塘工事,承平所难,况当乱离,岂有修筑之期乎!塘不修筑,则海水不能不注溢,田禾不能不被害。然则此等流民,自今一二年中,岂能复归故土乎!"③

上面我们只是从水灾的角度,从各个侧面来反映近代社会中国大地上灾荒的频发性。水灾之外,各种自然灾害还有很多很多。按照《清史稿》的说法,自然灾害的种类,除去一些迷信的内容,还包括:恒寒,恒阴,水潦,淫雨,雪霜,冰雹,恒燠,恒旸,灾火,风霾,蝗螟,疾疫,地震,山颓,等等。如果只讲常见的灾害,至少也应该提到水、旱、风、雹、火、蝗、震、疫诸灾。在一个时期和一个地区,或者是一灾为主,或者是诸灾并发。因此,在说明灾荒的频发程度时,还需要以地区为单位,对各类灾荒做一点综合的考察。下面,

---

① 《清史稿》,卷 128。
② 《清史稿》,卷 128。
③ 《太平天国史料丛编简辑》,第 2 册,第 269 页。

我们举出几个地区，为读者提供一点例证：

位于珠江下游的广东省，气候条件优越，降水量不但充沛，而且季节分配比较均匀。因此，农业生产和其他经济发展一向较好。即使这样，在这里不时也有各种自然灾害发生。据张之洞在1886年11月10日的奏折所说，广东水患"从前每数十年、十数年而一见，近二十年来，几于无岁无之"①。据不完全统计，近代80年中，该省遭受较大水灾22次，局部地区水灾18次，先旱后涝或水旱兼具的灾荒2次，较大旱灾1次，较大风灾8次。

直隶的情况要比广东严重得多。前面已经讲到永定河连年漫决的情形，再加上这一地区其他一些河流如滦河、沙河、大清河、潴龙河、拒马河、滹沱河、徒骇河、南运河、北运河等也不时漫溢，使水灾成为这一地区的主要威胁。谭嗣同在《上欧阳中鹄书》中说："顺直水灾，年年如此，竟成应有之常例。"②据统计，近代80年中，顺直地区遭受较大水灾竟有38次；但与此同时，旱灾也并不少见，较严重的旱灾有7次，水旱灾害同时发生的有22次，另有一些年份则还伴有蝗灾、震灾、雹灾及瘟疫。"中稔"以上的年景在整个近代历史上只占一小部分。

安徽也是多灾省份之一。该省兼跨长江、淮河两流域，其中横贯北部的淮河，河床坡度甚小，汇入支流又极多，加上雨季降水量集中，极易造成水灾，已如前述。所以有人说：皖省"滨临河湖之区，本来水涨即淹，岁岁报灾"③。而皖西山地及皖南丘陵地带，都是"平陆高原"，只有"雨润水足"，才能获得收成，一旦雨水略少，立即亢旱成灾。因此，安徽自然灾区的一个特点，常常是诸灾杂陈，

---

① 《光绪朝东华录》（二），总第2175页。
② 《谭嗣同全集》，增订本，下册，第449页。
③ 第一历史档案馆藏：《朱批档》，光绪二十三年十月十八日安徽巡抚邓华熙折。

水旱交作。据不完全统计，近代 80 年中，该省共发生较大水灾 22
次，较大旱灾 3 次，同时发生水旱之灾的 13 次，水、旱、风、虫、疫、
震诸灾并发或同时发生其中三种以上灾害的 20 次。

　　最后我们还想举山东作为例子。有人曾对整个清代山东的水
旱灾害做过颇为认真的统计："在清代 286 年中，山东曾出现旱灾
233 年次，涝灾 245 年次，黄、运洪灾 127 年次，潮灾 45 年次。除仅
有两年无灾外，每年都有不同程度的水旱灾害。按清代建制全省
107 州县统计，共出现旱灾 3555 县次，涝灾 3660 县次，黄、运洪灾
1788 县次，潮灾 118 县次，全部水旱灾害达 6121 县次之多，平均
每年被灾 34 县，占全县数的 31.8％。"①这里需要补充说明的只是：
愈到晚清，山东的水旱灾害愈益严重。尤其是黄河在铜瓦厢决口
后，造成大规模改道，黄河不再自河南省兰考县北铜瓦厢向东，经
江苏省徐州、淮阴等地直达黄海，而改由自河南通过山东境内，于
利津、垦利两县间流入渤海。这样，山东受黄河泛滥之害，就更为
直接也更为频繁了。据记载，从铜瓦厢决口到 1912 年清王朝覆亡
的 56 年中，山东省因黄河决口成灾的竟有 52 年之多，成灾平均年
县次为改道前的 7 倍。另外，上面列举的灾荒数字只涉及水旱二
类，还有许多其他种类的灾荒未包括在内。

　　以上的叙述足以说明，在中国近代社会，"十年倒有九年荒"这
句话，丝毫不是文学上的夸张，而是现实生活的真实写照。

二、人祸加深了天灾——灾荒的社会政治原因

　　自然灾害，顾名思义，是由自然原因造成的，就这个意义说，是

---

① 　袁长极等：《清代山东水旱自然灾害》，见《山东史志资料》，1982(2)，第 150 页。

天灾造成了人祸。但是，人生活在一定的自然环境之中，同时也生活在一定的社会条件之下，自然现象同社会现象从来不是互不相关而是相互影响的。恩格斯在批评自然主义的历史观的片面性时说道："它认为只是自然界作用于人，只是自然条件在决定人的历史发展，它忘记了人也反作用于自然界，改变自然界，为自己创造新的生存条件。"①每当人们通过自己的智慧和劳动，改变自然界，有效地克服自然环境若干具体条件的不利影响时，便能减轻或消除自然灾害带来的灾难。反之，由于社会生活中经济、政治制度的桎梏和阶级利益的冲突，妨碍或破坏着人同自然界的斗争时，人们便不得不俯首帖耳地承受大自然的肆虐和蹂躏。遗憾的是，后一种情况，在剥削阶级掌握着统治权力的条件下，是屡见不鲜的。从这个意义上说，人祸又常常加深了天灾。

　　愈是生产力低下、社会经济发展较落后的地方，人类控制和改变自然的能力愈弱，自然条件对人类社会的支配力愈强。近代历史上自然灾害的普遍而频繁，从根本上来说，当然是束缚在封建经济上的小农经济生产力水平十分低下的结果。以一家一户为经济单位的小农经济，不可能有高效的防灾抗灾能力，一遇水旱或其他自然灾害，只好听天由命，束手待毙。胡适在谈到中国人对付灾荒的办法时，不无嘲笑意味地说："天旱了，只会求雨；河决了，只会拜金龙大王；风浪大了，只会祷告观音菩萨或天后娘娘；荒年了，只好逃荒去；瘟疫来了，只好闭门等死；病上身了，只好求神许愿。"②这段话，虽仍有他惯常存在的那种民族自卑心理的流露，却也不能不说在一定程度上反映了那个时代的社会现实。当然，对这种现象

---

① 《自然辩证法》，见《马克思恩格斯选集》，1 版，第 3 卷，第 551 页。
② 《胡适论学近著》，第 638 页。

进行嘲笑未免有失公正,把产生这种状况的原因只是看作观念的落后也过于浅薄。如同其他社会现象一样,归根到底,在这里经济状况也起着决定性的作用。

但仅仅把问题归结为生产力水平的低下,或者放大一点说,全部从经济的角度去分析问题,也还是很不全面的。有必要把视野扩展一点,从社会政治领域考察一下近代灾荒频发的缘由。

事实上,把自然灾害同社会政治相联系的看法,在历史上很早就产生了。这突出地表现在所谓"天象示警"的传统灾荒观念上,一切大的自然灾荒的发生,"皆天意事先示变",是老天爷对人们的一种警告或警诫。因为"天人之际,事作乎下,象动乎上",人间社会生活和政治生活的不正常,必然引起"天变"。这种灾荒观念,几乎流传了几千年,一直到清代还在实际生活中起着很大的影响。不过,同样从"天象示警"的观点出发,却可以引出消极的和积极的两种不同的态度来。消极的态度是竭力用"祈祷"来对待天灾,如清王朝规定:"岁遇水旱,则遣官祈祷天神、地祇、太岁、社稷。至于(皇帝)亲诣圜丘,即大雩之义。初立天神坛于先农坛之南,以祀云师、雨师、风伯、雷师,立地祇坛于天神坛之西,以祀五岳、五镇、四陵山、四海、四渎、京畿名山大川、天下名山大川。"①似乎只要"祈祷"得越虔诚,天灾自然就可以防止或减少了。积极的态度则要求从灾荒的发生中"反躬责己",修明政治。如1882年有一位名叫贺尔昌的御史上奏说:"比年以来,吏治废弛,各直省如出一辙,而直隶尤甚。灾异之见,未必不由于此。"②在戊戌变法中惨遭慈禧杀害的"戊戌六君子"之一的刘光第,于1894年所上的《甲午条陈》中

---

① 《清朝文献通考》。
② 《光绪朝东华录》(二),总第1445页。

这样说："国家十年来,吏治不修,军政大坏。枢府而下,嗜利成风。丧廉耻者超升,守公方者屏退,谄谀日进,欺蔽日深。国用太奢,民生方蹙。上年虽有明谕申饬,言者不计,牵涉天灾。而上天仁厚,眷我国家,屡用示警。故近年以来,畿辅灾潦频仍,京师城门,水深数尺,天坛及太和门均被水灾。今年二月天变于上,三月地鸣于外城,旋有倭人肇衅之事,此殆非偶然也。"他要求皇帝"引咎自责,特降罪己之诏","痛戒从前积习之非",并认为只有这样才能使全国同仇敌忾,团结御侮,抵抗日本的侵略,取得甲午战争的胜利。①这些话,虽然没有科学地揭示灾荒发生的原因,但无疑有着揭露时弊的战斗的进步意义。

在我国近代历史上,对灾荒问题谈得最深刻的,要数民主革命的伟大先行者孙中山先生。关于灾荒频发的原因,他着重强调两点:一是人们对生态环境的破坏,另一是封建政治的腐败。关于前一点,他在从事政治活动之初,就在一封信中写道:"试观吾邑东南一带之山,秃然不毛,本可植果以收利,蓄木以为薪,而无人兴之。农民只知斩伐,而不知种植,此安得其不胜用耶?"②后来,他更明确指出:近来水灾一年多过一年,原因就在于人民采伐木料过多,采伐之后又不行补种,森林很少。一遇大雨,山上没有森林来吸收雨水和阻止雨水,山上的水便马上流到河里去,河水泛涨起来,即成水灾,多种树木是防水灾的治本方法。防止旱灾也是种植森林。有了森林,天气中的水量便可以调和,便可以常常下雨,旱灾便可减少。③关于后一点,他很早就认为:"中国人民遭到四种巨大的长久的苦难:饥荒、水患、疫病,生命和财产的毫无保障。这已是常

---

① 《刘光第集》,第2页。

② 《孙中山全集》,第1卷,第1—2页。

③ 参见《孙中山全集》,第9卷,第407—408页。

识中的事了。"这种令人不堪忍受的情况是怎样造成的呢？他非常鲜明地回答说："中国所有的一切灾难只有一个原因，那就是普遍的又是有系统的贪污。这种贪污是产生饥荒、水灾、疫病的主要原因，同时也是武装盗匪常年猖獗的主要原因。""官吏贪污和疫病、粮食缺乏、洪水横流等等自然灾害间的关系，可能不是明显的，但是它很实在，确有因果关系，这些事情决不是中国的自然状况或气候性质的产物，也不是群众懒惰和无知的后果。坚持这说法，绝不过分。这些事情主要是官吏贪污的结果。"①

这两个方面，前者主要是社会方面的原因（当然并非同政治绝对无关），孙中山的有关论述，不但在当时是无与伦比的，即使在今天，也并没有完全为所有的人们所真正地了解。后者主要是政治方面的原因，在这方面，有无数历史事实足以证明孙中山的说法确实是不易之论。

还是从黄河说起。晚清时期为什么会出现"河患时警"的现象呢？《清史纪事本末》是用以下这段话来回答的："南河岁费五六百万金，然实用之工程者，什不及一，余悉以供官吏之挥霍。河帅宴客，一席所需，恒毙三四驼，五十余豚，鹅掌、猴脑无数。食一豆腐，亦需费数百金，他可知已。骄奢淫佚，一至于此，而于工程方略，无讲求之者。"②

这大概很可以作为孙中山关于灾荒根源于官吏贪污的生动注脚。实际上河工之弊，真是说不胜说，像一位官员所揭露的，"防弊之法有尽，而舞弊之事无穷"。连道光皇帝在上谕中也承认，对于黄河，基本上是"有防无治"的状况。上谕引用当时的河道总督张

---

① 《孙中山全集》，第1卷，第89页。
② 《清史纪事本末》，卷45，《咸丰时政》。

井的奏折说：“历年以来，当伏秋大汛，司河各官，率皆仓皇奔走，抢救不遑。及至水落霜清，则以现在可保无虞，不复再求疏刷河身之策。渐至河底日高，清水不能畅出，堤身遽增，城郭居民尽在河底之下，惟仗岁请金钱，将黄河抬于至高之处。”1825 年 11 月的这个上谕问道：朝廷每年所花“修防经费数百万金”，“惟似此年年增培堤堰，河身愈垫愈高，势将何所底止？”①

　　其实，说对黄河“有防无治”，仍未免是一种美化的说法。在那个时候，“治”固然谈不上，“防”也常常因为各种原因而成为具文，每当大汛来临之际，“司河各官”中真正能够“仓皇奔走，抢救不遑”的能有几人？这里，我们可以提供一个颇具典型意义的实例：1887 年 9 月 29 日，黄河在河南郑州决口。决口之前，黄河大堤上数万人“号咷望救”，在“危在顷刻”的时候，“万夫失色，号呼震天，各卫身家，咸思效命”。但因为管理工料的幕友李竹君“平日克扣侵渔，以致堤薄料缺”；急用之时，“无如河干上曾无一束之秸，一撮之土”，大家只得“束手待溃，徒唤奈何！”河决之时，河工、居民对李竹君切齿痛恨，痛打一顿之后，便将他“肢解投河”，以泄民愤。河道总督成孚“误工殃民”，决口前两天，“工次已报大险”，但成孚“借词避忌”，拒不到工。次日，他慢慢吞吞地走了 40 里路，住宿在郑州以南的东张。及至到达决口所在，他不作任何处置，“惟有屏息俯首，听人詈骂”。而向朝廷奏报时，却竭力讳饰，本来是决口，却说成是漫口；本来决口四五百丈，却说成三四十丈；本来是“百姓漂没无算”，却说成“居民迁徙高阜，并未损伤一人”②。广大群众的生命财产就这样成了腐败黑暗的封建政治的牺牲品。

---

①　《河南通志·经政志稿·河防》。

②　第一历史档案馆藏：《录副档》，光绪十三年九月二十七日翰林院编修李培元等折。

几乎谁都知道,那个时候的"河工习气",一方面是"竞尚奢靡",一方面是"粉饰欺蒙",靠这样的管理机构去防止灾荒,自然无异于缘木求鱼。但这还毕竟只是防灾不力,比这更有甚者,则是人为地制造灾荒。如 1882 年夏,有人参劾湖北署理江陵县令吴耀斗,当长江、汉水涨溢之时,竟任意将子贝垸堤开挖,使南岸七百余垸,"田庐尽没"。吴耀斗这种"决堤殃民"的罪行,引起群情激愤,清政府也不得不下令彻查。最后,湖北巡抚涂宗瀛以"查无实据"为由,认为"毋庸置议",就此不了了之。三年后,又有人奏:"广东频遭水患,皆由土豪占筑围坝牟利所致",因为一些地方土豪,凭借势力,"私筑围坝,壅塞水道",水势被阻,便不免泛滥成灾。这也是人为的因素加重了自然灾害的一种表现。对此,广东督抚查了两年,结论还是那四个字:"毋庸置议。"

一旦自然灾害发生,真能同广大群众战斗在抗灾斗争第一线的封建官僚,实在是凤毛麟角。如前面提到的成孚那样束手无策的,是大多数。还有一些则更为恶劣,平日自许为"民之父母"的地方官,在灾害来临时,早已置自己的"子民"于不顾,慌慌张张地逃之夭夭了。这里随手举一个例子:同治末年,四川发生水灾,酆都知县徐濬镛当江水进城时,"并未救护灾黎",而是匆匆忙忙地收拾了细软,登上一只大船,一走了之。事后徐濬镛虽得了个革职处分,但到光绪初年,就多方活动,要求平反。像这类事情,真可以说是指不胜屈。

至于乘机贪污勒索,大发"赈灾"财的,更是司空见惯了。我们不妨先读一读革命文学团体"南社"的主要成员高旭,在 1907 年至 1909 年甘肃连续遭了三年大旱灾之后,目睹灾民之惨状,恨贪官之暴行,所作之《甘肃大旱灾感赋》一诗:

天既灾于前，官复厄于后。贪官与污吏，无地而蔑有。

歌舞太平年，粉饰相沿久。匿灾梗不报，谬冀功不朽。

一人果肥矣，其奈万家瘦！官心狠豺狼，民命贱鸡狗。

屠之复戮之，逆来须顺受。况当赈灾日，更复上下手。

中饱贮私囊，居功辞其咎。甲则累累印，乙则若若绶。

回看饿莩余，百不存八九。彼独何肺肝，亦曾一念否？[①]

高旭的这种感慨，确实是对当时现实生活的绝好的艺术概括。下面我们举一些具体的事例。

1882年安徽发生十数年未有的大水灾。"水灾地广，待赈人稠。"直隶候补道周金章，领了赈款银17万两，赴安徽办理赈灾事宜。他只拿出2万余两充赈，其余的统统"发商生息"，填饱私囊。[②]

1893年，山东巡抚福润因为将历城等八个濒临黄河的州县灾民安置完毕，要求朝廷奖擢"出力人员"。但这种安置灾民究竟意味着什么呢？据有人揭露，原利津县知县钱镛，纵容汛官王国柱，"将临海逼近素无业主被潮之地安插灾民，而以离海稍远素有业主淤出可耕之田，大半夺为己有"。灾民迁入被潮之地后，"民未种地，先索税租"，钱镛、王国柱在灾民身上"催科征比"，一共搜刮了"二万余千，尽饱私囊"。他们事先曾领了藩库银2万余两，本来是"为灾民购房置牛之用"的。但他们只拿出一小部分给灾民，"其余尽以肥己"；为了可以报销，他们"逼令灾民出具甘结，威胁势迫，以少报多，以假混真"。灾民们迁入新区不久，突然有一天"风潮大

---

① 《辛亥革命诗词选》，第215—216页。

② 《清德宗实录》，卷168。

作,猝不及防,村舍为墟,淹毙人口至千余名之多。甚至有今日赴海而明日遂死者,不死于河而死于海,不死于故土而死于异乡"。这时,利津知县已由吴兆接任。吴兆不但"佯为不知,坐视不救",弄得哭声遍野,惨不忍闻;反而强迫老百姓"送万民衣伞",而且大排筵宴,替他母亲祝寿。"被灾之民,有舆尸赴公堂号泣者,有忍气吞声而不敢言者,又有阖家全毙而无人控告者。"①利津如此,其余亦可概见。老百姓遇到这样的灾难,天灾耶? 人祸耶? 真是有点说不大清了。

甲午战争后,清政府增加了许多苛捐杂税。御史曹志清在谈到地方官吏"敲骨吸髓""虎噬狼贪"地大肆搜刮的情形之后,还说了这么一段话:"尤可骇者,去秋水灾,哀鸿遍野,皇上轸念民艰,拨款赈济,乃闻滦州、乐亭各州县将赈银扣抵兵差,声言不足,仍向民间苛派,灾黎谋食维艰,又加此累,多至转于沟壑,无所控告。"他深有感触地说:"是民非困于灾,直困于贪吏之苛敛也。"②

1897 年,江苏北部大水成灾,灾民达数十万人之多。但"赈务所活灾黎不过十之一二",其余的"转徙道殣",冻馁而亡,弄得"城县村落,十室九空"。为什么出现这种悲惨情景呢? 据御史郑思赞分析,"推原其故,不由于办赈之迟,而由于筹赈之缓"。因为当灾象已显时,各州县官"但知自顾考成,竟以中稔上报"。等到灾情十分严重后,仍"征收无异往日"。这种情况,不能不使大批灾民日趋死亡。所以郑思赞慨叹说:"是沟壑之民不死于天灾而反死于人事。"③

"民非困于灾"而"困于贪吏之苛敛"也好,"沟壑之民不死于天

---

① 《光绪朝东华录》(三),总第 3281 页。
② 《光绪朝东华录》(四),总第 3632 页。
③ 第一历史档案馆藏:《录副档》,光绪二十四年六月初四日郑思赞折。

灾而反死于人事"也好,都充分说明了这样一点:在观察、分析、研究自然灾害的问题时,决不能同社会问题割裂开来,决不能无视政治的因素。

三、灾荒对社会经济和人民生活的严重影响

在以往的历史文献中,每当讲到自然灾害的严重后果时,总常用"饥民遍野""饿莩塞途"等来加以形容。由于经过了高度的抽象和概括,对这些字眼间所包含的具体内容,往往不大去细想。实际上,在这短短的几个字的背后,融涵着多少血和泪、辛酸和悲哀!只有具体而深入地去研读近代历史上有关灾荒的各种记载和资料,才使我们痛切地了解,我们这个灾难深重的民族,经历了中外反动派在政治上奴役欺压的苦难,经历了特权阶级在经济上残酷朘削掠夺的苦难,经历了封建伦理纲常钳制束缚的苦难,此外,还经历了自然灾害带来的水深火热的苦难。这些苦难,是我们永远不应该忘记的。

灾荒对社会生活的严重影响,首先表现在对人民生命的摧残和戕害上。一次大的自然灾害,造成人口的死亡,数字是十分惊人的。这里举一些例子,如:

水灾——1906 年,湖南大水,"淹毙人不下三万,情状惨酷"。1912 年,浙江宁波、温州等地遭洪水狂飙猛袭,仅青田、云和等五县即"共计淹毙人口至二十二万有奇"。至于当洪水汹涌而至时,侥幸未被浊浪吞没,露宿在屋脊树梢,一面哀戚地注视着水中漂浮的尸体,一面殷切而无望地等待着不知何时才能到来的"赈济"的芸芸灾民,更是不计其数。如 1884 年黄河在山东齐东等县决口,灾民达 100 万余人。1906 年江苏大水灾,"统计各处灾民不下二

三百万"，仅聚集在清江一处的灾民，"每日饿毙二三百人"。1917
年直隶大水灾，总计"灾民达五百六十一万一千七百五十九名口"，
这些灾民"房屋漂没，移居高阜，所食皆草根树叶，所住皆土穴席
棚，愁苦万分，不堪言状"。

　　旱灾——1877 年著名的北五省大旱荒，山西很多村庄，居民
不是阖家饿死，就是一户所剩无几，甚至有"尽村无遗者"。有的历
史资料概括说："一家十余口，存命仅二三；一处十余家，绝嗣恒八
九。"仅太原一个城市，"饿死者两万有余"。负责前往山西考察灾
情、稽查赈务的工部侍郎阎敬铭在奏折中报告他目睹的情景说：
"臣敬铭奉命周历灾区，往来二三千里，目之所见皆系鹄面鸠形，耳
之所闻无非男啼女哭。冬令北风怒号，林谷冰冻，一日再食，尚不
能以御寒，彻旦久饥，更复何以度活？甚至枯骸塞途，绕车而过，残
喘呼救，望地而僵。统计一省之内，每日饿毙何止千人！目睹惨
状，夙夜忧惶，寝不成眠、食不甘味者已累月。"①至于在千里赤地
上，靠剥挖树皮草根、罗捉猫犬鼠雀，最后不得不艰难地吞咽着观
音土而苟延残喘的灾民，则更是随处可见。据记载，这一年山西这
样的灾民有 500 余万，河南有 500 余万，陕西有 300 余万，甘肃有
近 100 万，直隶缺乏具体数字，只是说"嗷鸿遍野"。这些灾民，有
的勉强存活了下来，但相当一部分仍因经受不住饥寒的煎熬而陆
续死去。到这年冬天，仅河南开封一城，"每日拥挤及冻馁僵仆而
死者数十人"，山西全省"每日饿毙何止千人"！1902 年，四川大
旱，灾区遍 90 余州县，灾民每州县少则 10 余万，多者 20 余万，全
省共计"灾民数千万"。1909 年，甘肃春夏久旱不雨，连同上两年
全年亢旱，出现连续 995 日"旱魃为虐"的严重灾害，以至于"不独

---

① 《光绪朝东华录》(一)，总第 514—515 页。

无粮，且更无水"，"牛马自仆，人自相食"。全省饿死多少人虽无确切统计，但前引高旭诗说"回看饿莩余，百不存八九"，数量之大，当可想见的了。

风灾——1862年7月27日，"广东省城及近省各属风灾，纵横及千里，伤毙人口数万"。1864年7月13日，一场飓风，使上海黄浦一带"人死万余"，浙江定海"溺死兵民无数"。1874年9月22日，香港、澳门发生大风灾，波及广东，"统计省内各处商民之殉此灾者，殆不下一万人云"。1878年4月11日，广州再次遭暴风侵袭，"倒塌房屋一千余间，覆溺船只数百号，伤毙人口约计不下数千人"；一说"房屋倾毁九千余所，大树拔折二百余株，伤毙至万余人"；更有称"男女老稚压毙及受伤者几及数万"者。如果作一点对比，也许可以使我们对上述风灾的严重程度有一个更加清晰的认识：《纽约时报》于1989年9月19日发表文章，历数20世纪发生的最厉害的大西洋飓风，自1900年至1980年，共列19次，其中损害最严重的分别为1900年9月8日发生在美国得克萨斯州的加尔维斯顿的飓风，1928年9月12日至17日发生在西印度群岛和佛罗里达的飓风，1963年10月4日至8日发生在古巴与海地的"弗洛拉"飓风，死亡人数均为6000人。这与前面所说伤毙动辄"万余""数万"的情况相比，真是小巫见大巫了。

疾疫——1849年，湖南"全省大疫"，仅同善堂等所施棺木就"以数万计"，后来疫死者愈来愈多，棺木无力置备，只得挖坑随地掩埋了事。1910年，东北三省鼠疫流行，疫毙人数"达五六万口之谱"。

严重的自然灾害，除了造成人口的大量死亡，还对社会经济造成巨大的损害和破坏。其实，人口的大规模伤亡，本身也是对社会生产力的极大摧残，因为人——准确一点说是劳动者，本来就是生产力系统中起主导作用的因素,或者如列宁所说,是全人类的首要的生产力。但问题还远远不止于此。较大的水、旱、风、雹或地震等灾害,除了人员伤亡,一般都伴有对物质财富的严重破坏,如庐舍漂没、屋宇倾圮、田苗浸淹、禾稼枯槁、牛马倒毙、禽畜凋零等等。这里举几个并非最严重的例子:1844 年夏,福州发生水灾,仅闽县一地就"被淹田园四万四千四百三十余亩"。1846 年 6 月江苏青浦大水,一次就"漂没数千家"。同年 7 月吉林珲春因河水涨溢,该县 8000 余垧田地中,"水冲无收者六千余垧",就是说 80%的田地被水冲毁,毫无收成。1849 年春夏之间,浙江连雨 40 余日,"以致上下数百里之内,江河湖港与田连成一片,水无消退之路",在这广阔区域之内,庄稼颗粒无收自不待言,而且"房屋倾圮,牲畜淹毙"也"不知凡几"。1851 年 4 月末,新疆伊犁连降大雪,5 月中又暴雨倾盆,雨水加消融之雪水,一下子把许多田地冲成深沟,"田亩不能复垦者"达 36982 亩之多,庄稼被冲毁的自然就更多了。至于大旱之年,饥民在剥掘草根树皮以果腹的同时,被迫"争杀牛马以食",结果在灾情缓解之后,却导致没有牲畜、种子等基本生产资料可以恢复生产的情形,则更是普遍存在的现象。

每年,清政府要根据各地灾情大小,对成灾地区宣布蠲缓钱粮。据《清实录》等资料的粗略统计,鸦片战争到太平天国运动爆发前这段时间,清政府宣布因灾蠲缓钱粮的厅、州、县,1840 年为262,1841 年为 330,1842 年为 320,1843 年为 329,1844 年为 365,1845 年为 280,1846 年为 378,1847 年为 435,1848 年为 450,1849年为 366,1850 年为 354。应该说明,这个数字并不能完全反映当时全国受灾地区的范围,因为它极不完全,特别是一些经济落后的边远地区,那里的钱粮征收在清政府的全部财政收入中本来就不占什么重要地位,所以那些地方一向很少报灾(当然并不意味着自然灾害很少），当然也谈不上蠲缓之事了。但即使如此，也已很能说明自然灾害对全国的社会经济带来何等重大的影响。按照清朝的行政区划，光绪朝以后，府、厅、州、县1700多个，也就是说，清王朝因为自然灾害而不得不减征、缓征或免征钱粮的地区，每年约占全国府、厅、州、县的1/8到1/6。清朝对怎样才算"成灾"是有严格规定的，即只有减产五成以上，直至颗粒无收的，才准予报灾，在这个范围之内，再按灾情的轻重分别确定蠲缓钱粮的数额。那么，这也就意味着在近代社会，就全国而言，每年通常有1/8到1/6的地区，收成不足一半，严重的甚至减收七成、八成、九成或根本就颗粒无收。

每当发生重大的水旱或其他灾害之后，决非一二年之内就可以缓过劲来，把社会生产恢复到正常水平的。更何况，近代自然灾害的一个显著特点，是灾害的续发性非常突出。如直隶省，自1867年至1874年，曾连续八年发生遍及全省的水灾，其中后四年灾情十分严重，紧接着1875年又发生较大旱灾；1885年至1898年曾连续14年发生全省性水灾，紧接着1899年、1900年又发生两年旱灾。又如两湖地区，自1906年至1915年，湖北除两年外连续八年发生水灾，湖南则连续十年均有水灾，其中一半以上年份的灾情颇为严重。类似的情况各地都有。这样的连续被灾，旧灾造成的民困未苏，疮痍未复，新的打击又接踵而至，不但对社会经济的破坏极为严重，而且抗灾防灾的能力每况愈下，使得同样程度的灾害造成的后果更具灾难性，更使人无力承受。在连续几年大灾之后，往往十几年、几十年都难以恢复元气，如前面提到的鸦片战争爆发后连续三年黄河大决口，造成河南省自祥符到中牟一带长数百里、宽六十余里的广阔地带，十余年间一直成为不毛之地，"膏腴之地，均被沙压，村庄庐舍，荡然无存"。光绪初年连续三年的

"丁戊奇荒",使山西省"耗户口累百万而无从稽,旷田畴及十年而未尽辟",说明较大自然灾害对社会经济所带来的消极影响,是那样长远、持久而难以消除。

灾荒对社会生活影响的再一个方面,是增加了社会的动荡与不安定,激化了本已相当尖锐的社会矛盾。

清朝封建统治者,常喜欢宣扬他们如何"深仁厚泽,沦浃寰区,每遇大灾,恩发内帑部款,至数十万金而不惜"①。辛亥革命后,窃取了胜利果实的袁世凯也吹嘘他的政府"实心爱民","遇有水旱偏灾,立即发谷拨款,施放急赈,譬诸拯溺救焚,迫不及待"②。要说这些话完全是无中生有的欺骗宣传,倒也未必。去掉自我标榜的成分,应该说,他们对赈灾问题,从主观上还是比较重视的。其原因,并不是如他们自己所说的出于"爱民"之意、"悯恻"之心,而是他们清醒地懂得,大量的饥民、灾民、流民的存在,会增加社会的动荡不安,直接威胁到本已岌岌可危的统治秩序的稳定。在统治集团的来往文书中,充斥着这样的语句:"近年生计日艰,莠民所在多有,猝遇岁饥,易被煽惑","忍饥无方,又恐为乱","民风素悍,加以饥驱,铤而走险","设使匪徒借是生心,灾黎因而附和,贻患何堪设想",这些话颇能道出问题的实质。辛亥革命前夕,梁启超从另外一种立场发表了大体相似的议论:"中国亡征万千,而其病已中于膏肓,且其祸已迫于眉睫者,则国民生计之困穷是已。……就个人一方面论之,万事皆可忍受,而独至饥寒迫于肌肤,死期在旦夕,则无复可忍受。所谓铤而走险,急何能择,虽有良善,未有不穷而思滥者也。"③

---

① 第一历史档案馆藏:《录副档》,光绪二十四年八月二十七日刘坤一、奎俊折。
② 《东方杂志》,第 12 卷,第 11 号,第 7 页。
③ 沧江:《论中国国民生计之危机》,载《国风报》,1(11)。

在近代历史上，即使在"承平"之时，也就是阶级斗争相对缓和的情况下，在局部地区，灾荒以及赈灾中的种种弊端引起小规模群众斗争的事，也是经常发生的。1841年浙江归安县灾民因反对地方官"卖灾"而闹事，就是一个小小的例子：起先，前县令徐起渭于"报灾各区轻重等差，勘详不实；又定价卖灾"；后来，接任知县赵汝先又"与乡民约定，完纳条银，再给灾单，及至完成，爽约不给"，终于引起了"灾民滋扰"①。1849年江苏大水灾，各地农村不断发生"抢大户""借荒"等斗争，是又一类型的例子。嘉定"其时乡间抢大户，无日不然"②。娄县"乡中富户以怕抢故，纷纷搬入城中。然仅可挈眷，不能运物，运则无有不抢"③。所以，左宗棠曾经发表过这样的意见："办赈须借兵力"——赈灾的时候，一只手要拿点粮、拿点钱，救济灾民；另一只手要拿起刀，拿起枪，以防灾民闹事。他说："向来各省遇有偏灾，地方痞匪往往乘机掠食，或致酿成事端。故荒政救饥，必先治匪也。""匪类借饥索食，仇视官长，非严办不足蔽辜。韩、郃饥民啸聚，起数颇多，亟宜一面赈抚，一面拿首要各犯，以靖内讧。"④不言而喻，这里的所谓"匪""痞匪""匪类"等等，不过是那些无衣无食而又不甘坐以待毙，不惜铤而走险冲击封建统治秩序的灾民。

及至社会矛盾十分尖锐、阶级斗争或民族斗争日趋紧张的时候，自然灾害往往成为诱发大规模群众起事的重要客观条件；受到灾荒的打击而流离失所的数量巨大的灾民，又往往成为现存统治秩序的叛逆力量，源源不绝地加入战斗行列中去。这在太平天国

---

① 《清宣宗实录》，卷364。
② 王汝润：《馥芬居日记》，见《清代日记汇钞》，第184页。
③ 姚济：《己酉被水纪闻》，见《近代史资料》，1963(1)。
④ 《左宗棠未刊书牍》，第132—133页。

运动、义和团运动以及辛亥革命运动中,得到了最清楚不过的表现。太平天国的领导者们在历数封建清王朝的罪恶时,就特别强调了"凡有水旱,略不怜恤,坐视其饿莩流离,暴露如莽"①这一条。一个外国人把"很多地区的庄稼由于天旱缺雨而歉收,人民的心里烦躁不安"②看作是义和团兴起的重要原因之一。严复在谈到辛亥革命发生的"远因和近因"时则提到了"近几年来长江流域饥荒频仍"③这个因素。不论这些运动在性质上是何等地不同,广大群众勇敢地拿起武器,义无反顾地同中外反动势力展开殊死搏斗,无论如何是值得讴歌的。但我们毕竟不应该忘记,不少人是付出了极为惨痛的代价,在饥寒交迫甚至是家破人亡的困境中,被迫走上"造反"之路的。我们赞颂他们的斗争精神,却要诅咒促使他们起来斗争的种种苦难——其中当然也包括自然灾害带来的苦难。

---

① 《太平天国文书汇编》,第 105 页。
② 《清末民初政情内幕》(上),第 422 页。
③ 《清末民初政情内幕》(上),第 782 页。

清末灾荒与辛亥革命^①

当辛亥革命尚在进行的过程中,这一伟大历史事变的参加者或目击者,就颇有一些人注意并强调了灾荒同这个运动之间的密切联系。武昌起义后三天,当地的革命者在一份告全国各省人民的檄文中,谈到了"不可不急起革命"的三条缘由,最后一条就是"全国饥民,数逾千万,迫饥寒而死者,道殣相望",而清政府却"从未闻有一粟一粒之施"^②。20 天后,严复在致《泰晤士报》驻北京记者莫理循的一封信里,把"这场起义的远因和近因"归纳为四点,末一点则是"近几年来长江流域饥荒频仍,以及商业危机引起的恐慌和各个口岸的信贷紧缩"^③。显而易见,频繁而普遍的自然灾害被认为是辛亥革命运动发生的一个直接诱因。

既然如此,较为具体地考察一下辛亥革命时期的灾荒状况,并且从自然现象与社会现象交互作用的角度,努力探究当时的灾荒对这场革命产生了一些什么影响,自然是不无益处的。

---

① 该文原载《历史研究》,1991 年第 5 期。
② 《湖北革命实录长编》,见《武昌起义档案资料选编》,下卷,第 634 页,武汉:湖北人民出版社,1983 年。
③ 《清末民初政情内幕》(上),第 782 页,上海:知识出版社,1986 年。

灾荒的频发与革命形势的渐趋成熟

革命不能随心所欲地制造。只有当革命形势业已成熟,即统治者已不能照旧统治、人民群众也无法照旧生活下去的时候,被压迫阶级才可能在革命政党的领导下行动起来,革命才会到来。

人们通常把 20 世纪的最初十年看作是辛亥革命的酝酿和准备时期,实际上,这也正是国内外各种政治冲突和社会矛盾日益激化,革命形势逐步形成的一个历史阶段。在促使革命形势渐趋成熟的诸种因素中,灾荒无疑是不能不加注意的因素之一。

我们不妨先把辛亥革命前十年间在中国大地上发生的重要灾荒作一个极为概略的叙述:

1901 年(光绪二十七年)——据上谕称,"东南滨江数省,皆被水患"①。其中最严重的是安徽,许多地方"一片汪洋,几与大江无所区别","各属遭水穷民,统计不下数十万"。江苏"水灾实为数十年所未有","各县圩埝,冲决至一千数百处"。江西 40 余州县"猝遭水灾","凡被水田亩均已颗粒无收"。湖北夏间"暴雨连朝,江汉并涨,田庐禾稼,大半淹没";入秋,又"雨泽稀少,干旱成灾"。此外,湖南、浙江、福建全省及广东、云南、东北局部地区,也都被水成灾。直隶、河南则先旱后潦,河南的兰考和山东的章丘、惠民并先后发生黄河漫决。山西、陕西部分地区旱象严重,"饥民甚多,田荒不治,凋敝可伤"。

1902 年(光绪二十八年)——除山东境内发生黄河决口外,全

---

① 光绪二十七年十一月二十二日上谕。转引自《近代中国灾荒纪年》,第 675 页,长沙:湖南教育出版社,1990 年。文中有关灾荒状况的原始资料,均引自该书,不再一一注明。

国主要灾情是旱灾和瘟疫。最严重的是四川,发生了该省历史上罕见的大旱奇荒,持续"首尾年余之久",灾区"遍九十余州县","市廛寥落,闾巷无烟,徙死之余,孑遗无几"。广东、广西、湖北夏间遭水,秋季遭旱,"数月不雨,赤地千里"。江苏南部、湖南辰州等地、顺直地区、黑龙江瑷珲一带瘟疫流行,"死人无算"。

1903年(光绪二十九年)——全国灾情较轻,一般省份大抵只有局部的水旱偏灾。稍重者为直隶,春夏苦旱,"麦苗尽枯",7月间又遭水患;浙江先潦后旱,灾歉几遍全省;广西有较严重的旱灾,由于收成大减,而且"饥荒已连绵多年",发生了人吃人的惨状;山东利津黄河决口,周围州县为洪水浸淹。

1904年(光绪三十年)——黄河再次在利津两度漫决,山东被淹地区甚广。四川又一次发生大旱荒,川东北6府2州59县亢旱无雨,"郊原坼裂,草木焦卷","几有赤地千里之状"。直隶夏雨过多,永定等河决口,滨河州县被水成灾。云南、福建、广东、浙江、湖南、湖北、甘肃部分地区遭暴雨侵袭,"田庐漂没,受灾甚重"。河南先旱后潦,"收成歉薄"。

1905年(光绪三十一年)——除一般省份有轻重不等之水、旱、雹、风、蝗、震等局部偏灾外,重灾地区为:云南大水灾,昆明水灌入城,"水势汹涌,深及丈余",广达11州县的灾区"民房田亩,概没漂没,灾情奇重"。贵州镇远等三厅县,淫雨成灾,"秋收失望",其余州县亦收成歉薄。江苏沿海地方9月初风潮肆虐,"淹毙人命以万计"。

1906年(光绪三十二年)——全国灾情颇重,不少省份发生特大洪灾,少数地区又亢旱异常。广东自春及夏,大雨滂沱,江水暴涨,广州、肇庆、高州、钦州等地泛滥成灾,秋间部分地区又遭飓风袭击。两湖地区春夏间连降大雨,江、汉、湘水同时并涨,"积水横决"，"沿岸纵横上下，各居民之生命财产付之一洗，数百里间，汪洋一片"，仅被淹罹难者即达三四万人之多。江苏"水灾之区，遍及八府一州，而江北徐、海、淮安各属灾情最重，难民尤多"，"粮食颗粒无收，百姓流离失所，惨不忍睹"。安徽于春夏之交，淫雨60余日，山洪暴发，淮、泗、沙、汝、淝等河同时并涨，平地水深数尺，"上下千余里，尽成泽国"，"饥民饿毙者，日凡四五十人，有阖家男妇投河自尽者，有转徙出境沿途倒毙者，道殣相望，惨不忍闻"。浙江8月间狂风暴雨，江流涨溢，湖水倒灌，水灾范围极广，湖州府属灾情尤重。此外，广西、四川、河南、江西、福建、甘肃、山东、陕西等省，也有轻重不等的水灾。但云南则发生了"情形之重为历来所未有"的大旱荒，"蔓延数十州县"，"迤东、迤南各府赤地千里，耕百获一"，"饿殍相望，易子而食"。绥远一带也亢旱异常，且蝗害严重，百姓"四乡流亡觅食，络绎于道"。

1907年（光绪三十三年）——虽没有发生大祲奇灾，但歉收地区颇广。直隶近畿州县春旱，至夏秋又连降大雨，永定河及北运河等决口，"收成大减"。湖南、湖北大部地区遭淹，高阜之区则"间受干旱"。四川"初苦于旱，继困于水"，成都等地8月中"先后雨暴风烈"，平地水深数尺，"以致田园、庐舍、城郭、桥梁都被冲毁"。福建部分州县夏间"大雨倾盆，溪河暴涨，洪水奔腾"，"饥民待抚众多"。江苏、山东、黑龙江等亦先旱后潦，收成歉薄。此外，全省晴雨不均，分别发生水、旱、风、虫、雹、震灾害的地区还有安徽、浙江、广东、云南、山西、陕西、江西、甘肃、奉天、吉林、台湾等。

1908年（光绪三十四年）——除一般灾情略似上年外，广东、湖北、黑龙江的水灾颇为严重。广东春季亢旱，6、8、10月间，又迭遭大雨飓风袭击，江潮暴涨，造成"倒塌房屋，伤毙人口，并有沉船、决围、坍城、淹田等事"，灾民们"生者鹄面立，死者鱼腹殓"，而且

"被水之区甚广,实为数十年来未有之巨灾"。湖北夏间"淫潦为灾","武汉三属湖乡颗粒无收,城内居民多处积水之中",灾区遍及29州县,黄冈、麻城、黄安、潜江、黄陂等重灾地区,"大半均成泽国,淹毙人口无算,灾黎遍野",由于连续五年遭灾,百姓困苦不堪言状。黑龙江入秋以后连降大雨,"嫩江水势暴涨,沿江居民田禾多被淹没"。

1909年(宣统元年)——甘肃连续多年干旱,至本年夏间,旱情发展到顶峰,持续995天不雨,发生了特大旱灾。"今岁全省皆未得雨,旱干更甚,麦秋已至,不独无粮,且更无水,竟有人食人之慨","粒谷皆无,且饮水亦至枯竭,今竟呈析骸相食之现象";夏秋以后,又复连降暴雨,黄河猛涨,沿岸居民淹没大半。浙江则正好与此相反,春夏之交,迭遭淫雨,积潦成灾,杭、嘉、湖、绍、严五府田地被淹,有的田中积水逾丈;7月后,又连旱数十日,"田皆龟裂",农民"有向田痛哭者,有闭户自尽者",当时报纸认为浙灾可与"甘陇之奇荒"相比。与此同时,一些省份发生了相当严重的水灾。湖北连续六年遭受水灾,且灾情较往年更甚,"此次水患延袤六府一州","鄂省各属,凡滨临江河湖港者,无不淹没,秋收业已绝望,灾区甚广,饥民不计其数"。湖南也因夏季雨水过多,"沅、西、资、澧诸水并涨",荆江决口四百余丈,滨江滨湖各州县田禾概遭淹没,"均罹巨灾";流离转徙各地的数十万饥民,"靠剥树皮、挖草根,勉强过活"。吉林省于7月初旬暴雨倾盆,松花江洪流陡涨,奔腾倾泻,省城被水灌注,低洼之处,一片汪洋,周围数百里沿河各村屯,全数淹没。广东春夏间"风雨为灾",许多地方为水浸淹,"水退之后,轻者尚有收获,或补种杂粮,重者淹没无存"。此外,江苏、安徽及黑龙江瑷珲等地春旱夏涝,新疆、福建、云南、奉天、广西等局部地区大水,直隶、山东、陕西、山西等省则水、旱、风、雹兼具,加上台

湾连续三次发生地震，这一年就全国范围来说，是受灾较重的
年份。

1910年（宣统二年）——一些重要省份，继续发生严重水灾。
湖北连续第七年遭洪水侵袭，灾区遍及28州县，"禾损屋倒，人畜
漂流"，"民情之苦，较上年尤甚"。湖南入夏后连日狂风暴雨，加以
"朔风冻雪"，造成较罕见的"奇灾"，"官堤民垸溃决无算，田宅冲
没，畜产流失，受害甚巨"；同湖北一样，湖南水灾也已持续七年，所
以米珠薪桂，饥民遍野，人民生活处于极端艰难之中。江苏自春至
秋，始则雨雪交加，继而连降大雨，江湖泛滥成灾，苏北地区灾情尤
重，"无分高下，一片汪洋，墙倒屋塌，弥望皆是"。与江苏毗连的安
徽，也是暴雨成灾，尤其皖北一带，"秋禾全数悉被淹没"，"人畜漂
没，房屋崩坍者，不计其数"。据有人调查后称，皖北、苏北"凡灾重
之区，村庄庐舍多荡为墟，流亡者十逾五六，每行数里、十数里罕见
人烟。或围敝席于野中，或牵破舟于水次，稚男弱女蜷伏其间，所
餐则荞花、芋叶，杂以野菜和煮为糜，日不再食。甚则夫弃其妇，母
弃其子，贩鬻及于非类，孑遗无以自存"。浙江的水灾，灾情略似苏
皖。东北的黑龙江、吉林、奉天三省，也因夏秋之际，淫雨连绵，造
成江河暴涨，泛滥成灾。黄河在山东寿张决口，加上夏初亢旱，后
又连绵阴雨，使山东受灾面积达90州县。此外，局部地区遭受水、
旱、风、雹灾害的还有河南、云南、江西、直隶、新疆、山西、陕西、广
西、甘肃等省。台湾这一年共地震六次，云南、直隶、新疆等地也有
地震发生。

从上面极为简略的叙述中可以看出，辛亥革命前十年间，连绵
不绝的自然灾害，始终笼罩在早已因帝国主义和封建主义的钳制
压榨弄得精疲力竭的中国人民头上，使他们本已竭蹶困顿的生活
更加面临绝境。

这种情况,不能不对当时的政治生活和社会生活发生深刻的影响。

首先,灾荒使人民的生命财产受到巨大损失,造成了普遍的人心浮动和剧烈的社会震荡。在每一次较为重大的自然灾害之后,不论是旱灾的"赤地千里"或水灾的"悉成泽国",随之而来的都是生产的破坏与凋敝,大量本来就挣扎在死亡线上的贫苦农民和城镇贫民,或者冻馁而亡,或者惨遭灭顶,幸存下来的则成为"饥民""流民"。这是一个巨大而惊人的数字,例如:前面提到的 1902 年四川大旱,"灾民数千万";1905 年云南大水,仅昆明附近就有"数万户灾黎仓卒逃生";1906 年几个省同时发生大水灾,湖南有饥民近 40 万,长沙附近一次就"淹毙人不下三万",江苏灾民达 730 余万人,聚集在清江浦、沭阳等地的饥民,"每日饿毙二三百人";1908 年广东大水灾,"灾黎几及百万";1909 年湖南大水,"统计各处灾民不下百余万人",江苏大水,海州逃荒流民 27 万余,沭阳 11 万余,赣榆 8 万余,全省可以想见;1910 年安徽大水灾,"人民被灾而无衣食者,约有二百万"。这里只列举几个大体的数字,至于在"饥民遍野""饿殍塞途"等笼统描写中所包含着的悲惨事实,就无法用数字来反映了。这么多饥民、流民的存在,本身就是对封建统治的严重威胁。从某种意义上说,这些风餐露宿、衣食无着的饥民、流民,无异于堆积在反动统治殿堂脚下的无数火药桶,只要有一点火星,就可以发生毁灭性的爆炸。这一点,封建统治者是看得清清楚楚的。1902 年 6 月,湖南巡抚俞廉三指出:"流民愈多,匪类混杂,民气更加浮动。"①1906 年末,一个名叫王宝田的小官僚在奏折中

---

① 《辛亥革命前十年间民变档案史料》,上册,第 392 页,北京:中华书局,1985 年。

说:"东省荒歉,细民无以糊口,思乱者十室而九。"①1910 年 6 月,安徽巡抚朱家宝在奏折中强调,"各属灾荒叠告,人心浮动","皖北素称强悍,连年复苦荒歉,伏莽时虞,自非思患预防,层节布署,不足以绸缪未雨,定变仓猝"②。封建统治者的这些忧心忡忡议论,既不是杞人忧天,也不是无病呻吟,它恰恰是现实生活中的尖锐矛盾在他们头脑中的反映。

其次,接连不断的灾荒,使一向反对现存统治秩序的自发斗争,更加扩大了规模,增强了声势。例如,以"灭清、剿洋、兴汉"为口号的四川义和拳斗争,其高潮恰好发生在前面提到的该省两次大旱灾期间,这一方面固然可以看作是全国义和团运动的一种滞后现象,但另一方面显然同大灾荒造成的大饥馑有着直接的关系。御史高枬认为这次事件是"盗贼、饥民、会匪、义和拳,分之为四,合之为一";当时的四川总督奎俊也强调川省"拳乱"之起,除群众仇教外,"加以岁旱民饥,灾黎多被裹胁";后来接任川督的锡良则指出,"川省人心浮动,加以旱灾、闹荒、仇教,各处响应,蹂躏必宽";御史王乃徵说得就更直截了当:"川中全省旱灾,至今半年,不闻赈恤之法,何怪匪乱日炽?"③又如,发生在 20 世纪初,延续数年之久,清政府动员了广西及两湖云贵各省军队,"糜饷以千百万计"才勉强镇压下去的著名的广西农民大起义,也与灾荒有着极为密切的关系。1902 年秋后,广西"赤地千里,旱灾已遍"。1903 年 6 月,一位住在香港的外国人在信中说:"我们为关于广西饥荒的可怕消息而感到非常忧愁,那里的人民由于没有东西吃,实际上已经被逼迫

---

① 《辛亥革命前十年间民变档案史料》,上册,第 158 页,北京:中华书局,1985 年。
② 《辛亥革命前十年间民变档案史料》,上册,第 261 页。
③ 《辛亥革命前十年间民变档案史料》,下册,第 733、734、742、759 页。

到人吃人的地步。"①正是在这样的背景下，广西各地"抢劫之案"，
"无县无之，无日无之"；后来，群众自发地形成无数武装队伍，"大
者千余为一股，小者数十为一股，匪巢匪首奚止百千。加以比岁不
登，饥民为匪裹胁及甘心从匪侥幸一日之生者，所在皆是"。这里
其实已说得很清楚，被封建统治者称之为"匪"者，绝大多数不过是
求"侥幸一日之生"的饥民而已。所以署两广总督岑春煊也不得不
承认："小民先被灾荒，继遭匪害，困已极矣！"②封建统治者从切身
经验中深切地了解灾荒与"民变"的关系，对防范灾民闹事抱着极
高的警惕。下面一个上谕，十分生动地反映出统治者的心态："光
绪三十二年十一月十五日内阁奉上谕：从来治国之道，惟以保民为
先。方今时局多艰，民生重困，本年两广、两湖、江西、安徽等省，屡
告偏灾，近日江苏淮、徐、海一带，被灾尤重。……哀我黎民，颠连
穷困，岂可胜言。其不逞者，又或迫于饥寒，流为盗贼，扰及乡里，
贻害善良。"谕旨要求"地方文武各官"对饥民"加意抚绥"，以便"防
患未然"③。

　　再次，由于灾荒而大量产生的衣食无着的饥民，为着解决眼前
的温饱，求得生存的权利，纷纷起来直接进行"抗粮""抗捐""闹漕"
"抢米"等斗争，这种斗争愈是临近辛亥革命愈益发展，已成为暴风
雨即将来临的明显征兆。据统计，1906 年全国发生抗捐、抢米及
饥民暴动等反抗斗争约 199 起④，其中一些规模和影响较大的事
件，主要发生在浙江、江苏、安徽、湖北、江西、广东数省。如前所

①　《清末民初政情内幕》（上），第 261 页。

②　《辛亥革命前十年间民变档案史料》，下册，第 511、535、604 页。

③　《辛亥革命前十年间民变档案史料》，上册，第 58 页。

④　文中关于辛亥革命前各地抗捐、抢米等风潮的数字，均参见金冲及、胡绳武：《辛亥
　　革命史稿》，第 2 卷，上海：上海人民出版社，1980 年。

述,这一年,这些省份几乎无一例外地遭洪潦灾害,而且大都灾情颇重。1907、1908 两年,抢米风潮曾稍见沉寂,这同这一时期自然灾害相对较轻是完全一致的。到 1909 年,全国下层群众的自发反抗斗争约 149 起,其中几次规模较大的抢米风潮和饥民暴动,恰恰发生在灾情最重的甘肃和浙江两省。1910 年,随着灾荒形势的恶化,抗捐、抢米等风潮进一步发展,陡然上升到 266 起。其中的抢米风潮,几乎全部发生在长江中下游的湖北、湖南、安徽、江苏、江西五省,而这里正是连成一片的广袤的重水灾区。这一年的长沙抢米风潮,是震动全国的重大事件,这个事件的背景,就是湖南因灾而致"树皮草根剥食殆尽,间有食谷壳、食观音土,因哽噎腹胀,竟至毙命者";长沙城里"老弱者横卧街巷,风吹雨淋,冻饿以死者,每日数十人"。人们无法生活,只能铤而走险。

最后,在辛亥革命的酝酿时期,资产阶级革命派曾发动或参与组织过多次武装斗争,有一些武装起义,革命派曾有意地利用了灾荒造成的社会动荡形势,并注意吸引饥民群众的参加。如同盟会成立后不久,于 1906 年底发动的萍浏醴起义,就是一个明显的例子。这次起义迅速发展到数万人,虽然前后只活动了半个多月,却给清朝反动统治以极大的震动。《丙午萍醴起义记》在谈到这次起义的动因时说:"其起事之动机,则因是年中国中部凶荒,江西南部,湖北西部,湖南北部,及四川东南部,即扬子江上流沿岸,皆陷于饥馑。该地工人因受米贵减工之打击,遂由萍乡矿工首先发难,四虎徒党起而应之。"[①]起义发生后,有人在《汉帜》第一号上发表文章,号召各省革命党"响应湘赣革命军",其中说:"至天时地利,尤为此次最得机势者。……今者,虏廷日日苛税,省省摊派,民不

———

① 《辛亥革命》(二),第 463 页,上海:上海人民出版社,1957 年。

聊生,大乱以作,重以今岁沦雨弥月,洪荒千里,饿殍填沟,十数省哀鸿,汹汹欲动。饥民者,历代英雄起事之材料也。如此之赋烦岁凶……各省民皆饥困,已富有被动之性质,倘有人振臂一声,必从者如流。"①这样的议论,颇为典型地反映了革命派力图利用灾荒以扩展革命的心理,也表明了灾荒的频发确实为革命派的活动提供了一个很好的客观条件。

革命派怎样通过灾荒揭露封建统治?

要推翻一个政权,总要先造成舆论。辛亥革命时期的资产阶级革命派也是这样。他们在追求共和制度、埋葬封建君主专制主义的伟大斗争中,也大声疾呼地歌颂未来新制度的优越性,抨击清朝反动统治的落后与黑暗。在涉及各个方面的无情揭露中,灾荒问题是谈得较多的一个话题。

革命派尽情描绘了灾荒带给人民巨大祸害的悲惨现实,反映了他们对劳动群众特别是贫苦农民的深切同情。1907年的《民报》增刊《天讨》上的一篇文章说:"虽年谷屡丰,小民犹多废食。(每逢春间有剥榆皮、拾桑葚者。)一有水旱,道殣相望。水深火热,二百年如一日。""每遇一县,城郭崩颓,烟村寥落,川泽污潴,道路芜秽。自远郊以至县城,恶草淫潦,弥望皆是。夏秋之间,邻县几不通往来,饥民遍野,盗贼公行;无十年之盖藏,无三月之戒备。"②另一篇文章说:"水旱偏灾,犬羊官吏,坐视而不能救;无告之民,靡所得食,乃扶老携幼,聚族数百,相率而为流氓,过都越邑,乞食于

---

① 铁郎:《论各省宜速响应湘赣革命军》,见《辛亥革命》(二),第531页。
② 观鲁:《山东省讨满洲檄》,见《辛亥革命》(二),第344页。

途。"①同年《民报》的一篇文章也说:农夫"顾当夏日,犁田播种,行伏赤日中,泥汗过膝,而或新雨之后,水为日曝,酷热如汤,水虫含毒,时来啮肤,手足坼裂,疑灼龟背。偶值凶年,至于析骸易子"②。类似这样的内容不仅屡见于革命派的宣传品及文章中,而且也反映在他们的文艺作品里,如1906年江苏大水灾时,同盟会员、南社诗人周实就有感而赋诗:"江南塞北路茫茫,一听嗷嗷一断肠。无限哀鸿飞不尽,月明如水满天霜。"③

对于这种现象,革命派做出的头一个直觉性的反映,是把它说成清朝反动统治"天运将终"的先兆。有一篇文章说:"是以彼苍亦为不平,凶灾层见,兵刀水火,无日无之。"④武昌起义后不久,湖北的革命党人在《致满清政府电》中也说,清朝政府已经"人神同嫉,天地不容。以致水旱迭臻,彗星示警,祸乱无已,盗贼纵横,天人之向背,不待智者而后辨也"⑤。这种解释还没有脱出"天象示警"的传统灾荒观的樊篱。

不过,革命派在大多数场合,并没有停留在这样的认识水平上,而是透过灾荒,进一步寻求和揭示与灾荒相关联的种种政治因素,从而得出正是反动统治的"人祸"导致了或加深了"天灾"的正确结论。革命派认为,灾荒的根源,与其说首先是自然的原因,不如说更主要是社会的原因、政治的原因;自然灾害发生得如此频繁,难以抗拒,从根本上说来,是腐朽的封建政治造成的。这一点,

---

① 退思:《广东人对于光复前途之责任》,见《辛亥革命》(二),第349页。
② 寄生:《革命今势论》,见《辛亥革命前十年间时论选集》,第2卷(下册),第797页,北京:三联书店,1963年。
③ 《辛亥革命诗词选》,第197页,武汉:长江文艺出版社,1980年。
④ 《义和团有功于中国说》,见《辛亥革命前十年间时论选集》,第1卷(上册),第60页,北京:三联书店,1960年。
⑤ 《辛亥革命》(五),第151页。

孙中山讲得最为鲜明与深刻。他在《中国的现在和未来》一文中指出："中国所有一切的灾难只有一个原因，那就是普遍的又是有系统的贪污。这种贪污是产生饥荒、水灾、疫病的主要原因。""官吏贪污和疫病、粮食缺乏、洪水横流等等自然灾害间的关系，可能不是明显的，但是它很实在，确有因果关系，这些事情决不是中国的自然状况或气候性质的产物，也不是群众懒惰和无知的后果。坚持这说法，绝不过分。这些事情主要是官吏贪污的结果。"①在孙中山以前，中国历史上还从来没有哪一个人以如此敏锐的目光、如此深邃的思维和如此清晰的语言来分析和说明灾荒问题。革命党人在后来发表的一些文章中，实际上为孙中山的这个说法提供了具体的论证。例如，有两篇谈到黄河之患的文章，就指出："黄河北徙（按：指咸丰五年铜瓦厢决口后的黄河大改道），每一漂没，数十州县无墟落。虏廷吝财，委其事于疆吏，疆吏遂借为吞款邀功之地，动以河工括民财。""虏清之治河，则驱逐农民，动辄数千万，以供官吏之指挥，急则湮之，缓则弛之。剜肉补疮，卒靡所益，费民财以万计，曾不能一年之安。"②辛亥革命前一年发表的《论革命之趋势》一文，具体揭露了某些封疆大吏怎样贪污赈款，草菅人命："江北巨灾，集赈款五百万，虏帅端方侵蚀三百万，又虑饥民为变，遣军队弹压之，示以稍反侧即立尽，于是饥民皆枕藉就死，无敢有蠢动者。陕、甘旱荒，至人相食，虏帅升允漠然不顾，十室九空，积尸成疫。""专制之淫威"使"人命贱于鸡犬"，"天灾流行，饥馑洊臻，民之死于无告者，其数尤夥"③。这种声泪俱下的控诉，有力地揭示了封建政治的吃人本质。

---

① 《孙中山全集》，第 1 卷，第 89 页。
② 均见《辛亥革命》（二），第 346、332 页。
③ 《辛亥革命前十年间时论选集》，第 3 卷，第 531 页，北京：三联书店，1977 年。

封建统治者常喜欢宣扬他们如何"深仁厚泽,沦浃寰区",一遇灾荒,就蠲免钱粮,发帑赈济,似乎一片慈爱心肠。革命派对此针锋相对地指出,这完全是彻头彻尾的欺骗! 1903 年的一篇文章写道:"钳束之酷,聚敛之惨,而尤为世界所稀有。山西之食人肉,河南之贩人头,此二年前回銮时之真象也。……汝今犹曰'自其祖宗以来,深仁厚泽,各直省地方,遇有水旱,无不立沛恩施'者,自欺钦? 欺人钦?"①一些文章从不同的角度揭露了清政府赈灾的欺骗性,或者,统治者对灾荒根本无动于衷,不予置理:"淫妇那拉氏南面垂帘,百般剥削,以供其游乐宴饮之资。拨海军费以修颐和,移大赔款以供庆寿,而于我民之水旱僮饥,毫不为之轸念。"②"倒行逆施,残民以逞,驯致饥馑旱干之罔恤,呼号怨怒之弗闻,声色狗马之是娱,土木兵戎之继起。"③或者,象征性地拿出一点赈款来,聊以点缀门面:"去岁(按:指 1909 年)粤省水灾,灾民流离,哀鸿遍野,再电乞赈,清廷仅饬部拨款十万。及西藏达赖喇嘛入京,每日缯其缁徒万四千两,十日之食,即足以抵一省之赈灾而有余。"④那些少得可怜的赈款,也大多为官吏所侵渔:"不幸遇岁之凶,流离于道路,物故者十八九。朝廷发帑藏,恒充奸吏之橐,然犹号之曰赈恤之善政。"⑤总之,所谓赈恤,不过是封建统治者"邀弋美名"的一种手段,"而于贫者,未尝有澹足之益"。

不仅如此,封建官僚与地主豪绅们还常常趁火打劫,利用灾荒作为升官发财的绝好时机。前面提到的贪污赈灾款项,只不过是

---

① 《辛亥革命前十年间时论选集》,第 1 卷(下册),第 686—687 页。
② 《辛亥革命前十年间时论选集》,第 2 卷(下册),第 866 页。
③ 《彭荫祥历史》,见《武昌起义档案资料选编》,下卷,第 245 页。
④ 《辛亥革命前十年间时论选集》,第 3 卷,第 553 页。
⑤ 《辛亥革命前十年间时论选集》,第 2 卷(下册),第 786 页。

花样繁多的发"灾荒财"的手段之一。革命派曾揭露说,受"黄灾"最厉害的山东省,那些"谋差营保"的官僚们,常聚在一处议论说:"黄河何不福我而决口乎?"因为黄河一决口,他们就可以借办河工,既私吞工款,又谋取保举,为此,他们甚至不惜偷偷地破坏老百姓自筑的堤防,人为地制造灾荒。所以山东有"开归道"之称,意思是黄河一"开",不少人就可以借此"保归道班"了。[①] 封建政治的特点之一,就是往往在冠冕堂皇的表面文章下掩盖着见不得人的黑幕。按照清朝的"定制",只要勘定了灾荒,政府就要根据灾情轻重,确定对灾区的地亩钱粮加以减征、缓征或免征。但实际上,封建官僚还是可以通过各种办法,使百姓"照例完纳田粮"[②]。1908年末出版的《江西》杂志就发表文章谈到这种情况,"中国虽地大物博,迩者天灾流行,湖南之水害,广东之水害,重以各地蝗虫,歉收者众。民不堪命,转徙流亡,赈恤且患不周,加之以苛征,是为丛驱爵、为渊驱鱼"[③]。而且,纳税时还要加上种种附加,"一纳赋也,加以火耗,加以钱价,加以库平,一两之税,非五六两不能完,务使其鬻妻典子而后已"。所以邹容在《革命军》中悲愤地说:"若皇仁之谓,则是盗贼之用心杀人而曰救人也。"[④]政府是这样,作为封建统治的阶级基础的地主豪绅,自然也上行下效,一齐向灾民们伸出罪恶之手。"岁五六月之间,民则有饥患,勿问前年之丰凶。前年丰,富人虑谷无良贾,乃写输于他需谷之地,所余于仓者少,至夏秋之交亦必腾贵。先岁凶,乃闭其仓廪以待贾,未中程,弗餼也。饥亟

---

① 参见观鲁:《山东省讨满洲檄》,见《辛亥革命》(二),第 346 页。

② 《近代中国灾荒纪年》,序言。

③ 《辛亥革命前十年间时论选集》,第 3 卷,第 422 页。

④ 《辛亥革命》(一),第 341 页。

而祈勿死,则听富人所索,或萃而劫之,牵联入于刑者,又踵相逮也。"①

上文提到的 1909 年甘肃大旱灾发生时,曾经是同盟会员和南社发起人的高旭写了《甘肃大旱灾感赋》,其中一首差不多可以看作是资产阶级革命派在灾荒问题上所做的政治讨伐的艺术概括:"天既灾于前,官复厄于后。贪官与污吏,无地而蔑有。歌舞太平年,粉饰相沿久。匿灾梗不报,谬冀功不朽。一人果肥矣,其奈万家瘦!官心狠豺狼,民命贱鸡狗。屠之复戮之,逆来须顺受。况当赈灾日,更复上下手。中饱贮私囊,居功辞其咎。甲则累累印,乙则若若绶。四看饿殍余,百不存八九。彼独何肺肝,亦曾一念否?"②

在天灾人祸交相煎迫之下,老百姓要想生存下去,确实除了铤而走险,是别无出路的了。但这立即就会被封建统治者目为"盗贼""乱民""匪类"而大张挞伐:"皖北有灾,槁项黄馘者背相望,海上有疫,前仆后僵者踵相接……其或民不聊生,起为图存之计,则又目之为乱民,为匪徒,召兵遣将,流血成渠。"③"耕种则雨水不均,无利器以补救之,水旱交乘,则饿殍盈野。强有力者,铤而走险,以夺衣食于素丰之家,而政府目之为寇盗,捕而刑之,或处之于死。"④灾民们还是俎上之肉,任人宰割屠戮而已。

资产阶级革命派仅仅在灾荒问题上对封建统治所做的揭露,也已经足以让人们逻辑地得出结论:像这样腐朽而又暴虐的反动政权,除了坚决推翻它,难道还能有任何别的选择吗?

---

① 《辛亥革命前十年间时论选集》,第 2 卷(下册),第 789 页。
② 《辛亥革命诗词选》,第 215 页。
③ 《对于政府之民心》,见《辛亥革命前十年间时论选集》,第 3 卷,第 828 页。
④ 民:《金钱》,见《辛亥革命前十年间时论选集》,第 2 卷(下册),第 991 页。

沿江沿海各省大水灾与辛亥革命的发生、发展

　　1911 年(宣统三年)，又发生了面积更大、灾情更重的大水灾，灾区几乎包括了沿江、沿海的所有主要省份。以武昌起义为肇端的辛亥革命运动，就是在这样的背景下爆发并迅速席卷全国的。

　　武昌起义之前，中外政界人士就对当年的严重灾荒及其可能产生的政治后果给予了极大的关注。5 月下旬，张謇代表沪、津、汉、穗四处总商会，赴京办事，受到摄政王载沣的接见。当载沣征询张謇对于时局的意见时，张謇谈了"内政三大要事"，头一条就是"外省灾患迭见，民生困苦"。9 月 12 日，莫理循在一封信里写道："中国长江流域各省的前景非常黯淡。……人民将会成千上万地死去，难民营里出现霍乱和斑疹伤寒。一位知名的中国人昨天对我说，前景从来没有这样糟糕，因为中国从来没有受到这样大的水灾和饥馑的威胁。"①待到四川保路运动起来之后，一些封建官僚更是惊恐万状，生怕在灾荒遍地的情况下，形成一发而不可收拾之势。——他们的话简直成了后来事态发展的颇为准确的预言。如御史陈善同在武昌起义前一个月上奏说："现在湘粤争路余波尚未大熄，而雨水为灾几近十省，盗匪成群，流亡遍野，若川省小有风鹤之警，恐由滇藏以至沿江沿海，必有起而应之者，其为患又岂止于路不能收而已。"②御史麦秩严在武昌起义前约半个月上折称："方今时事日棘，灾祲迭臻，岁饥民流，盗贼四起，中原大势岌岌可虞。"③

---

①　《清末民初政情内幕》(上)，第 752 页。
②　《辛亥革命》(四)，第 469 页。
③　《辛亥革命》(七)，第 269 页。

那么，封建统治者为之谈虎色变的辛亥年大水灾，具体情况究竟如何呢？

从长江上游往下数，首先是湖北，于 6、7 月间风狂雨骤，襄水陡涨二丈余，一下子将去年坍溃后费时近半年才新筑成的大堤冲决 130 余丈，"人皆措手不及，逃走溺毙者不可数计"①。附近州县"一片汪洋，数里不见烟火，灾民有生食野兽之肉者，有握泥果腹致毙者，有挖树皮草根以济急者，惨状令人不忍目睹"。武汉三镇濒临江湾住户，因被淹纷纷迁避。所有武昌临江的一些工厂，汉阳的兵工厂、铁厂、炮船厂，以及汉口的租界等，"一切低洼之所，均有其鱼之叹"，"水势浩大，茫茫无际，登高一望，四围皆成泽国"。湖南自春至夏，雨多晴少，夏末又暴雨连朝，造成湖江水势骤涨，水淹长沙、常德、岳州等府属地方，"灾区之广，为从来所未有"；受灾地区，"最低处水深丈余，较高处水亦六七尺不等"，不但禾稼"悉数付诸泽国"，而且或房倒屋塌，或人畜漂没，损失惨重。"当仓卒水至之时，居民或缘登屋顶，或升附树巅，四野呼号，惨难尽述。"湘鄂洪水暴涨，使"沿江之水陡长至一丈数尺之高"，江西浔阳、九江一带濒临长江，周围"淹没田禾甚多"；加之入夏后连日淫雨，南昌、鄱阳等地平地水深数尺，"街道上皆可乘船"，余干县境"水涨至二丈有奇"；抚州、瑞州等地，"低洼之田禾既被浸去十之五六，即高原处亦受损不少"。安徽因上年已是大祲之年，所以春荒即极其严重，仅宿州一地，春间即有灾民 27 万余口。入夏后，又"大雨时行，江潮暴发，皖省滨江沿河各属，灾情奇重"。"当涂等五州县，周围六七百里，皆成巨河，村镇倾圮，庐舍漂荡"。尤以长江之滨的无为州，

---

① 《大公报》，1911 年 6 月 30 日。也见《近代中国灾荒纪年》，第 792 页。文中有关灾荒情况之原始资料，均转引自该书，不再一一注明。

"灾尤惨酷,露饿待毙无算","上下九连各圩一片汪洋,高及树巅,村落庐舍全归巨浸"。皖南各州县"淹没田禾,十失其九";皖北涡、蒙、灵、宿等县,也被灾极重,往往数十里炊烟断绝。而且灾情持续甚久,直至 8 月底,还发生了一场暴风雨,使铜陵、庐州、宿松等 10余州县冲塌圩地不少,"约计淹田不下百七十余万亩"。位于长江末梢的江苏省,灾情与安徽不相上下,同样是一方面江湖涌涨,一方面暴雨不绝,使全省各地洪水泛滥。南京城内高处水深没胫,洼处过腹及胸,"行人绝迹,商店闭门停市,萧条景象,目不忍睹,间有小舟来往装运行人以达干土"。张廷骧《不远复斋见闻杂志》描画了一幅惨绝人寰的图景:"宣统三年春,江苏淮海及安徽凤颖等属,因屡被水灾,闾阎困苦,惨不忍闻。……自去秋至今,饥毙人数多时每日至五六千人;自秋徂春至二月底,江皖二十余州县灾民三百万人,已饿死者约七八十万人,奄奄待毙者约四五十万人。……饥民至饥不能忍之际,酿成吃人肉之惨剧……寻觅倒卧路旁将死未气绝之人,拉至土坑内,刮其臂腿臀肉,上架泥锅,窃棺板为柴,杂以砻糠,群聚大嚼,日以为常。"

从江苏往南,浙江的杭、嘉、湖、绍四府被淹成灾,"早禾既受摧残,晚苗又被淹没","家屋人畜,漂失无算";杭州城内"平地水深没踝"。福建也有部分地区发生"冲决堤岸,淤塞河道,坍塌房屋,淹毙人口"之事,尤其是省城福州,"城内外积水四五尺不等,衙署营房民舍,倒塌无数,并有压毙人口情事"。广东的灾区主要集中在潮州府属地方,那里因连降大雨,江流陡涨,"淹没田亩无算","淹毙人口不可胜数"。

从江苏往北,山东在春季即雨雪纷飞,经月不息。入夏后,又大雨成灾,济南及东西路各州县,均遭水淹;胶州、高密、即墨一带,"房屋尽倾,溺毙人畜无算";峄县"河水漫溢,以致沿河秋稼,尽数淹没。延袤数十里,远近数十庄,人民庐舍漂荡无存,一片汪洋,几如海中小岛,居民风餐露宿,困苦异常"。直隶则是先旱后涝,起初"雨泽愆期",后又"阴雨连绵,河水涨发,以致滨临各河洼地禾稼,均多被水";此外,还有一些地方有雹、虫灾害。奉天新民府等属亦罹大水,由于柳河洪峰突发,堤口溃决,河水冲灌新民府城,居民猝不及防,"顷刻人声鼎沸,屋巅树梢相继猱升呼号待救";"城乡周围四十余里全被水淹,计被淹地亩一万七千余亩,沉没官民房屋七千七百余间,商号存粮均被淹浸,粮价飞涨,人心惶惧"。吉林省在夏秋之际,不仅雨水过多,且兼遭雹灾。黑龙江省于6月末及9月间两次连续降雨,使嫩江、松花江、坤河等水势暴涨,各处泛滥成灾,"嫩江府、西布特哈、龙江府、大赉厅、肇州厅、甘井子、杜旗等处,沿江民房田禾均被淹没,为灾甚巨"。这一年,东北三省还发生鼠疫流行,死亡人数约五六万人。

不言而喻,这是一个任何从事历史活动的政治派别不能不认真对待的特殊而严峻的社会环境。

有记载说,武昌起义前夕,武汉的革命党人曾开会研究在四川保路运动蓬勃发展的情况下,应不应该立即举行武装起义。会上有"缓期"与"急进"两种主张,最终后一种主张被接受,其中很重要一条理由就是"近数年来,灾异迭见,民不聊生","天时"对革命显然有利。① 这说明了严重灾荒的存在,对革命党人的战略决策产生了何等重大的影响。

但是,人们也许会发现一个多少有点令人感到奇怪的现象:在各省"独立"或曰"光复"的过程中,几乎很少看到灾民、饥民直接参加运动的历史记录。其实,这并不难理解。这是同辛亥革命的下

---

① 参见佚名:《戈承元革命历史》,见《武昌起义档案资料选编》,中卷,第199页。

述特点相联系的:除了极少数地区,绝大多数省份,新旧政权的交替更迭并没有经过较长时期的两军对垒的武装冲突。也就是说,还没有来得及等到社会上大量存在的灾民、饥民涌入革命队伍,旧政权就已经纷纷垮台,辛亥革命表面上成功了。

　　但这决不意味着辛亥革命的迅速发展,同灾荒没有重大的关系。只要看一看武昌起义后封建统治者的一些议论,就可以清楚,革命所以能在如此短的时期里像燎原烈火燃遍全国,灾荒的普遍存在是一个十分强有力的因素。武昌起义六天之后,热河都统溥颋、山东巡抚孙宝琦、江苏巡抚程德全在一个奏疏中说:"窃自川乱未平,鄂难继作,将士携贰,官吏逃亡,鹤唳风声,警闻四播……而民之讹言,日甚一日,或谓某处兵变,或谓某处匪作,其故由于沿江枭盗本多,加之本年水灾,横连数省,失所之民,穷而思乱,止无可止,防不胜防,沸羹之势将成,曲突之谋已晚。"①次日,大学堂总监督刘廷琛也上奏说:"今年各省大水,饥民遍地,在在堪虞。革党踞长江之上游,托救民之义举,设使闻风响应,大局立有溃烂之忧。"②又过了三天,御史陈善同奏称:"本年雨水为灾,共十余省,而以湘鄂苏皖浙为最甚。各该处流亡遍野,抢掠时闻。……(革党)势必裹胁饥民,号召群凶,横决四出,为患方长。现虽被灾各处亦多妥筹赈恤,而涓滴之泉,沾润无几,乱源所伏,不可不先事防维。"③武昌起义半个月后,翰林院侍讲程械林在奏折中说:"重以天灾流行,处处饥馑,此即无所煽诱,固将群起为盗。况革党又为之倡乎! 不速作转计,鹿铤鱼烂,即在目前。"④这些奏疏,合乎实

---

① 　这个奏折实际上是由张謇起草的,见《辛亥革命》(四),第48页。
② 　《辛亥革命》(五),第418页。
③ 　《辛亥革命》(五),第438页。
④ 　《辛亥革命》(五),第461页。

际地反映了普遍的灾荒怎样为革命的发展提供了条件。

甚至,灾荒还影响到帝国主义对辛亥革命运动的态度。武昌起义后第六天,英国驻华公使朱尔典在给英国外交大臣格雷的电报中,表示了对清朝政府的失望,认为"清王朝所面临的前景是黯淡的。它在本国人民中间,很不得人心"。为了加强论据,他特别强调了当年遍及全国大多数省份的大水灾:"谷物歉收威胁到大半个帝国,扬子江流域到处充满了无家可归和嗷嗷待哺的人群。"①稍后,日本驻华盛顿代办在致美国国务卿的一个照会中,认为"清廷之无能,已无可讳言",很难"恢复威权";另一方面,"革党亦派别纷歧,显无真正领袖","加之本年洪水为灾,饥民溃兵,交相为乱。在此情况下,革党绝少维持占领区域治安之望"②。因此,主张对双方暂取观望态度,这显然是帝国主义在一段时期中采取"中立"姿态的依据之一。

革命派短暂掌握政权时期的灾荒对策

1912 年 1 月 1 日,中华民国临时政府成立,孙中山就任临时大总统。在一个十分短暂的时间里,革命派一度成为中央和一些省份的主要执政者。于是,情况发生了戏剧性的变化,本来为革命发展提供了机会和条件的严重灾荒,一下子成为摆在执政的革命党人面前的一个必须解决的紧迫问题。

由于新旧政治势力斗争的尖锐复杂,由于革命形势的捉摸不定,更由于反动势力的反扑,革命派掌握政权的时间瞬息即逝,革

---

① 《英国蓝皮书有关辛亥革命资料选译》,上册,第 37 页,北京:中华书局,1984 年。
② 《辛亥革命》(八),第 489 页。

命派几乎没有可能利用政权来施展他们的政治抱负。即使如此，也仍然可以从他们的一些举措中窥见其灾荒对策的大致轮廓。

1912年3月初，孙中山连续在几个有关赈济安徽、江苏灾荒的文件上做了批示。当时，安徽都督孙毓筠报告说：安徽灾情严重，要求临时政府拨款以救燃眉之急；财政总长陈锦涛也具呈称该省"灾情万急，如十日内无大宗赈款，恐灾民坐毙日以千数"。江北都督蒋雁行则连续急电，疾呼"现在清淮一带，饥民糜集，饿尸载道"，"当此野无青草之时，实有朝不保夕之势；睹死亡之枕藉，诚疾首而痛心"，并称："半月内无大宗赈款来浦接济，则饥民死者将过半。"孙中山一面令财政部在经费万分拮据的情况下"即行拨款救济"，一方面同意向四国银行团借款160万两，用于赈救皖灾，要求参议院"克日复议，以便施行"，并强调"事关民命，幸勿迟误"。孙中山此举与袁世凯的态度恰好形成鲜明的对比。当已经确定由袁世凯接任总统、孙中山即将下野的时候，皖督也给袁世凯发了一份要求赈灾的电报，袁接电后，给孙中山回电："此时外款尚未借定，京库支绌万分。当俟筹定，再行电闻。如尊处暂能设法，尚希卓裁办理。"①充分反映了这个老奸巨猾的官僚对于人民疾苦令人愤慨的冷漠。

在卸任临时大总统的前三天，孙中山专门发布了《命各省都督酌放急赈令》，指出："矧当连年水旱之余，益切满目疮痍之感。……本总统每一念及我同胞流离颠沛之惨象，未偿不为之疾首痛心寝食俱废也。兹者大局已定，抚慰宜先。为此电令贵都督等，从速设法劝办赈捐，仍一面酌筹的款，先放急赈，以济灾黎而谋

---

① 《近代史资料》，1961(1)，第328页。

善后。"①这个命令反映了资产阶级革命派与人民疾苦息息相关的高尚情操。

在临时政府时期,南京还出现过一个名为"救灾义勇军"的组织。这个组织以孙中山为"义勇军正长",陆军总长黄兴为"副长"。组织的缘起,是"江皖两省……连年水患频仍,偏灾时遇。迨至去秋,淫雨连绵,江湖暴发,箍江大岸,冲决无算。上自皖南各府,下逮镇扬苏常,袤延千余里,淹没百余处,汪洋一片,遍地哀鸿",为了动员军队参加"修筑千里长堤"工程,由军人自愿报名参加而成的。组织"救灾义勇军"的启事和章程,刊登在《南京临时政府公报》第40号,显然事先得到了孙中山的赞同和支持。

即使在戎马倥偬、局势动荡的情况下,有些掌握了地方军政大权的革命党人,也仍然采取积极的措施,从事兴修水利的工作。如江西都督李烈钧,就职后不久即召集各方人士"讨论治赣办法",其中决定的一条就是为了解决南昌、新建二县"每年必苦水患"的问题,在"辛亥光复,库帑动用一空"的情况下,想方设法"拨款四十万元修筑圩堤"。据称,"堤工数月而成,嗣后两县人民乃不为水灾所苦"②——这个说法也许不无溢美之处,但如果考虑到当时面临的复杂局面,那么,决定拨款筑堤就已值得称道了。又如担任"安、襄、郧、荆招讨使"的季雨霖,在行军途中见"沿河一带地方,汪洋浩瀚,纵横无际,田园村落,漂为泽国,颓檐破壁中,寂无人烟",便在占领荆州之后,兴筑沙洋堤工。据材料说,这段堤工关系到湖北的荆门、江陵、潜江、沔阳、监利五县人民的生命财产,清政府曾"耗款

① 《孙中山全集》,第2卷,第289页。
② 《李烈钧自传》,见《辛亥革命》(六),第393页。

百万,讫无成功。受害各处,田庐尽没,饥民遍野,老幼委填,盗贼充斥"①。季雨霖等一面向沙市、沙洋两地商会借银 20 万两,一面向湖北军政府申请拨款 8 万两,另外还发行"堤工公债"20 万元,通过以工代赈的办法,招募民夫,动工兴筑,被称为"民国第一次大工程"。虽然对季雨霖的一些作为,有不同的评价,但即使对他稍有微词的人,也不抹杀他在这件事情上的功劳。此外,根据灾民周耀汉等的呈请而修筑的樊口堤工,修成后改善了武昌、黄冈等六县的抗灾条件,改变了这一带过去"无岁不水,无水不灾,无灾不重"的悲惨状况,也是值得一提的。

正像在其他问题上不免存在着这样那样的失误一样,资产阶级革命派在灾荒问题上,也并非一切处置都是完美无缺的。他们的最大一个失误,是似乎已经忘记了革命前对清政府把无衣无食的饥民"目之为乱民,为匪徒"的抨击,有些地方对灾民采取了戒备和防范的态度,有时竟视之为建立正常秩序的一种障碍。武昌起义后,以"中华民国军政府"名义发布的一个《通告城镇乡自治职员电》中说:"唯念东南各省,迭遭水旱之灾。吾同胞流离颠沛,犹未能自复其生机。若义旗一举,则饥寒无告之民,必有乘机窃发,一施其抢劫之技者。而本军政府当军事旁午之际,势不能并谋兼顾,为吾乡僻同胞尽完全保护之责。"因此,他们要求"各城镇乡自治团体,速筹自保之计,赶办团练,守卫乡里"②。类似的文告在其他省份也有出现。很显然,其矛头所向,是针对"流离颠沛"的"饥寒无告之民"的。在这样一种思想指导下,无怪乎有些地方会发生由革命党人掌握的新政权的武装去镇压饥民"闹事"的事件了。如江苏

① 高仲和:《北征纪略》,见《武昌起义档案资料选编》,上卷,第 154 页。
② 《辛亥革命》(五),第 140 页。

无锡,军政分府都督秦毓鎏曾两次派军队镇压"民变"。一次是由于常熟王庄的富室须氏,不顾"岁歉",硬要逼租,佃农们在孙二的率领下,"聚毁其家",并"竖旗"起事;另一次是本县新安乡的"巨室张氏",平时收租就很苛刻,"民怨已久",恰逢这一年"岁已歉,张氏犹不肯少贷,索益急",甚至把还不起租的佃户"锢诸室,鞭诸",引起群众激愤,数百人不期而集,"哄闹张氏家",将其室付之一炬。秦毓鎏派出军队,在前一事件中抓走 20 余人,后一事件中竟枪杀37 名群众(包括一名妇女),终于引起了人们的"诟厉"与不满。出现这一类政治性的错误,不能不说是同资产阶级革命派只是同情群众,却并不懂得组织群众与依靠群众的根本弱点有着本质的联系。

晚清诗歌中的灾荒描写①

　　文学艺术是社会生活的一面镜子。在各种文艺形式中,诗歌反映社会面貌往往更加直接,更加清晰。在清朝晚期,不少诗人把自然灾害作为自己创作的重要主题,从各个方面生动形象地刻画出了那个时代水旱失时、灾荒频仍、哀鸿遍野、饿殍塞途的社会真实。

一

　　晚清时期,由于殖民主义、帝国主义的侵略蹂躏,封建统治的野蛮黑暗,政治腐败,经济凋敝,阶级矛盾复杂尖锐,社会秩序动荡混乱。这一切,无不极大地削弱了本来就极其脆弱的防灾抗灾能力。于是,灾荒的频繁、灾区的广袤、灾情的严重,就成为这一时期社会生活的一个突出现象。

　　在各类自然灾害中,水灾是带给人们苦难最深重、对社会经济破坏最巨大的一种。下面几首诗,对洪水肆虐的情形进行了细致的描绘:

_____

① 该文原载《清史研究》,1992年第4期。

一雨四十日,低田行大舟。饿犬屋上吠,巨鱼床下游。张网捕鱼食鱼肉,瓮中无米煮薄粥。天寒日短风萧萧,前村寡妇携儿哭。(沈汝瑾:《老农述灾象作》)

三载野无禾,嗟哉《瓠子歌》。荒墟惟识树,官道乱成河。马向田中渡,车悬艇上过。居人翻习水,愁绝是催科。(鲍瑞骏:《禹城道中》)

田野夫如何,水至荡为薮。浪头一丈高,漂没大堤柳。十室仅有存,多半向城走。汩汩鸣渐中,榖觫对鸡狗。画船尔何人?看水到村口。坐赏天上雨,满引杯中酒。(贝春乔:《雨中作》)

水连床,床连屋,大儿小儿尽匍匐。床前淅米床上炊,那有干薪一两束?黑夜沉沉儿堕水,大叫妻号救儿起,不闻儿啼儿已死!邻家有小船,儿女安稳眠。我家无船屋里住,水来更向何处去?不如拆屋取屋材,粗柰细桷并一堆。两头用绳缚做筏,漂东漂西波汩汩,未定一家谁死活?(曹楙坚:《拆屋行》)

……今年楚雨多,东下三千里。邗江入海处,处处堤岸毁。汪洋成巨浸,地水本相比。兼之潮汐盛,浩瀚不可止。屋庐与坟墓,在在水中沚。舟行不见岸,惟见树梢耳。林鸟远栖塔,海鱼近入市。泽洞疑洪荒,人民可知矣。胥徒亟四出,恤之钱及米。江船夹双橹,渡人若渡蚁。贫家葬近岸,岸圮坟亦圮。上下随波流,槥椟相累累。捐金为瘗埋,积棺若积几。子孙悉流亡,悲啼杂人鬼。老人八九旬,自言未见此。哀鸿遍中泽,耳目忍闻视……(陈文述:《江北大水叹》)

长风吹积阴,荒草蔓新堤。堤旁倚破屋,有妇掩面啼。借问何所悲？欲语神惨凄："沔阳膏腴地，自昔形势卑，频年水为患，不得把锄犁。食贫妾有夫，力耕三岁饥，家具既尽卖，天寒无菁黎。昨欲卖儿女，言发心魂痴。怀中七岁女，忍痛离母帏。女在儿难全，安能两相依？但得暂存活，犹胜死别离。"嗟此饿殍骨，何处埋沙泥？（毛国翰：《新堤妇》）

这些诗作，既有对洪波巨浸汹涌澎湃的自然描写，又有对被灾人民或葬身鱼腹或颠沛流离或卖儿鬻女的创巨痛深与少数富贵人家灾中赏雨这样尖锐对比的社会众生相的生动写真。就艺术性而言，固然不见得是可以传诵千古的佳品，但就其现实主义的思想内容来说，应该说是上乘之作。

"华夏水患，黄河为大。"在晚清历史上，黄河平均两年即漫决一次，有时甚至一年数决。一旦黄河决口，沿河人民不是惨遭灭顶，就是流离失所。请看林寿春《饥民》一诗：

昨从邗江来，饥民遍徐州。咸云黄河泄，田园荡洪流。骨肉饱鱼鳖，尸骸渺难收。死者诚已矣，生者将安投。忍饥已三日，一饭不可谋。呻吟卧草间，行与鬼卒俦。谁能庇大厦，俾无冻馁忧。

徐兆英的《车行杂咏》则写得更加淋漓尽致：

去秋黄河决，数县成汪洋，丰堤工未合，满目皆疮痍：男妇多菜色，忍饥死道旁，骷髅乱犬啮，见之酸肺肠。新邳逢父老，招与谈沧桑，佥言去年水，更甚前年荒。老弱相枕藉，少壮逃四方。询知齐鲁地，连年遍哀鸿，贫家鬻小儿，只值三百铜。

所以怀春女,多入烟花中,昔为良家女,今学娼妇容。

淮河也是一条曾带给人们无穷灾难的河流。"大雨大灾,小雨小灾,无雨旱灾",是旧中国对淮河流域灾荒状况的确切概括。潘际云的《淮河叹》中有如下的句子:

> 淮河四月风怒号,卷起白浪翻塘坳。老蛟喷沫天吴骄,一堤如线居民逃。夜半黑云压城壕,翻空白雨尤萧骚。石岸迸裂流滔滔,河流漫溢十丈高。……哭声殷天民居漂,峨峨高塔浸及腰,老树露顶同蓬蒿,何况草舍依荒郊。流民荡析容颜憔,携妻抱子泥没骹。提筐乞食发垂髫,夜半古庙悬箄瓢,见客流涕声嗷嗷。为言频岁凶荒遭,去年首夏腾江潮。淼淼千里成银涛,欲避无楫居无巢,中田徒种黍与苗。今年更值狂澜涥,转徙不复知昏朝,卖得子女供餔糟……

相比之下,长江造成的水患要比黄、淮流域小得多,但从鸦片战争到五四运动的 80 年间,也曾发生 30 余次漫决,灾区较多集中在湖北一带。道光二十三年(1843 年)贵州遵义举人郑珍北上应廷试,途经湖北公安县,惊奇地发现满目荒凉,人烟稀少,他回想起 17 年前经过此地时,"公安南北二百里,平地若席人烟稠。红菱双冠稻两熟,枣赤梨甘随事足"。他找到一位老人,打听这前后判若天壤的急剧变化的原因,老人"太息言从辛卯(按:道光十一年,1831 年)来,长江无年不为灾。前潦未收后已溢,天意不许人力回。君不见壬寅(按:道光二十一年,1841 年)松滋决七口,间殚为江大波吼。北风三日更不休,十室登船九翻覆。老夫无船上木末(木末,指树梢。——引者注),稚子衰妻复何有! 可怜四日饥眼黑,幸有来舟能活得。他方难去守坏基,田土虽多欠人力。无牛代耕还自锄,无钱买种多植蔬。今春宿麦固云好,未省收前堤决无!纵得丰成利能几,官吏又索连年租。租去老夫复不饱,坐看此地成荒芜"(《江边老叟诗》)。这位老人,不但道出了连年天灾对人民生活和社会经济的巨大打击,也接触到了黑暗的封建统治造成的人祸怎样进一步加深了天灾。

就发生的频率来讲,旱灾较水灾为小,但一旦因长期亢旱而形成灾荒,则往往出现"赤地千里""树皮草根之可食者,莫不饭茹殆尽",不得不"研石成粉,和土为丸",吞观音土以苟延残喘的景象,甚至演出"易子而食,析骸以爨"的人间惨剧。从下面两首诗,可以看到旱魃对人们构成了怎样的威胁:

　　大云峨峨似山蠹,嗟哉阳九逢百六。石焦金烁土龟坼,野火翻飞上茅屋。榆皮已尽草根枯,十丈溪河变成陆。晨起愁看日影红,晚来几见炊烟绿。去年米贱等糠秕,今日糠秕贵如谷。君不见千钱一斗万钱斛,富儿色喜贫儿哭!(赵元绍:《米贵谣》)

　　仲夏多雨秋多晴,商羊舞罢朱鸟明。天公欲以威克爱,驱下旱魃恣凭陵。绝无微云触石起,高张大伞空中行。草木槁死何足惜,可怜憔悴禾数茎。农人望雨如望岁,桔槔终夜无时停。大地为炉日为炭,忍看万物同煎烹。……(柳树芳:《苦旱行》)

此外,如"大风拔木海水高,人畜入水鱼鳖骄,空中似有神鬼号"(沈汝瑾:《风灾行》)的对于风灾的描写,"蝗飞蔽天日,衔尾群相接,千头万头如雨集"(高望曾:《蝗灾行》)的对于蝗灾的描写等

等,都使我们对于晚清灾荒状况,得到更加清晰、形象、具体的
了解。

二

前面引用的这些诗句中,已经涉及灾荒发生后人民遭受的种
种深重而巨大的苦难。但诗人们在另外一些作品里,有着对于灾
民们水深火热的痛苦生活更为集中的撕心裂肺的呼喊与诉说。

黄燮清在《灾民叹》中谈到了大灾之年人命怎样贱如蝼蚁的
情况:

> 阿弟犹襁褓,阿兄四五龄。阿弟饥已死,阿兄匍匐行。狗
> 来食弟肉,还复视阿兄。明知与鬼伍,见惯亦不惊。哀尔固人
> 子,生死两伶俜。饥寒父母弃,躯命蝼蚁轻。吁嗟纨绮儿,梨
> 枣方纷争!

鲁一同的《荒年谣》中,有一首题为《卖耕牛》的,说的是因为灾
荒,有人不得不把主要生产资料耕牛卖掉,有一位方巾气十足的老
者,大发人不该吃牛肉的迂论,引起的反响却颇为不妙:“戒人食牛
人怒嗔:不见前村人食人!”这个故事实在颇有点“黑色幽默”的味
道,在“人食人”的悲惨现实面前,“戒人食牛”这个本来积极的议论
却显得那样地不近人情了。同一作者在另一首题为《拾遗骸》的诗
中,则是把灾年的悲惨景象赤裸裸地展览给人看了:

> 拾遗骸,遗骸满路旁。犬饕鸟啄皮肉碎,血染草赤天雨
> 霜。北风吹走僵尸僵,欲行不行丑且尪。今日残魂身上布,明

日谁家衣上絮？行人见惯去不顾，髑髅生齿横当路。

既然自己的生命尚且朝不保夕，随时都可能不胜冻馁而倒毙路旁，卖儿鬻女也必定成为司空见惯的现象，这与其说是做父母的无情，例不如说是在万般无奈中对于后代存着一线生的希望。——这至少比将子女忍心抛弃于山野丘壑之间要聊胜一筹吧！请看汤国泰的以下两首诗作：

去冬卖儿有人要，今春卖儿空绝叫。儿无人要弃路旁，哭无长声闻者伤。朝见嗁饥儿猬缩，暮见横尸饥乌啄。食儿肉，饱乌腹，他人见之犹惨目。呜呼！儿弃安能已独活，枉抛一脔心头血。嗟哉儿父何其忍？思亲儿在黄泉等。（《路旁儿》）

道旁妇，苦又苦，鹄面鸠形衣褴褛。饥寒儿女泣呱呱，霜雪风中频索乳。腆颜欲作富家奴，主不兼容絮儿女。思卖儿女活己命，肉剜心头难操刀。自甘同死怕生离，搔首空把青天问。（《道旁妇》）

侥幸暂时逃避了骨肉生死离别厄运的人们，也仍然过着衣不蔽体、食不果腹的非人生活，只是在死亡线上挣扎着苟延残喘而已。论住，他们或露宿田野，或藏身山洞；论食，他们或挖草根树皮，或靠"观音土"填塞肚子，甚至以死人肉充饥：

凶年卖屋不论间，拆墙卖柱斤一钱。贫家无屋住山洞，吞声忍饥兼忍冻。生剥儿衣市头卖，买啖树皮安得菜？御寒但盼东日红，连宵积阴号朔风。儿嘶无声战两腿，死抱娘怀作寒鬼。（边渝慈：《冻婴叹》）

采采山上榆，榆皮剥已尽。采采草门茅，茅根不堪吮。千钱二斗粟，百钱二斗糠，卖衣买糠食儿女，卖牛买粟供耶娘。无牛何以耕，无衣何以燠？休问何以耕，休问何以燠，未必秋冬时，一家犹在屋。

未死不忍杀，已死不必覆。出我囊中刀，剖彼身上肉。瓦烧枯苗，煎煎半生熟。羸瘠无脂膏，和以山溪蕨。生者如可救，死者亦甘服。此即妻与孥，一嚼一号哭，哭者声未收，满体乍寒缩。少刻气亦绝，又填他人腹。（焦循：《荒年杂诗》选二首）

在这样的情形下，留给灾民的最后一条出路，就是背井离乡，外出逃荒。当时，把这种逃荒者称作"流民"。一次大的水旱灾荒，往往要产生数万、数十万甚至数百万的流民。流民们到处游荡，居无定所，食无定时，过着半饥半饱、不生不死的日子。晚清著名学者俞樾有《流民谣》云：

不生不死流民来，流民既来何时回？欲归不可田污莱，欲留不得官吏催。今日州，明日府，千风万雨，不借一庑。生者前引，死者臭腐。吁嗟乎！流民何处是乐土。

这里提到"欲留不得官吏催"，是什么意思呢？原来，清朝政府害怕大量流民的存在会威胁到原本就动荡不定的社会秩序，不从根本上组织抗灾救灾，以减少流民的产生，却硬性规定不准外地流民入境。凡入境者即以强制手段驱逐遣返。边瀹慈在《济源民》一诗的说明中说："济源县受灾最先，亦最重。往往一乡之人结队同逃，求官给牒就食他省。至直隶界，不纳，出牒示之，遂以其牒达之总督,还咨豫抚。济源令以此撤任。于是逃民所至,仍饬州县递回原籍。"好心的济源令为了给流民出具一纸证明,竟丢掉了乌纱帽,一般的官员自然谁也不会去冒这样的风险。蒋兰畲《山村》一诗云:

> 荒村日暮少行人,烟火寥寥白屋贫。小队官兵骑马过,黄昏风雪捉流民。

贝青乔的《流民船》则称:

> 江北荒,江南扰。流民来,居民恼。前者担,后者提,老者哭,少者啼。爷娘兄弟子女妻,填街塞巷号寒饥。饥肠辘辘鸣,鸣急无停声。昨日丹阳路,今日金阊城。城中煌煌宪谕出,禁止流民不许入。

在当时社会条件下,一旦遭灾,老百姓留在灾区既无以为生,远离他乡又无路可走,剩下的真只有死路一条了。

三

灾荒不仅是一种自然现象,同时也是一种社会现象。既然如此,它当然也就不能不与政治有着密切的关系。晚清诗歌中,有不少篇章触及了这个重要而敏感的问题。

道光二十三年(1843 年)夏,黄河于中牟县下汛九堡漫口,开始时河堤冲决百余丈,后塌宽 360 余丈。这已是黄河连续第三年大决口了。滔滔浊浪,一泻千里,河南全省的 16 个州县"地亩被淹"。河决后,朝廷虽专派礼部尚书麟魁、工部尚书廖鸿荃"督办河工",但工程进展缓慢,第二年整整一年,"黄流未复故道",被淹田地未能涸复。河南、安徽、江苏"三省灾黎,流离失所",不计其数。直至道光二十四年年底(1845 年年初),中牟决口始行合龙。这次大灾难的发生,很大程度上与以河道总督慧成为首的一帮管理黄河的官吏玩忽职守、贪渎搜刮有关。事件发生后,清政府也不得不以"糜帑殃民"的罪名将慧成"革任",并"枷号河干,以示惩儆",河督一职由原库伦办事大臣钟祥接替。何杠《河决中牟纪事》对此有这样的揭露:

> 黑云压堤蒙马头,河声惨捷云中流。淫霖滂沛风飔飔,蛟螭跋扈鼋鼍愁。陨竹捷石数不售,公帑早入私囊收。白眼视河无一筹,飞书惊倒监河侯。一日夜驰四百里,车中雨渍衣如洗。暮望中牟路无几,霹雳一声河见底,生灵百万其鱼矣,河上官僚笑相视。鲜车怒马迎新使,六百万金大工起。

咸丰元年八月(1851 年 9 月),黄河又在江苏丰县北岸决口,口门塌宽 180 余丈,"淹没生民千万"。这次决口的主要原因,是河工大员吝惜一些工料费而随意改变合龙旧制。对此,夏实晋在《避水词》中悲愤地写道:

> 御黄不闭惜工材,骤值狂飙降此灾。省却金钱四百万,忍教民命换将来!

其实,岂但黄河如此,在那个时候,有几个地方官肯为民谋福,去实力兴修水利? 无怪乎诗人要发出这样的慨叹:"吾思备旱之策先导水,疏通沟洫江湖平。白渠溉田决为雨,苏堤卫水湖澄清。纵有灾沴不为害,天定每以人力争。平时不讲临事晚,嗟此水利何由兴!"(柳树芳:《苦旱行》)

灾害发生之后,地方大吏们在勘灾过程中,就要开了弄虚作假的手段,或"以丰为歉",捏报灾情,或"以歉为丰",匿灾不报。虚报是为了贪污,匿灾是为了邀功,不论哪一种情形,都是以官吏追名逐利为根本出发点,而置老百姓的死活于不顾。宣统元年(1909年),甘肃自前年开始连续 995 日亢旱无雨,出现特大旱灾,"不独无粮,且更无水,竟有人食人之慨,穷民纷纷逃荒"。但陕甘总督升允粉饰太平,既不积极筹赈,还向朝廷讳饰灾情,结果自然更增加了人民的苦难。南社著名诗人高旭特作《甘肃大旱灾感赋》,内称:

> 天既灾于前,官复厄于后。贪官与污吏,天地而蔑有。歌舞太平年,粉饰相沿久。匿灾梗不报,谬冀功不朽。一人果肥矣,其奈万家瘦!官心狠豺狼,民命贱鸡狗。屠之复戮之,逆来须顺受。况当赈灾日,更复上下手。中饱贮私囊,居功辞其咎。甲则累累印,乙则若若绶。回看饿殍余,百不存八九。彼独何肺肝,亦曾一念否?

这首诗,对于封建政治中所谓"荒政"的黑幕,揭露得可说是一针见血、淋漓尽致的了。

当然,封建统治者表面文章是总要做一做的。每当灾年,朝廷一般要根据灾情轻重,对一些地区的田赋宣布实行"蠲免",有关"蠲免"的谕旨还要"刊刻誊黄",广为张贴。但宣布归宣布,实际上地方官吏往往照样对老百姓敲骨吸髓,催租追粮。这方面的情形,在诗歌中有许多反映。下面只略举一二：

> 饥户一箪粥，蠲户百石谷。朝闻饥户啼，暮闻蠲户哭。城中派蠲何扰扰，城外发赈何草草？堂皇坐者顾而嘻，尽瘁民依心可表。心可表，情弗矜，蠲户含咽卖田产，饥户糜骨填沟塍。明年荒政叙劳绩，拜章入奏官高升。（贝青乔：《蠲赈谣》）

> 水灾仍重赋，最苦是低田。有麦无禾地，椎心泣血钱。闾阎资易竭，官吏壑难填。减免堂堂谕，誊黄贴署前。（沈汝瑾：《重赋》）

> 去年三辅岁不熟，夏苦焦原秋泽国。黍稷粳稻俱不收，剜肉补疮种荞麦。挑挖野蒿掘莱菔，和土连根煮苜蓿。富者犹闻饼屑糠，穷人那有榆煎粥。窖藏岂无升斗谷？留与高年作旨蓄。苍黄夜半贼马来，十舍逃亡九空屋，贼去人还家，空仓啼老鸦。土堆粪壤括遗粒，拾起秕稗淘泥沙。全家特此以为生，哀哉又遇打粮兵。（尹耕云：《打粮兵》）

除了"蠲免"外，对于重灾地区，有时封建王朝还拿出一些钱米，进行"赈济"。但赈灾中的弊端，更是黑幕重重。且不说别的，要列入饥民册，首先就得向胥吏交钱，否则，连作为救济对象的资格都没有。下面一首类似民谣的诗歌有十分生动的记述：

> 戚戚复戚戚，总甲来造册。囊空无一文，何以谢总甲？上复总甲爷：除我饥口名，今冬何以活残生？上复总甲爷：入我饥口名！惶恐不敢高作声，上复总甲爷：怜我无钱，容我长跪。总甲爷爷，大怒而起。（胡承谱：《总甲爷》）

至于贪污赈款，侵吞赈银，大发灾荒财，上下其手，搞什么"吃灾""卖灾""勒折"之类的名堂，就更加说不胜说了。

在一些城市或集镇里，封建政府为了装点门面，常常举办粥场（也叫粥厂），向流浪到城镇的灾民施粥，算作是一种"善举"。但据历史资料记载，灾民们要靠这类粥厂维持生命，是难乎其难的。我们经常可以看到，在粥厂前面，倒毙着许多冻馁而亡的尸体。下面这首诗，对粥厂的情况做了真实然而是令人毛骨悚然的描绘：

> 赈饥民，官煮粥。半杓石灰一杓粥，熬作泥浆果人腹。北风森寒肌起粟，胥吏重裘饱酒肉。长官排衙开册读，两边唱筹依次续。弱者趑趄遭詈辱，强者提筐往而复。路旁老翁形瑟缩，鼻观闻香遥注目，饥焰中烧直前掬，官怒擒前命鞭扑，老翁仆地吞声哭。昨朝里正点村屋，老翁无钱名不录，今晨横被官刑酷，忍饥归医杖疮毒。呜呼！此是赈饥民，煮官粥。（王嘉福：《粥厂谣》）

我想，说这样的生活无异于人间地狱，大概是不能算过分的。但我们的先辈，确实是在这种历史真实中生活过来的。我们不能忘却我们的民族曾经经历过的这些苦难，目的是再也不让这种民族苦难重现。

晚清义赈的兴起与发展①

有清一代,政府对于灾荒的赈济,形成了一套颇为严密的制度。虽然由于封建政治的日趋腐败,有关"荒政"的一些规定渐成具文,甚至存在着种种黑幕和弊端,但无论如何,这种由朝廷和各级政府主持的"官赈",在很长时期内,毕竟是灾荒救济的主要的和基本的形式。直到光绪初年,随着社会政治生活和经济生活的新的变化,才开始兴起了一种"民捐民办",即由民间自行组织劝赈、自行募集经费,并自行向灾民直接散发救灾物资的"义赈"活动。这在中国救荒史上,无疑是一个值得加以认真研究的问题。

一

义赈兴起的经过,积极参与其事的经元善写过这样两段文字说明:

"自丙子、丁丑,李秋亭太守创办沭阳、青州义赈以来,遂开千古未有之风气,迄今十余载矣。……戊寅,晋豫巨灾,苏扬沪设立

---

① 该文原载《清史研究》,1993 年第 3 期。

协赈公所,筹募义捐甚旺。"①

"从前未有义赈,初闻海沭青州饥,赠阁学秋亭李君,集江浙殷富资往赈。光绪三、四年间,豫晋大祲。时元善在沪仁元庄,丁丑冬,与友人李玉书见日报刊登豫灾,赤地千里,人相食,不觉相对凄然。"经过一段时间的酝酿,"遂拟募启,立捐册,先向本庄诸友集千金",又纠合了一些志同道合者,并募得了更多的资金,大家"公举元善总司后路赈务"。元善"因思赈务贵心精力果,方能诚开金石。喻义喻利,二者不可兼得,毅然将先业仁元庄收歇,专设公所壹志筹赈。……沪之有协赈公所,自此始也"②。

这两段话讲的是同一个历史过程,中间包含着前后两件事情:丙子(1876年,光绪二年)至丁丑(1877年,光绪三年)间,江苏沭阳和山东青州发生较重灾荒,李秋亭首倡义赈;丁丑至戊寅(1878年,光绪四年)间,山西、河南等地大旱奇荒,经元善等人成立了沪上协赈公所,使义赈在更大规模上开展起来。

上面提到的李秋亭,名金镛,江苏无锡人。《清史稿》本传称他"少为贾,以试用同知投效淮军。光绪二年,淮、徐灾,与浙人胡光墉集十余万金往赈,为义赈之始"③。《清史列传》也记:"光绪二年,淮安、徐州饥,金镛首倡义举,与浙绅胡光墉等筹十余万金,前往灾区散放,并绘图遍告同志,所济者博。嗣后如山东之青州、武定两属十余州县,直隶之天津、河间、冀州三属二十余州县,水旱各灾,金镛均亲莅查放,用款至五六十万金。"④《清朝碑传全集》补编也收有他的传略,其中称:"(光绪二年)淮、徐、河、沭大饥,官赈勿

---

① 《筹赈通论》,见《经元善集》,第119页,武汉:华中师范大学出版社,1988年。
② 《沪上协赈公所溯源记》,见《经元善集》,第326页。
③ 《清史稿》,卷451,《李金镛传》。
④ 《清史列传》,卷77,《李金镛传》。

给,而民气刚劲,饥则掠人食,旅行者往往失踪,相戒裹足。金镛独慨然往抚视,至则图饥民流离状,驰书江浙闽粤募义赈,全活无算。"①

这些材料,虽然角度和详略均有所不同,但基本内容都是一致的,都可以作为经元善所说的佐证。

与上述说法稍有差异的,是盛宣怀在 1916 年 1 月 20 日《致内务部农商部公函》中的一段话:"查前清光绪二、四年,山西、直隶等省有旱灾,赤地千里。上海仁济善堂董事施善昌等,慨然以救济为己任,筹款选人,分头出发,是为开办义赈之始。"②

盛宣怀此处所说的,实际上是指经元善讲到的第二件事,即因丁丑、戊寅大旱而成立上海协赈公所之事。其中提到的施善昌,确系协赈公所的重要成员,而且后来一直是各种义赈活动的积极参与者。

根据这些材料,"开千古未有之风气"的义赈,最初是怎么搞起来的,应该说已经有了一个大致的眉目。

前面材料中所说的"光绪三、四年间,豫晋大祲",或"丁丑、戊寅,晋豫巨灾",指的就是历史上著名的"丁戊奇荒"。这是中国近代社会最为严重的一次大面积旱灾。这次大旱灾,以山西、河南为中心,旁及直隶、陕西、甘肃全省及山东、江苏、安徽、四川之部分地区,灾区之广,灾情之重,实在是罕见的,有人说是清朝"二百三十余年来未见之惨凄,未闻之悲痛"。当时任山西巡抚的曾国荃在谈及晋省灾情时说:"赤地千有余里,饥民至五六百万之多,大祲奇灾,古所未见。"《申报》报道河南的情况则称:"一入归德府界,即见

---

① 《清朝碑传全集》补编,卷 19,《李金镛传》。
② 《盛宣怀未刊信稿》,第 257 页。

流民络绎,或哀泣于道途,或僵卧于风雪,极目荒凉,不堪言状。及抵汴城,讯问各处情形,据述本年豫省歉收者五十余州县,全荒者二十八州县。……非特树皮草根剥掘殆尽,甚至新死之人,饥民亦争相残食。而灵宝一带,饿殍遍地,以致车不能行。如此奇灾,实所罕有。"①小林一美先生在《清朝末期的战乱》一书中,曾引用了在这次大旱灾中山西、河南重灾区死亡人数的资料,并列出如下简表②:

山西省灾情严重地区的死者数

地区	灾前人口	死者	生者	死亡率
太原府	100 万	95 万	5 万	95%
洪洞	25 万	15 万	10 万	60%
平陆	14.5 万	11 万	3.5 万	75.86%

河南省灾情严重地区的死者数

地区	灾害以前	1877 年	1878 年	死亡率
灵宝	15 万～16 万		9 万	37.5%～40%
荥阳	13 万～14 万		6 万	53.8%～57%
新安	15 万	10 万	6 万	60%

我们极为简略地介绍光绪三、四年的华北大旱灾的情景,目的是帮助了解义赈是在一种什么样的社会背景下兴起的。当然,我们在下面将会谈到,严重的灾荒并非义赈得以在这个时候迅速兴起的主要的或者根本的原因,真正的原因还要从另外方面去寻找。

---

① 详见李文海等:《近代中国灾荒纪年》,第 349—386 页;《灾荒与饥馑》,第四章第二节。本处所引材料均见该二书。

② 小林一美:《清朝末期的战乱》,日本新人物往来社,第 247 页,1992 年。

上海协赈公所自 1878 年 5 月创办,至 1881 年 4 月基本结束,前后三年时间中,开始因为河南灾情特重,故专办豫赈;后来了解到陕西"境连晋豫,田尽歉收","一望千里已罄草根,野无炊烟,人皆菜色,奄奄垂毙,残喘难延,处处成灾,谋生无计,朝不保夕,闻之伤心",乃"议定兼办秦赈"①。不久以后,协赈公所又将赈济范围扩大到直豫秦晋四省。特别是在接到山西地方官吏提出要求"协助晋赈"的呼吁后,考虑到"晋灾独久且酷",又在《申报》发表《急筹晋赈》的启事,专门筹集解晋赈款。一时,上海协赈公所成为赈济光绪初年华北大旱灾的重要机构和社会力量。在上海协赈公所的倡导和影响下,各地纷纷兴办起类似的组织机构来。仅据《上海详报晋赈捐数并经募善士禀》中开列的各地以"协赈公所"为名的义赈机构即有:澳门协赈公所、台南协赈公所、台北协赈公所、绍兴协赈公所、安徽协赈公所、汉口协赈公所、烟台协赈公所、湖北协赈公所、宁波协赈公所、牛庄协赈公所等。② 各地的协赈公所都与上海协赈公所保持着密切的联系,后者俨然成为义赈活动的中心。

1883 年(光绪九年),山东继上年黄河在境内多次决口之后,本年又于春夏间直至霜降后连续漫决,卫河等地也水势盛涨,漫溢出槽,造成全省性的大水灾。时任山西巡抚的张之洞奏称:"山东河决为灾,经年未塞,本年夏间复决数口,泛滥数百里,灾民数十万流离。"山东巡抚陈士杰也上折称:"核计历城、齐东、章丘、齐河、济阳、长清、邹平、惠民、滨州、沾化、商河、利津、乐安、临邑等十四州县大小灾黎共折实大口七十五万五百余名。""山东灾民就食省垣者十余万口,或在山冈搭棚栖止,或露宿附近关厢,归耕无期,日日

---

① 《申报》,1878 年 3 月 22 日。

② 参见《申报》,1881 年 6 月 8 日。

待哺。"①为了赈济鲁灾,原上海协赈公所的一些负责人,联络扬镇筹赈公所、(苏州)桃坞筹赈公所等,成立了山东赈捐公所,以上海陈家木桥的金州矿务局作为办事地点,并推定盛宣怀、郑观应、经元善、谢家福等为经理人。后来,因为这一年直隶先旱后涝,"京畿一带地方,被灾甚重,小民荡析离居,情形困苦",江浙一带也有风潮灾害②,所以又将山东赈捐公所改为顺直山东沙洲赈捐公所。这个公所至次年夏间停撤。

1887年(光绪十三年)9月间,黄河在河南郑州决口,郑州以下黄河正河断流,漫口之水淹及豫、皖、苏三省,成为牵动朝野视听之重大事件。与此同时,沁河也在武陟县境漫决,河南遭灾地区广达79厅、州、县。③ 由盛宣怀提议,联合谢家福、经元善、陈煦元、施善昌、葛绳孝、李朝觐、王松森等人,在上海陈家木桥的电报总局内成立了"豫赈办事处",专办豫赈。稍后,因安徽灾情亦颇重,故兼办皖赈,将"豫赈办事处"改名为"豫皖赈捐处"。次年冬,又兼办扬州、镇江义赈,改称"豫皖扬镇协赈处"。这个义赈机构一直活动到1889年(光绪十五年)初始告结束。

同年夏,因山东春荒严重,黄河又在章丘、历城、齐河境内决口,齐鲁大地一片汪洋。为办理山东义赈,谢家福、经元善、施善昌、陈煦元、王松森、陈德薰、杨廷杲等人,又在上海文报局内设立"协赈公所"。秋间,浙江及江苏南部地区又发生大面积水灾,于是,在是年冬天,"协赈公所"又先后增设"浙赈收解处"和"苏赈收解处",兼办浙江和苏南义赈。1890年(光绪十六年)夏,顺天府及

---

① 《近代中国灾荒纪年》,第445—448页。
② 《近代中国灾荒纪年》,第448—453页。
③ 《近代中国灾荒纪年》,第498页。

直隶地区淫雨连绵，永定、大清、子牙、潴龙等河及南、北运河纷纷漫决，"上下千数百里一片汪洋"，"庐舍民田尽成泽国，灾深民困，为数十年来所未有"①。于是，又在文报局内设立"顺直赈捐收解处"，兼办顺天、直隶义赈。直至次年夏间，"顺直赈捐收解处"及"协赈公所"才因工作基本完成而宣告停撤。

以上我们提供了一个义赈最初兴起的简单轮廓。在此基础上，随着灾荒的频繁发生，义赈活动也"相继而起"，到 19 世纪末，已经是"风气大开"，蔚然成风了。义赈的发展是如此迅速，以至于在义赈发展过程中曾经起过筚路开山作用的经元善，竟然萌生了"不必务名而多树帜，人取我弃，渐渐退舍"的念头，觉得后继有人，自己可以急流勇退了。②

二

经元善称光绪朝以前"未兴义赈"，说得稍微有点绝对。事实上，小规模的、零星的、局部的民间赈灾活动，过去也是有的。例如，经元善的父亲经纬，在 1862 年（同治元年），就因"闻常属人相食，约同志劝筹往赈"③。当然，这种零星的民间赈灾活动，同光绪初年兴起的义赈，在许多方面不可同日而语，但二者之间毕竟存在着某种历史联系。

从组织机构角度而言，光绪年间兴起的各种"协赈公所""筹赈公所""赈捐处"之类，则同早先已普遍存在的各类"善堂"有着明显的渊源关系。

---

① 直隶总督李鸿章奏折。见《近代中国灾荒纪年》，第 537 页。
② 参见《沪上协赈公所溯源记》，见《经元善集》，第 327 页。
③ 《经君芳洲先生家传》，见《经元善集》，第 172 页。

"善堂"是一种举办各类慈善事业的民间机构，在封建时代有着悠久的历史。这种善堂，在城乡各地到处可见，有一个材料说，上海"纵城中租界，善堂林立"①，可见其普遍的程度。善堂有各种类型，功能并不完全一样。如 1847 年（道光二十七年），经纬被上海绅士"公举主辅元善堂事，时经费绌，悉心筹划，出己资以广劝募。戊申（1848 年，道光二十八年）兼办同仁堂，施医药、设义学、毁淫书及恤嫠赡老、赊棺义冢诸善举，并禀办阖邑四乡掩埋。未几又任育婴堂事，集资扩充，收婴至数百口"②。唐廷珪等申请成立同仁公济堂，在禀帖中说这个善堂准备"先行举办惜字、义塾、乡约、接婴、恤嫠、施医给药、施赊棺木等事。俟捐款稍裕，其余逐渐扩充"③。有个叫"清节堂"的，专收养孤寡的"节妇"，以及她们的幼小子女。"翼化堂"主要"印售善书，多至二三百种"。"放生局"专门从事"牛马犬羊鸡鸭"等的放生活动，据说是"保全物命，恩及禽兽"，后来并筹建了放生池，将放生的范围扩大到鱼鳖等"鳞介之属"。元济堂还搞过因旱祈雨等活动。总之，在那个时代，所谓的善举，名目是很繁多的，但最基本的不外是："弃婴需收养，嫠妇需保全，童蒙需设塾教诲之，老疾需抚恤留养之，伤病则需医药，死亡则需棺衾，暂则寄厝殡房，久则掩埋义冢。"这些活动中，实际上已包含着某些赈灾救荒的内容，而一旦发生较大灾荒，这方面的内容便更加突出起来。如《清史列传》记载：道光年间，镇江"府城设有留养所、普仁堂、育婴堂、恤嫠会，各有庐舍田亩，兵燹后渐多侵没"。同治七年（1868 年），钱德承"署镇江府事"后，便对这些善堂的财产"详加清厘，得田一万一千余亩，房舍数十楹，手订章程，概

---

① 《善堂绅董禀道宪暨制造局宪稿》，载《申报》，1895 年 2 月 16 日。
② 《经君芳洲先生家传》，见《经元善集》，第 171 页。
③ 《善堂绅董禀道宪暨制造局宪稿》，载《申报》，1895 年 2 月 16 日。

复旧观"。次年,钱德承调署江宁府事,"江宁每届隆冬,有散棉衣之举,水灾而后,德承假款预为购制,并劝集五千余缗,以羡余为掩埋棺木之用。又设当牛局,官为收牧,来春听其赎归"①。可见,从一定意义上说,善堂本来就具有某种民间赈灾的社会功能。

　　我们说善堂与后来的义赈组织存在着明显的渊源关系,除了上面谈到的善堂性质,主要还基于以下一些事实。

　　首先,因赈济"丁戊奇荒"而最先成立的上海协赈公所,不少骨干成员,本身就是某些善堂的主持者。如协赈公所的主要发起人经元善,其父经纬曾在"沪上设同仁辅元堂、公济堂、养老堂、育婴堂、清节堂等,家乡设经氏义塾"。经纬过世后,元善继续管理这些善堂,"并改进各慈善堂而扩大之"。当清廷因元善举办慈善事业而要奖以爵禄时,元善称:"设善堂为孤寡病老者举办,非为受虚名享利禄也。一再婉拒。"②可见,经元善发起组织义赈,并非实然心血来潮,正是由以往经理善堂事业作为基础的。

　　其次,在协赈公所筹办过程中,有些善堂曾起过十分重要的作用。特别是著名善堂"果育堂",不但开始时明确赈款"由果育堂司收解",而且一些重要的筹备会议就是在果育堂召开的。甚至在《申报》登载的一些劝赈启事,也多次以"上海果育堂"的名义刊发。此外,协赈公所刚成立时,因"匆遽集事",筹捐所用收据,不得不暂时"借用善堂各票"。这些事实都表明善堂和公所之间有着怎样密切的关系。

　　最后,义赈兴起之后,并不是由公所取代善堂,而是把各地众多的善堂组织到自己的赈灾活动之中,从而形成了一个从公所到

① 　《清史列传》,卷76,《钱德承传》。
② 　盛静英:《先翁经元善简历》,见《经元善集》,第405页。

善堂的广泛的义赈网络。从某种意义上说,协赈公所成为各地善堂的一个总联络站。1878年3月28日《申报》载《豫赈类记》称:"豫有奇灾,待赈甚急,各处善堂及好善之士,无不踊跃集募,积少成多。"可见在赈济"丁戊奇荒"中善堂所起的作用。1879年4月8日《上海劝办民捐绅士禀苏抚宪稿》中,更明确谈到了协赈公所与善堂的关系:"窃绅等自前年冬间,会合各善堂局,并续约外省府州县绅士善堂,筹募助赈,议设公所以来,截至本年二月底止,款目丛杂,捐户尤繁,远近经劝之人亦难悉数,且又辗转相托,莫可指名。"①仅据《申报》上公布赈款账目的几次公告中,提到协赈公所及各种"赈捐处""协赈处"与各地有联系的善堂名目即有:上海果育堂、辅元堂、保安堂、保婴局、王诒谷堂,松江辅德堂、全节堂,苏州安节堂,昆山正心崇善局,震泽保赤局,常塾凝善堂、水齐堂,黎里众善堂,常州保婴保节总局,无锡善材局,江阴保婴局,金陵同善堂分局,福州普安堂,浙江同善堂,广东爱育堂,南浔育婴堂,汉口存仁巷善堂,湖州仁济堂,京师广仁堂,天津广仁堂,等等。这当然是很不完备的材料,但已可清楚看出,善堂这种传统的组织形式,怎样在新兴的义赈中起着承先启后的作用。

但是,决不能把晚清义赈的兴起与发展,仅仅看作是传统的善堂赈灾作用的充分展现与发挥。量的增加,到一定程度,就会引起性质的变化。从光绪年间发展起来的义赈,在性质上比起以往善堂的赈灾活动,有了很大的不同,产生了一些前所未有的新的特点。

以往的善堂,由于它的分散性和自发性,一般说来,在赈济灾荒中的实际效果和社会影响,是微乎其微的。有一个材料说:"各

---

① 《经元善集》,第14页。

行省善堂,有名无实者多,即名实相副,其功德所被,亦殊不广耳。"①到光绪初年大力开展义赈活动以后,情况就有了很大的变化。以协赈公所、筹赈公所等为名义的义赈机构,如前所述,把各地善堂联络、组织了起来,而且不仅仅组织善堂这种现成的形式,还广泛联系某些新式企业如电报局、轮船招商局等在各地的分支机构,甚至把中国驻外使领馆及企业的驻外商行也纳入自己联系的范围(如日本东京中国使署,美国华盛顿中国使署,德国柏林中国使署,英国伦敦肇兴公司,日本长崎广裕隆号、横滨永昌和号、神户怡和号,新加坡招商局,槟榔屿招商局,仰光协振号,暹罗招商局等),这样,就形成了一个触角伸及全国各地甚至世界一些重要城市的规模巨大的义赈网络,仅仅这一点就不能不产生强烈的社会影响。真所谓登高一呼,八方响应。于是,民间的赈灾活动,也就从以往某些乐善好施的"善人"的个人"义举"变成了全社会瞩目的公益慈善事业。在这里,使我们自然地想起了马克思在《资本论》中做过的一个有趣的譬喻:"一个骑兵连的进攻力量或一个步兵团的抵抗力量,与单个骑兵分散展开的进攻力量的总和或单个步兵分散展开的抵抗力量的总和有本质的差别。"②造成这种本质差别的唯一原因,不过是这样一点:前者是有组织的,后者是分散的、无组织的、各自为战的。这种情形同样适用于公所和善堂之间的关系。

晚清兴起的义赈,创造了一套新颖而有效的工作程序和方式。每当有重大灾情发生,义赈主持者们首先成立由社会名流领衔的义赈组织(如协赈公所、筹赈公所、赈捐处、协赈处、赈捐收解处

---

① 《拟办余上两邑农工学堂启》,见《经元善集》,第 246 页。
② 《马克思恩格斯全集》,中文 1 版,第 23 卷,第 362 页。

等）。然后大力开展宣传活动，如在一些报刊上发表劝赈启事，印发反映灾区灾情的图文并茂的传单等。接着，统一印制募捐册，交由各地代理机构或联络点使用；各地代理机构即以此向社会各界开展募捐活动，募得款项，统一汇交一般设在上海的义赈中心组织。待筹集到相当赈款后，即直接派人专程赴灾区散发，同时在报上刊登消息，向社会报告赈款用途及去向。往往是筹解一批，公布一次，如1888年至1889年设立的"豫皖扬镇协赈处"，曾先后在《申报》19次公布起解赈捐消息；1890年至1891年设立的"顺直赈捐收解处"，曾先后在《申报》7次公布起解赈款消息。待整个赈事结束，即刊行"征信录"，公布全部账目清单。在赴灾区放赈过程中，它们强调义赈系"民捐民办，原不必受制于官吏"，以免封建官僚机构插手干预，甚或从中侵渔，但也注意与地方政府"和衷共济，以免掣肘"①。放赈办法，因地制宜，或者自己"设局举办"，或者委托当地官员代办，由义赈工作人员"暗中查察之"，但不论采取何种方式，坚决"不假胥吏之手"。因为在封建政治中，许多"胥吏"往往是鱼肉乡里、弄权肥私的老手。总之，这是一套将募款、司账、运解、发放相互分开、各有专人负责的赈灾规程，其目的是防止贪污中饱，务求从社会募集来的赈款，最大限度地真正落到处于水深火热状态的灾民手中。参加义赈的工作人员，很多都"不受薪水"，甚至有些亲赴灾区放赈的人员也往往"自备资斧"，以免占用了来之不易的赈款。

以往那种零散的、小规模的民间赈灾活动，具有很大的地区局限性。某个地方发生了灾荒，就在该地区范围内进行募捐活动，至多也只是扩展到旅居个别大城市的本籍同乡范围。募捐的赈款自

---

① 《送两弟远行临别赠言》，见《经元善集》，第12页。

然也限于赈济本地的灾民。可以想见，这种地区的局限，必然极大地限制了赈灾活动的规模和成效。光绪初年兴起的义赈，则完全突破了狭隘地区的局限，赈济对象往往是全国最突出的重灾地区，募捐的范围涉及广泛的社会阶层，而且募捐活动往往遍及全国各地，甚至扩展到海外的爱国华侨。赈款筹集之后，义赈工作人员长途跋涉，跨越省区，前往灾区放赈。这样，不仅能够最大限度地动员社会力量，集中一定的资财，而且能够造成必要的声势，引起全社会的关注，从而使义赈活动真正搞得有声有色。

由于具有以上这些特点，所以义赈兴起后，确实可以说是成绩斐然。仅拿募集到的赈款来说，为赈济"丁戊奇荒"而成立的上海协赈公所，就曾先后解往直隶、河南、山西、陕西四省赈灾款共四十七万余两。而据《清史稿》记载，为这次灾荒，清王朝正式用国家财政拨给的赈款，有数字可计的也不过七十余万两。两相比较，义赈所起的作用就不言自明了。1887 年末至 1889 年初，"豫皖赈捐处"（后发展为"豫皖扬镇协赈处"）共收解赈款合上海规银五十五万余两。1889 年 4 月至 1891 年 8 月，在上海文报局内设立的"协赈公所"，共向山东灾区筹解赈款计上海规银一百二十四万五千余两。这在当时，都是一笔不小的数目，在灾荒的赈济方面，确实起到了举足轻重的作用。

三

光绪初年义赈的兴起，在当时的社会生活中自是一件新的事物。任何新事物初起之时，总不免会遇到各种困难和阻力，义赈也同样如此。经元善在谈到上海协赈公所成立初期的情形时说："其时风气初开,当道目为越分,而忌阻者亦颇不乏,惟有动心忍性而已。"[1]但唯其是新的事物,所以它毕竟不会因为某些阻碍就萎缩下去,相反,却很快地得到蓬勃发展。1883 年 8 月 1 日的《申报》,曾有这样的评论:"上海诸善士自六七年前筹办山东旱赈,款巨时长,在事之人无不悉心竭力,所集之款涓滴归公。遂觉自有赈务以来,法良意美,当以此为第一善举。"甚至出现了官赈屡举,"然而泽不逮下,海内成为风气,一若非义赈不得实惠","遇灾省份,官中亦驰书告籴,仿效义赈办法"的现象。[2] 不是官赈限制了义赈,而是义赈影响着官赈,使官赈也不得不"仿效义赈办法",对于这种情况的唯一解释,就是义赈在这个时候得以兴起和发展,并非一种偶然的历史现象。

历史进入近代之后,封建清王朝在外国侵略不断加深和国内阶级矛盾日趋激化的双重冲击下,政治危机更形严重,统治力量愈益衰败。从"荒政"这个角度说,清王朝遇到了两个极为尖锐的问题:一个问题是财政的窘迫。1875 年 2 月 20 日(光绪元年正月十五日)山西巡抚鲍源深在奏折中说:"自咸丰初年军兴以来……百计搜括,已极艰难。……现在部库无充余之蓄,其各直省情形,东南若江、浙等省,地方凋敝,民气未复,艰窘固不待言。西北若山东、河南、山西、四川等省,虽较东南稍称完善,而纷纭协拨,力亦万难久措。即以山西而言,岁入之项仅三百万有奇,应解京饷、固本饷一百零六万,应拨各路军饷一百九十余万,本省必不可少之用一百六七十万,以出衡入,窘竭情形,岂堪言喻,山西如此,他省可知。……第出者日见繁多,入者只有此数,其尚可强支者,无非剜

---

① 《沪上协赈公所溯源记》,见《经元善集》,第 327 页。

② 《筹赈通论》,见《经元善集》,第 118 页。

肉补疮之计;其无能勉应者,早成捉襟露肘之形。各省库储为京师外府,而令空虚一至于此。瞻维大局,岌岌可忧。……今内地空虚若此,设有水旱刀兵之事,何以应之?"①鲍源深在这里特别强调,财政的困难,使日常行政经费都"捉襟露肘",如果再有"水旱刀兵之事",政府就会无法应付了。另一个问题是随着封建政治的日趋腐败,"官赈"中的弊端愈来愈严重。我们这里也引用光绪元年的一个材料。1875 年 2 月(光绪元年正月)间,御史王荣琯在奏折中揭露了赈灾中的一些弊端,2 月 10 日(正月五日)的上谕称:"各省被灾地方,一经该省大臣奏请蠲缓粮租,朝廷无不立沛恩施。若如该御史所奏,报灾之先,吏胥辄向灾区索取规费,被灾重轻并不核实勘报,及奉有恩旨,则又迟贴誊黄,先行追比,似此玩视民瘼,以致泽不逮下,殊属不成事体。"②其实,王荣琯在这里所涉及的,只是种种弊端中之九牛一毛,封建官吏大发灾荒财的手法,名目繁多,花样翻新,有些简直是令人发指的。财政的竭蹶使政府无法拿出更多的钱财用于救荒,而一些本来就少得可怜的赈款又大都流入官吏的腰包,很少真正发放到灾民的手中。于是,一旦遇到稍重一点的水旱灾害,"饥民遍野""饿莩塞途"就成为司空见惯的现象。

所有这些,都在客观上呼唤着义赈的出现。因为义赈一方面可以广集社会资财,补充政府财力不足;另一方面又还没有沾染官赈的种种弊病,较少有贪污中饱的现象发生,可以使实惠真正落到灾民身上。这两个方面恰好弥补了官赈的缺陷。经元善在《筹赈通论》中曾专门比较官赈、义赈之优劣,指出:"北省饥民,惯吃赈久矣。凡遇官赈,不服细查。有司虑激生变,只可普赈。以中国四百

---

① 《光绪朝东华录》,总第 23 页。
② 《光绪朝东华录》,总第 20 页。

兆计之,每县三十余万,倘阖邑全灾,发款至二万金,已不为菲。而按口分摊,人得银五六分,其何能济。义赈则不然,饥民知为同胞拯救,感而且愧,不能不服查剔。查户严,则去其不应赈者,而应赈者自得实惠矣。"经元善在这里说得客气而含蓄,留有很大的余地,他没有也不大可能把官赈的弊端和盘托出,但他毫不含糊地肯定义赈,并且强调官赈要学习义赈的长处,声称"所愿各省官绅善长,不惟其名惟其实,欲酬心愿,悉入义赈,功德倍蓰"[1],差不多是公开申明了义赈存在的必要性和合理性。

不过,上面所说的,还只是义赈在这个时期兴起和发展的客观条件。要全面了解光绪初年义赈兴起的原因,还应该谈到问题的另外一个方面,即这时社会生活尤其是经济生活中已经出现了新的因素、新的力量。

随着洋务运动的开展,社会上兴办了一批洋务企业,出现了一批洋务企业家。积极倡导义赈的头面人物和骨干成员,正是在当时颇具经济实力的洋务企业家,而洋务企业则恰恰成为开展义赈的活动据点。例如,鼎鼎大名的郑观应、盛宣怀、谢家福、胡光墉等人,不仅都是兴办洋务企业的健将,同时也是义赈活动的最初发起人和主持者。我们多次提到的义赈发起人之一的经元善,正是在筹建上海协赈公所时结识了郑观应、谢家福、李金镛等人,又在1880年(光绪六年)亲赴直隶雄县放赈时谒见了洋务派首领李鸿章,受到李的赏识,被委派为上海机器织布局的商董和驻局会办,以后又在多个洋务企业中任重要职务,一直到1900年(光绪二十六年),以领衔通电反对慈禧的"己亥建储",受到清政府的通缉,逃亡港澳,而成为名噪一时的风云人物。许多洋务企业的重要商董,

———————————

[1]　《经元善集》,第118页。

都曾和义赈活动发生过或深或浅的关系。

前面已经提到过,山东赈捐公所的办事机构设在上海陈家木桥的金州矿务局内。此外,1887 年至 1889 年的"豫赈办事处""豫皖赈捐处""豫皖扬镇协赈处",设在上海电报总局内;1889 年成立专办山东义赈的协赈公所,1889 年至 1891 年的"浙赈收解处""苏赈收解处"和"顺直赈捐收解处",设在上海文报局内。《申报》登载的《上海陈家木桥电报总局内豫赈办事处事略》中特别提到,办事处所以要设在电报总局,是因为有关筹赈事宜,需同各省函电协商,"及遍商各省之后,复信复电必至此局,故借此为公同办事之处"①。从这里可以清楚地看到,这些洋务企业在义赈发展过程中怎样提供了必要的物质手段,或者反过来说,如果没有这些洋务企业所提供的必要的物质条件,义赈要发展成如此规模,简直是不可想象的。至于洋务企业在各地的分支机构,怎样成为遍及全国的义赈网络的组成部分,我们在前面已经有过交代了。

我们可以这样说:有别于"官赈"的,由民间筹集资金、民间组织散放的"义赈",是随着带有资本主义性质的经济成分的出现而兴起的。毫无疑问,义赈的兴起,是一个历史进步。但是,正如洋务派不过是封建统治阶级中的一个政治派别、洋务企业终究不能完全摆脱对于封建政权的依附一样,从事义赈活动的人,虽是以"民间"的身份出现,但在当时的条件下,也无法完全割断同封建官僚政治的联系。过了一段时间后,官赈中的种种弊端也就渐渐地浸淫到义赈活动中去,以致后来就有人指出,社会上颇有一些人是靠办"慈善事业"而发家的,并感叹说:"自义赈风起,或从事数年,由寒儒而致素丰",偶有少数人真正鞠躬尽瘁于赈务,"每遇灾祲,

---

① 《经元善集》,第 63 页。

呼吁奔走，置身家不顾"，并且"始终无染，殁无余赀者"，倒成了凤毛麟角，"盖不数觏"①的了。丘逢甲在《新乐府》之一的《花赈会》里，甚至公然把某些"海上善士"称作是"闻灾而喜，以赈为利"②的人。不过这些已是后话，一个具有充分历史感的人，自然不能因为这些而抹杀他们在义赈兴起和发展中曾经起过的历史作用。

---

① 《清史稿》，卷452，《潘民表传》。
② 《岭云海日楼诗钞》，卷11。

甲午战争与灾荒[①]

　　1895 年 3 月 2 日，当中日甲午战争的炮火尚未完全停息，李鸿章即将以清政府全权代表的身份赴日议和的前夕，一位名叫钟德祥的御史上了这样一个奏折："顷闻奉天锦州一带地方，上年荒歉异常，加以倭贼所至搜掠，土匪继之，劫食一空，村聚穷民，菜色满路。自冬腊两月以来，四野已多饿莩。地方官吏为兵事所困，无力议及赈救。若更至三四月青黄不接之时，必立见屯空村尽，言之痛心。"[②]这个奏折谈到了灾荒与甲午战争之间的关系，问题提得十分尖锐，但角度还仅限于人民群众受着天灾、战祸双重荼毒的苦难方面。事实上，当时的严重自然灾害，曾在许多方面给予这个历史事变以或隐或显的影响，颇值得我们作为一个专门问题进行较为细致的探讨。

灾区与战区

　　就全国范围来说，1894 年并不是一个大灾巨祲之年。但是，

---

① 　该文原载《历史研究》，1994 年第 6 期。
② 　中国近代史资料丛刊续编《中日战争》(二)，第 462 页。

几个自然灾害较重的地区,恰恰与甲午战争的战区临近或重合,或者与战争有着特殊的密切关系,这就大大增强了灾荒与战争之间的相互影响。

首先是作为中国方面战争最高决策中心和指挥中心所在地的顺直地区。在甲午之前,这一地区已经连续 11 年发生大面积水灾(个别年份为先旱后涝)。甲午年夏秋间,又一次遭洪潦之灾。这年岁末,因甲午之战革职留任的直隶总督李鸿章奏称:"本年顺直各属,自春徂夏,阳雨应时,麦秋尚称中稔。""讵自五月下旬起,至七月底止,节次大雨淫霖,加以上游边外山水及西南邻省诸水同时汇注,汹涌奔腾,来源骤旺,下游宣泄不及,以致南北运河、大清、子牙、滏阳、潴龙、潮白、蓟、滦各河纷纷漫决,平地水深数尺至丈余不等,汪洋一片,民田庐舍多被冲塌,计秋禾灾歉者一百二州县,内有被潮、被雹之处。"这个奏折认为,"本年水灾之重,与(光绪)十九年相等,而灾区之广,殆有过之"①。

接替李鸿章任署理直隶总督的王文韶在次年初夏也上奏报告上年的顺直灾情,特别是"永平、遵化两府州属,雨水连绵,冰雹频降,滦、青各河同时涨发,漫决横溢,庐舍民田,尽成泽国"②。这些重灾区,"收成不及十分之一,小民无以为食,专恃糠秕。入春以来,不但糠秕全无,并草根树皮剥掘已尽,无力春耕,秋成无望,较寻常之青黄不接更形危机"。"访查该处情形,一村之中,举火者不过数家,有并一家而无之者。死亡枕藉,转徙流离,闻有一家七八口无从觅食服毒自尽者。"③直隶和锦州一带的灾民,"日以千数"地向热河等地逃荒就食,自 1894 年秋到 1895 年夏,络绎不绝。

---

① 第一历史档案馆藏《录副档》,光绪二十年十二月十九日李鸿章折。
② 《录副档》,光绪二十一年四月十五日王文韶折。
③ 《录副档》,光绪二十一年二月二十八日浙江道监察御史李念兹折。

其次就是奉天一带，这是甲午战争中陆战的主要战场。1894年夏天，由于连降暴雨，河水泛滥，造成巨灾。盛京将军裕禄在当年12月15日上奏说："奉省自本年夏间大雨连绵，河水涨发，所有沿河之承德及省城西南之新民、广宁、锦县、辽阳、海城、盖平、复州、岫岩等处各厅州县，同时均被淹涝。"翌年2月18日又奏："去岁奉天夏雨过多，沿河州县所属低洼地方，田亩被水淹涝。受灾各区，以锦县、广宁、新民、牛庄为最重，辽阳、海城、承德、岫岩次之，盖平、复州、熊岳又次之。"①

陵寝总管联瑞在给军机处的一份电报中也谈到奉天灾情："本年夏间，南路之辽、复、海、盖，西路之新民、锦县、广宁各城，以及省城附近地方，农田多被淹潦，灾歉甚广，数十万饥馁之民，嗷嗷待哺。瞬届天气严寒，无衣无食，更难免不乘间滋事。兵荒交困，万分危迫。"②

当时在锦州转运局任职的知府周冕，在致盛宣怀的电报中也证实："查自锦至辽，沿途大水为灾，类多颗粒无获，极好者不过一二分收成。"③直到次年初夏，他在一封电禀中还说："锦州、广宁一带，上年秋灾既重，今年春荒尤甚，现在麦秋无望，节逾小满，尚是赤野千里，拆屋卖人，道殣相望。"④

山东半岛是甲午战争中另一个战场，而恰恰在这里，也遇到了不大不小的水灾。1894年11月3日，山东巡抚李秉衡奏报："东省沿河各州县，历年灾祲，民困已深。本年虽幸三汛安澜，而夏秋雨水过多，各处山泉同时汇注，低洼处所积潦难消。或民田被淹，

---

① 《近代中国灾荒纪年》，第584、585页。

② 中国近代史资料丛刊《中日战争》（三），第219页。

③ 《近代中国灾荒纪年》，第584页。

④ 中国近代史资料丛刊《中日战争》（四），第116页。

收成无望；或房屋冲塌，修复无资。""就查到之处而论，则以济南府属之齐东，武定府属之青城、蒲台、利津被水为最重；济南府属之章丘，泰安府属之东平、东阿，武定府属之滨州及临清州等处次之。"①据上谕，这一年山东全省因灾蠲缓钱粮的地区达 81 州县及 5 卫、所。

以上三个灾区，山东及顺直地区，都是连年灾荒，但毕竟离战争前线还有一段距离。唯独奉天受灾区域，或者是中日双方军队激烈战斗的战场，或者最终为日本侵略军所占领，至少也是紧邻前线的军事要地，因此，生活在这里的人民群众，在天灾人祸的交相蹂躏之下，其痛苦悲惨情景，也就可想而知了。

余虎恩在《上刘岘帅书》中这样说："第关外近岁大荒之后，继以重兵，天灾流行，民不聊生。锦州等处盗风日炽，抢往劫来，所在多有。良善之家至鬻妻子为食，困苦流离，野有饿莩。有司不以告，长吏若不闻，政体尚堪问乎？"②

奉天府府丞李培元在《沥陈大局实在情形请速筹切实办法折》中则这样说："今奉省年荒民困，重以兵灾，田不能种，归无所栖，苟不急图，内乱将作。"③这里所说的"兵灾"，最主要的，当然是指日本侵略军野蛮残酷的烧杀抢掠。不论是旅顺口震惊中外的大屠杀，还是折木城、田庄台等地把繁华城镇轰成一片焦土的绝灭人性的大破坏，都使尚未逃脱天灾带来的饥寒交迫的人民，雪上加霜，一下子又陷入侵略军铁蹄的肆意践踏和炮火的无情屠戮之中。前引陵寝总管联瑞的电文中，除具体描述天灾的惨状外，还详尽记录了日本侵略军给这一地区带来的巨大灾难："讵自九月二十七、八

---

① 《朱批档》，光绪二十年十月初六日李秉衡折。
② 《普天忠愤集》，卷 6。
③ 中国近代史资料丛刊《中日战争》（三），第 366 页。

等日,贼兵分四大股,东自九连城、沙河、长甸河、安平、东洋河、蒲石河,南自花园口、皮子窝等处同时进犯,盘踞窜扰。东南驻防各军,虽皆奋力扼御,奈贼锋过锐,弁兵伤亡甚多,兼以寡不敌众,屡战皆北,以至东边之安东、凤凰城、宽甸及孤山、长甸、东灞、花园口,并省南之大台湾、金州等处,半月之内,相继失陷,岫岩、复州被贼围困,地方已失大半,到处商民望风徙,城市一空……小民既被贼扰,又遭兵劫,疮痍遍地,惨不堪言。""绅民迁避,络绎道途;商贾惊惶,到处罢市。"①

上面提到的"既被贼扰,又遭兵劫","贼扰"指的是日本侵略军的奸淫烧杀,"兵劫"则是指某些清军(尤其是一些败兵)纪律荡然、扰害百姓的事。应该说,甲午战争期间,由于战争的正义的、反侵略的性质所决定,不少清军英勇作战,在军纪方面也颇为严明,出现了许多可歌可泣的动人事迹。但也毋庸讳言,有一些清军在侵略者面前,软弱得像一头绵羊,不堪一击;而在人民群众面前,则又凶狠得像狮子一样,作威作福,予取予求。这自然是当时那个政权全面腐败的一种表现和反映。这方面的材料也是很多的,这里只举一个小小的实例:当时襄助直隶臬司周馥办理"东征转运事宜"的袁世凯,一方面看到"辽沈自遭兵祸,四民失业,饥馑流离",一方面又看到"凤军在关外抢掠尤甚",曾多次向督办东征军务的钦差大臣刘坤一建议说:"关外居民本极困苦,近遭灾荒,营勇骚扰太甚,哭声载道,惨不忍闻。"要求约束军纪,同时拨出一部分军粮,作为对灾民的赈济。②

不难想象,在天灾战祸的"风刀霜剑"严酷相逼之下,人民群众

① 中国近代史资料丛刊《中日战争》(三),第 218 页。
② 《容庵弟子记》,卷 2。

过着怎样一种人间地狱式的悲惨生活，实在是最清楚不过的事了。

灾荒与战争进程

如果再做稍深一步的观察，我们就会发现，自然灾害曾经给予甲午战争的历史进程以多方面的影响。

战争的胜负，很大程度上取决于人民群众的支持，这大概可以算是一种常识。从中国方面来说，由于甲午战争是一场反侵略战争，全国人民（也包括统治阶级中相当一部分人士）是积极支持这场战争的。就是作为主要战场的辽沈地区，广大人民也在十分艰难的条件下对支援抗日做出了巨大的努力。姚锡光《东方兵事纪略》在讲到辽南战事时就说："时倭兵大半西赴海城，东边踞倭寡，而九连城、凤城、安东义民颇觇倭人动静赴告我军，高丽义州亦有请兵愿内应者，兵机甚利。"①但是，严重的灾荒，极大地限制了人民群众支援抗日的能力。特别是物质条件的支援方面，由于人民群众在自然灾害的打击下，处于"困苦流离，野有饿殍"的情况之下，所以常常是军队不仅不能得到老百姓的接济，反而还要匀出很少的军资军食去救济挣扎在死亡线上的老百姓。刘坤一的弟弟刘侃在《从征别记》中记录了他到唐山以后的一段经历和见闻："既至，见饥民数千，疲困道旁，日毙数十人，幼稚十六七；盖壮者或他适，妇女惜廉耻，忍死不出，风俗良厚。而地方多巨富，无赈济者。军中倡义赈款钱三十余万贯，施放三十余州县，地广事繁，筹措须日。余彷徨庭户，虑迟则创，命帐前差官、兵目人等多备饼饵、米粥，日就道旁给之。许队伍中收养小儿，由是收养以百数。余拟资

---

① 中国近代史资料丛刊《中日战争》（一），第 34 页。

二千贯,用二百五十串合众人所施至八百串,而义赈事大集矣,斯民庶几少苏。然乐亭、滦州有一村人口仅存十三四者,盖三年水患,播种无收,官吏贪征粮税,隐匿不报,致奇穷无补救也。"①

当然,这支军队后来并没有正式投入战斗。但是试想,如果真的打起仗来,周围无衣无食引颈企盼军队救济以免饿死沟壑的群众,军中是收养来的数以百计嗷嗷待哺的小儿,你叫军队怎么去打胜仗?

无怪乎吴大澂一到前线,做的第一件事情就是筹赈。他向朝廷上奏折,向李鸿章、王文韶、盛宣怀以及广东、浙江、湖北等地督抚发电报,反复强调奉天各地"水灾甚重","饥民遍野","道殣相望",幸存下来的群众"有十余日不得食者"。灾民的悲惨生活,"目击伤心","不忍漠视"。如果不迅速"抚辑饥黎","收拾人心",战争将很难进行。不管吴大澂在甲午战争中有怎样的是非功过,也不管此时(战争正在激烈进行中)再来谈赈济灾民是否缓不济急,过于书生气,然而无论如何,他反映的情况,充分说明了灾荒曾经怎样给战争的进行带来巨大的困难。朝廷对于吴大澂请求的答复是:赈济灾荒,应是地方官的责任,可以由盛京将军裕禄"察看""办理",吴大澂不必过问。

在战争的后勤保障中,军粮的供给是十分重要的环节。由于灾荒,军粮的筹集就成为很大的问题。早在战争还在朝鲜境内进行的时候,这个问题就存在了。当时,朝廷命令黑龙江将军依克唐阿率马队八营,"驰赴平壤一带"参战,规定粮饷军火由李鸿章、裕禄负责。李鸿章、裕禄在复电中打了一通官腔,说了许多困难,依克唐阿立即意识到,"合阅两电所复前情,是奴才一军,粮饷军火仍

_____

① 中国近代史资料丛刊《中日战争》(五),第 201 页。

须自行预筹运解接济"。对此他忧心忡忡地说："粮米价昂,运脚耗费,若在各兵口分内扣留银两,预为办运粮食,窃恐大敌当前,军心解体,难期得力。"①事实上,赴朝作战清军的一切军需供给,都是由奉天负责的,正如定安在奏折中所说:"朝鲜地瘠民贫,当此大军云集之时,一切米粮、日用所需无从购觅,皆须由奉天省城及凤凰城转运而往,饷馈艰难,繁费尤属不赀。"②战火燃及中国东北大地后,因为主要战场在奉天,所以军粮的采购也仍就近在此处解决。曾有人参劾盛宣怀在采买兵米中"浮冒多至数十万金",李鸿章为盛宣怀辩解时说:"臣查前敌各营兵米,饬由臬司周馥、道员袁世凯就近在奉省采买",与盛宣怀无关。③ 但是,严重的自然灾害,造成粮源少,粮价又高,使得军粮的采购十分困难。裕禄曾经抱怨说:"现在奉天大军云集,需粮甚多,虽经各军设法购运,而去岁本省秋收甚歉,存粮无多,办运过远,脚费又复太昂,军食攸关,亟须预为筹备。"依克唐阿也奏称:"近因奉收歉薄,加以难民纷纷迁徙,来春必失耕种。全军一年所需米麦,须急趁冬令车运通时,于铁开、通江口等处预购。况东路山重水复,向无驿路,转运维艰,且沿途无积困处所,运道运具亦非预筹不办。"④战争在中国进行,日军的后勤供给线甚长,清军就地筹粮,本来是一个极重要的优势,但这个优势恰恰因为严重自然灾害的发生而丧失了。翰林院检讨蒯光典说得好:"兵事一兴,偶有灾歉,采办艰难,归之于公,则此项无著;扣之于兵勇,有不哗溃者哉!"⑤

---

① 中国近代史资料丛刊续编《中日战争》(一),第72页。
② 同上书,第242页。
③ 同上书,第404页。
④ 中国近代史资料丛刊续编《中日战争》(二),第452、137页。
⑤ 中国近代史资料丛刊《中日战争》(一),第163页。

灾荒甚至使得清军无法在一些战略要地屯驻立足。吴大澂部的一位名叫王同愈的翼长，在所写《栩缘日记》中记载，1895 年 2 月 26 日，他的部队在前往田庄台途中所见景象："隔年歉收，一路荒象极重。"另一名叫江虹升的营官，曾亲口对办理前敌营务的晏海澄说："宁远州饥馑情形与锦州无以异，最苦者一百余村，男妇一万数千人，嗷嗷待哺。"①而据袁世凯 3 月 19 日给李鸿章的报告，宋庆军因兵败退至离田庄台不远的双台子，吴大澂先宋败退至此，原本想在这里"收拾余烬"，后来宋、吴会商，"以双台一带泥水过大，不便久驻，且地洼荒苦，各军无可容扎"，不得已只好退到石山，只是派遣小股队伍分驻双台、杜家台等处。② 战争期间，为了加强对京畿的保卫，曾命令调陈凤楼马队驻扎滦州。但一直到 1895 年 4 月中旬，刘坤一在奏折中仍然说："陈凤楼马队因滦州饥荒，无从购买草料，尚未移扎。"③同样的情况也发生在关外。为了加强东北所谓"根本重地"的军事力量，原曾计划调拨察哈尔马匹，充作各军之战马。但一直到 1895 年 2 月中旬，此事始终未能实现。据吉林将军长顺等的奏报，也是因为"关外歉收，草料皆无"，即使勉强调往，也"必致疲乏无用"，所以请求"不如待有水草时再行拨解"。可是等到水草丰茂之时，战事已经结束了。

在统治阶级的心目中，始终有一个难以抛却不顾的阴影，影响着他们全力依靠人民群众去进行战争。这个阴影就是因灾荒带来的社会动荡。下面两条材料颇有一点代表性：一条是西陵将军文瑞的奏折，强调"陵寝重地守护攸关，且邻近州县连年歉收，粮价昂贵，人情异常窘迫。当此外患未平，诚恐宵小乘隙滋萌，所关匪细，

---

① 中国近代史资料丛刊《中日战争》(六)，第 26、275 页。

② 中国近代史资料丛刊《中日战争》(五)，第 216 页。

③ 中国近代史资料丛刊续编《中日战争》(三)，第 53 页。

自应预筹设防,以期有备无患"①。另一是田海筹上刘坤一书,里边提到"淮南、皖北伏莽甚多,更须招募劲旅,居中策应,庶饥馑之年,盐枭之变,会匪之乱,水旱之灾,有备均可无患矣"②。那么怎么来预先防范呢?办法还是老的一套,兴办团练。据说,这是一箭双雕的好办法,既可以把民众组织起来,配合军队对付日本侵略军,又可以安定社会秩序,对付因灾而起的某些"不逞之徒"。可是,在灾荒严重的情况下,办团练也不是件容易的事。当朝廷根据天津县绅士王守善等的禀请,令李鸿章"募练团勇"时,李鸿章复奏说:"惟现值灾祲之后,物力凋敝,劝办甚难。"当朝廷要求山东巡抚李秉衡"筹防募勇"时,李秉衡的回答也是"东省连年水患,工赈频仍,用度日增,征收日减","经费支解纷繁,已形竭蹶"。朝廷要求滦州、乐亭举办民团,"以辅兵力之不逮"。经过一段时期的筹办后,负责此事的兵部侍郎王文锦报告说:乐亭已办起联庄会,但"滦州地方灾歉较重,民情瘠苦,联庄会虽易兴办,恐不能如乐亭之踊跃"。就是已经办起联庄会的乐亭,"连年灾歉,造成民力拮据,将来能否持久",也殊无把握。于是,同一个原因引出了两个互相矛盾的结果:由于灾荒,社会不稳定,因而需要组织团练;又是因为灾荒,民力拮据,团练很难组织起来。因此就形成了一个解不开的怪圈。在当时,有一些人援引镇压太平天国运动的历史经验,大谈兴办团练对甲午战争的重大作用。其实,不论是客观形势,还是交战对象,甲午战争与太平天国时期都有很大的不同,团练能否兴办,未见得有多大的关键意义。但无论如何,我们再一次从这里感觉到了灾荒对战争进程的某种关联和影响。

---

① 中国近代史资料丛刊续编《中日战争》(一),第 665 页。
② 中国近代史资料丛刊《中日战争》(五),第 455 页。

颇具象征意味的是，一场突发的自然灾害，在这次战争的尾声中被拉来作为一种重要的政治筹码。原来，李鸿章父子在日本政府的胁迫下签订了《中日讲和条约》(即《马关条约》)后，消息传开，国内舆论哗然，群情激愤，朝野人士纷纷上书递呈，要求朝廷拒绝批准这个在丧权辱国的程度上前所未有的不平等条约。它的高潮就是康有为领导的著名的"公车上书"。面对如此强烈的社会舆论，尽管清政府卖国求和的方针已定，但也不得不有所顾忌，在1895年4月25日的上谕中，装模作样地就是否批准条约问题征询刘坤一、王文韶的意见。上谕先是说"让地两处，赔款二万万两，皆万难允行之事"；接着说"连日廷臣章奏甚多，皆以和约为必不可准，持论颇正"；但语气一转，又称"如果悔约，即将决裂，苟战不可恃，其患立见，更将不可收拾"；最后则要求刘坤一、王文韶"体察现在大局所系及各路军情，战事究竟是否可靠，各抒所见，据实直陈，不得以游移两可之词敷衍塞责"[1]。谁都看得清楚，这个谕旨本身就充满了"游移两可之词"，却要刘坤一、王文韶"据实直陈"，不得"敷衍塞责"，岂不可笑？久居官场的刘、王二位，自然不会那么天真，据《东方兵事纪略》说，"文韶等奏颇依违"，就是说，还是发表了一通"游移两可之词"复奏了事。

正在这个时候，4月28日，天津塘沽口外发生了一次大的海啸，"竟日夜风狂雨暴，海水漫溢，冲溃宏字定武等十营，铁路不通，电线四路俱断"[2]。王文韶等在奏折中把这件事也一起报了上去。清朝最高统治者立即觉得，这是一个可以用来达到某种政治目的的机会。据刘侃《北征纪略》记载："灾变闻，和议益决。"不知是有

---

① 《光绪朝东华录》，总第 3578 页。
② 中国近代史资料丛刊《中日战争》(四)，第 128 页。

意制造的舆论还是无意的相互呼应,京津一带立即传开了所谓"海啸是天和"的说法,说是"天意若此,宜亟批换和约"。当时还只是步军统领的荣禄在致奎俊的电报中也说:"念三战和原未定,因初七(按:应为初四)海啸,将津沽一带防军淹没多处,子药均失。莫非天意?势不得不和。"①封建统治者终于找到了一个借口,可以用来对付反对批准和约的社会舆论了。正是在这种情况下,清廷于5月3日在和约上盖上国玺,批准了《马关条约》。

5月17日,以光绪皇帝的名义向全国臣民明发朱谕,解释朝廷批准和约的"万不获已之苦衷",其中一段话是这样写的:"加以天心示警,海啸成灾,沿海防营,多被冲没,战守更难措手。是用宵旰彷皇,临朝痛哭,将一和一战两害兼权,而后幡然定计。其万分为难情事,言者章奏所未及详,而天下臣民皆当共谅者也。"②

战争善后与赈灾

甲午战争的帷幕一旦正式降下,原先暂时被推到次要地位的灾荒问题,又一下子突出起来。

1895年6月16日,仍然署理直隶总督的王文韶向四川、两广、两湖、闽浙、云贵、两江、陕甘、东河、漕运各总督,浙江、广东、广西、湖南、江西、安徽、江苏、山东、山西、陕西、新疆、贵州、河南各巡抚,发出了一封请求支援赈济"畿辅灾黎"的电报,其中说:"天津连年大水,积因以深。近畿一带去年被灾尤重。今春大雪,耕种失时。关外兵荒,粮路断绝。加以四月初三、四等日,狂风暴雨,三昼

---

① 中国近代史资料丛刊续编《中日战争》(三),第301页。
② 《光绪朝东华录》,总第3695页。

夜不息,海如腾啸,河堤潮涨,纵横千里,荡为泽国。麦芽既失,耕作并废。百万嗷鸿呼号望赈,青黄不接,时日方长。幸蒙恩赏东漕十万石,暂资抚恤,而地广灾重,赈急工繁。又以辽、锦接壤,兵后凶灾,谊当兼顾,非亟筹巨款,万难支持。"①一个地方行政长官,向全国各个省区吁请帮助赈灾,这在以往的灾荒史上还很少见到,几乎可以说是前所未有的。

王文韶的电文中用了"兵后凶灾"四个字,我以为是颇为贴切的。在那些惨遭战火摧残的地区,本来应该对那里的老百姓优加抚恤,以固结民心,培育元气。不料1895年仍然是灾祲不已,使得那里的群众难圆重建家园之梦。

奉天锦州府、新民厅各属,继上年"秋雨为灾,田禾尽被淹没,颗粒无收,道殣相望"之后,这一年春天又"连绵大雪,民困饥寒,伤亡相继"。据估计,其惨苦情形,同光绪初年"丁戊奇荒"中的山西省相似(按:当时山西某些重灾区的人口死亡率达60%至95%)。夏间,锦县、广宁、承德、新民、金州、海城、辽阳、岫岩、盖州、熊岳、盖平、复州、宁远等13州县又一次遭水灾侵袭。由于连年被水,瘟疫开始盛行,"省城患时疫者亦多"②。

山东的水灾,较上年更重。1895年夏,黄河在山东境内多次决口。这年11月8日,李秉衡奏称:"东省今岁黄水漫决,上游东平一州全境罹灾,寿张、东阿、郓城、阳谷等亦被淹甚广,下游则青城、齐东最重,高苑、博兴、乐安、利津等县皆黄水所经,小民荡析离居,情殊可悯。此外,运、卫两河漫溢及黄水波及者尚有十数县之多。"③从决口冲出的黄河浊浪,"汪洋浩瀚,茫无津涯,田庐坟墓尽

① 中国近代史资料丛刊续编《中日战争》(三),第421页。
② 《近代中国灾荒纪年》,第593页。
③ 《录副档》,光绪二十二年九月二十二日李秉衡折。

皆淹没,甚有挟棺而走骸骨无存者。民不得已,尽搬向河堤,搭盖席棚,饥不得食,寒不得衣,数十万生灵嗷嗷待哺。加以风寒水冷,号哭之声闻数十里"①。这一年,山东全省受灾地区达 87 州县并 4 卫、2 场。

顺直地区因上年大水的影响,春荒极为严重。御史洪良品在 4 月 16 日上奏:"自光绪十六年起,淫雨成灾,连年水患,畿南一带,百姓困苦,拆房毁柱,权作薪售,以为生计。""去年积水太久,冬冻未消,麦不能种。小民坐食数月,籽种、牲畜食卖一空。现在遍野荒地,无力市牛布种,耕收望绝。"②其实,从 1883 年永定河漫口造成大面积洪潦灾害起,水灾在这一地区就没有中断过。因此,这里饥民之多,灾情之重,就显得特别突出。《申报》3 月 24 日报道:"客有于役火车者为言,不独津郡饥荒,即附车各村落,一过糖坊(按:应为唐坊),上至胥各庄、唐山、林西,洼里,每一停车,饥民男女,鹄面鸠形,随客乞钱,如蝟之集。……连日大雨,饥继以寒……饿死冻死仍复不知几何。十余龄幼女,不过售十数元,骨肉分离,为婢为妾,在所不恤。"唐山一地,春间聚集饥民数万口,以后愈聚愈多,至春末,依靠粥厂施食为生的灾民达到十余万人之众。入夏后,顺直地区又连降暴雨,兼杂冰雹,旧灾未除,新灾又降,全年被水、被潮、被雹地方达 57 州县。"京外灾黎",纷纷涌入京城,"扶老负幼,来京觅食,其鹄面鸠形,贸贸溃乱之状,实属目不忍睹"。这些灾民在京城这个所谓的"首善之区",也并没有一条现成的生路。"所领之粥不足供一饱,伏施之钱米亦无。""不得已,馁卧路隅,待死沟壑者有之;沿门行乞,随车拜跪者有之。……以致城垣之下,

---

① 《近代中国灾荒纪年》,第 596 页。
② 《录副档》,光绪二十一年三月二十二日洪良品折。

衢路之旁,男女老稚枕藉露处,所在皆有。饥不得食,惫不得眠,风日昼烁,雾露夜犯,道殣相望。"①恶劣的生存条件,导致"疫病流行",据不完全统计,因染瘟疫而"路毙"者每月不下 3000 余人。看了这些情况,前文王文韶那样焦急地向全国各省请求帮助赈灾的举措,也就不难理解了。

事实上,甲午战争结束前后,赈灾不仅是一个重大的社会问题,而且成了一个尖锐的政治问题。我们曾经指出,在甲午战争时期,主要的灾区同战区基本是重合或极为邻近的。这些地方,正如有的奏折指出的,"师旅之后继以饥馑,民气倍极凋残"。因此,对这些地方的老百姓及时地给予赈济,不仅是战事结束后善后工作的重要内容,也是固结民心、医治战争创伤的重要方法。李秉衡在给盛宣怀的电报中就谈到了这一点:"金、复等处俟倭退后诚宜优加抚恤,以固民心。"②使这个问题更加突出起来的,还有下面这个情况:日本侵略军依然在由他们占领的海城等地,"宽为放赈","意图要结民心"。这样,赈灾就又带有了与日本侵略者争夺群众的政治斗争的内容。

应该说,有些人对这个问题是给予了足够的重视并做了实际努力的。例如,地方督抚中的李秉衡,就在战争一结束,立即对山东"被兵各州县""发款赈恤",并在经费十分困难的情况下,数次向奉天、直隶接济赈款。长年从事义赈的社会名流严作霖,战事一结束,就"集巨款拯大灾",亲自到锦州一带主持放赈工作。但是,就总体来说,清朝政府对灾区和战区的赈恤,如当时人所说的,只是"杯水车薪",而且"缓不济急"。这也并不奇怪。清政府面对着入

---

① 《近代中国灾荒纪年》,第 593、595 页。
② 中国近代史资料丛刊续编《中日战争》(三),第 508 页。

不敷出、库储如洗的财政状况,满脑子考虑着如何去偿付两亿多两银子的巨额赔款,哪里还会去认真顾及挣扎在死亡线上的千百万普通老百姓呢?

甲午战争结束前后,社会舆论对李鸿章纷纷诘难,要求追究李鸿章指挥战争和主持和谈的责任。在一片抨击声中,人们联系到顺直地区连年大水,自然也就涉及李鸿章久任直隶总督期间在防灾治河中的种种失误。编修李桂林等的一个呈文中这样说:"其河渠则不循水性,横筑堤防,御北则移诸南邻,捍西则移诸东境,水失故道,纵横肆溃。大名道吴廷斌本无治水之能,以趋承李鸿章大受委任,又复引其私人潘陶钧等包揽利权,侵吞巨款。任河自决,领帑银以冒利;俟水自涸,筑浮土以冒功。向来直省苦旱为祲,近则无岁而无水患。"①

究竟李鸿章对顺直水患频仍应负多大责任,是个需要另做专门研究的问题。但不论如何,人们在批评李鸿章在甲午战争中的责任时,同时也联系到他在灾荒问题上的错失,这是完全合乎逻辑的。这也从一个方面反映了灾荒与甲午战争之间的内在联系。

---

① 中国近代史资料丛刊续编《中日战争》(三),第533页。

近代中国灾荒与社会稳定[①]

　　自然灾害是全人类的共同大敌。人类一直在同各种自然灾害的顽强斗争中艰难地发展着自己。中国地域辽阔,地理条件和气候条件都十分复杂,自古以来就是一个多灾的国家。一直到今天,自然灾害仍然在很大程度上成为经济发展和社会进步的一个重大障碍。不过,在中华人民共和国成立前的百余年间,也就是从1840年鸦片战争到1949年中华人民共和国成立的中国近代历史时期,封建统治日趋腐败,帝国主义肆意掠夺,社会动荡,经济凋敝,使本来就十分薄弱的防灾抗灾能力更加萎缩,自然灾害的发生频率和破坏程度,不要说比现在严重百倍,就是在历史上也是罕见的。如果说一部"二十四史",几乎同时也是一部中国灾荒史,那么,一部中国近代史,也正是中国历史上灾荒最为频繁、最为严重的一段历史。毫无疑问,这样一种频繁而严重的灾荒,必然会给广大的人民群众带来深重的劫难,并对我国近代的经济、政治以及社会生活的各个方面产生巨大而深刻的影响。因此,了解和研究中国近代灾荒史,不仅可以使我们更深入、更具体地观察近代社会,

---

① 该文原载国家教委高校社会科学发展研究中心组织编写:《中外历史八人谈》,北京:中共中央党校出版社,1998年。

更全面、更深刻地体验我们这个民族曾经遭受过的是怎样一种巨大的苦难,而且可以从对近代灾荒状况的总体了解中得到有益于今天加强灾害对策研究的借鉴和启示。

一、连年不断的大面积灾荒

一旦接触到大量的有关灾荒的历史资料,我们就不能不被近代中国灾荒之频繁、灾区之广大及灾情之严重所震惊。处于淮河流域的安徽省凤阳县,在旧中国流传着一首催人泪下的民谣,其中几句是说那个地方"三年水淹三年旱,三年蝗虫闹灾殃","十年倒有九年荒"。这确实是当地实际情况的真实写照。而且,绝不是凤阳一隅如此,它完全可以被看作旧中国灾荒状况的一个小小的缩影。

就拿水灾来说,这是带给人们苦难最深重、对社会经济破坏最巨大的灾种之一。一些重要的江、河、湖、海的周围,几乎连年都要受到江水海潮的侵袭。黄河是中华文明的发祥地,素有"母亲河"之称,但它也是历史上决口泛滥最多、祸害最大的一条河流。据统计,在中国最后一个封建王朝——清朝建立后的 200 年间(1644—1844),黄河共决口 364 次。进入近代,百余年间,几乎"无岁不溃"。事实上就在近代历史开端的鸦片战争期间,就发生了连续 3 年的大决口,祸及河南、安徽、江苏以及山东、湖北、江西等省,给当时已经剧烈动荡的社会带来了更大的震颤和不安。到了 1855 年(咸丰五年),黄河又发生了离现在最近的一次大改道,也是自公元前 602 年以来的第 26 次大改道,给黄河流域带来了巨大的变迁和灾难。自此以后,河患更是变本加厉。从 1882 年到 1890 年,黄河即曾连续 9 年发生漫决,其中 1888 年虽无新的决口,但上年在河南郑州被冲塌的口门全年未曾合龙,也就是说,这 9 年间,滔滔的黄水始终浸淹着黄河下游数省的广大田地。民国以后,黄河水患愈演愈烈,短短的 38 年间,共决口 107 次,平均差不多一年发生 3 次决口。每一次决口,都要淹没大片的土地,冲毁无数的房屋村镇,使大量人口牲畜惨遭灭顶。1933 年 8 月,黄河中游发生了 20 世纪 30 多年以来最大的一次河患,陕西、山西、河南、河北等省河堤连决数十处,灾区遍及华北 6 省并波及苏北地区,据不完全统计,受灾面积达 8600 平方公里,毁屋 169 万间,灾民 364 万余人。至于 1938 年那场人为制造的惨绝人寰的黄河花园口决口,更使滚滚浊流由豫东泻入皖北、苏北的淮河流域,漫淹 3 省 44 县市,淹没农田 1993.4 万余亩,受灾人口 1250 余万;而且,受当时的政治背景和军事环境的影响,此次决口直至 1947 年 3 月始经堵筑合龙。无情的洪流,一连 9 年狂奔飞泻,豫皖苏泛区的广大民众遭受着前所未有的洪波浩劫。

我国的第一大河长江,全长 6300 多公里,流域面积达 180 多万平方公里,两岸特别是中下游地区,历来是我国的重要产粮区。尽管由于上游两岸山岩矗立,宜昌以东进入广阔的平原地区后,水流比较平缓,加之有许多湖泊调节水量,所以较之黄河来说,造成的水患要小得多,但只要翻一翻长江流域的水文记录,则不难发现近代以来的长江水灾要远比过去严重。据统计,在 1583 年(万历十一年)到 1840 年的两个半世纪内,长江流域发生大水灾两次,而在 1841—1949 年的一百多年间,竟发生大水灾 9 次,超过了同一时期黄河重大灾害性洪水的次数。早在鸦片战争前后,以经世务实而著称的思想家魏源就以其敏锐的眼光注意到了这一严峻的事实,指出"历代以来,有河患无江患",但数十年来,长江"告灾不辍,大湖南北,漂田舍,浸城市,请赈缓征无虚岁,几与河防同患"。也就是说,长江几乎已经变成中国的第二条黄河了。

位于长江、黄河两大流域之间,流经湖北、河南、安徽、江苏 4 省的千里淮河,在古代直通大海,淮河两岸也曾有过富饶繁荣的岁月。但自金、元以后,黄河屡屡南下夺淮,黄水带来的大量流沙堵塞了从淮北到鲁西南的许多河道,把淮河中下游的洼地变成了大大小小的湖泊,淮河流域的灾害自此日甚一日。1855 年黄河改道北流,淮河虽然摆脱了黄河长达 6 个半世纪的干扰,但已经流沙层积,地貌变异,水系紊乱,河床改观,淮河流域变成了著名的"大雨大灾,小雨小灾,无雨旱灾"的贫瘠地区。近代史上,淮河就发生过 3 次全流域性的大洪水;1866 年(同治五年)、1921 年和 1931 年,灾情一次比一次严重。前面提到的十年九荒的凤阳,其主要灾荒正是来源于淮河的涨溢淹浸。

地处京师附近的永定河,原名无定河,清康熙年间赐名永定。它流经宛平、涿州、良乡、固安、永清、东安、霸州、武清等县,绵亘400 余里。由于两岸皆沙,无从取土,所筑堤防不能坚固,而出山之水,湍激异常,变迁不定,一遇水涨,堤防即溃,防守之难,甚于黄河,致有"小黄河"之称。虽然康熙皇帝把这条河的名字从"无定"改成了"永定",但河患并不因此而消失,仍然是连年漫决,成为威胁京师及直隶地区的重要祸害。据各种资料统计,在鸦片战争开始到清朝灭亡的 71 年间,永定河发生漫决 33 次,平均接近两年一次。其中,1867—1875 年,创造了连续 9 年决口 11 次的历史纪录,给永定河两岸的人民带来了深重的灾难。

湖南的湘、资、沅、澧四大河,都汇流于洞庭湖,然后注入长江,使洞庭湖成为我国最大的淡水湖之一。本来,拥有如此丰富的水利资源,自然条件极为优越,洞庭湖周围地区理应是物产丰盈的鱼米之乡。但封建统治者对湖区不加治理,不但使洞庭湖对长江水量的调节作用日益减弱，而且出现了沿湖州县如巴陵、岳州、临湘、华容、安乡、南县、澧州、安福、武陵、龙阳、沅江、湘阴等几乎年年"被水成灾"的怪现象。有人做过统计，有清一代洞庭平原 12 州县共遭灾 62 年次，其中顺治至雍正年间 14 年次，特大水灾 5 次，乾隆至嘉庆年间 17 年次，特大水灾 4 次，而道光至宣统年间则高达 31 年次，特大水灾高达 15 次。很显然，从顺治到嘉庆的 177 年间，水灾变化比较平缓，而到了道、咸、同、光、宣五朝 91 年间，水灾周期急剧缩短，灾次大量增多，灾情不断加重。蕴藏着丰富水利资源的鱼米之乡，变成了实实在在的水患之区。

　　差不多与此同时，珠江流域经历了同样的生态变迁。作为我国的第五条大河，它是由干流西江（流经云南、贵州、广西、广东）和北江、东江在广州附近汇集而成的。虽然它的流量是黄河的 7 倍，仅次于长江，但含沙量只有黄河的大约 1/300，因而相形之下珠江的水患要少得多。由三江年深日久地冲积而成的珠江三角洲，风光秀丽，四季常青，河渠纵横，稻浪无垠，盛产大米、蔗糖、蚕丝和塘鱼，是南国大地上一颗灿烂的明珠。然而，即使这样，这里不时也免不了水患的发生。由于珠江各河流经高温多雨地区，雨季长，台风多，潮汛急，每年的汛期（4 月—10 月）达半年之久，洪水暴涨便是寻常事，一旦东、北两江支流的洪峰和西江干流洪峰相遇，就会造成突发性水灾，加上珠江流量甚大，尽管含沙量小，但河口淤沙日久，水位日高，由此导致河决基围的情况同样不可避免。据《珠江三角洲农业志》的统计，在 1278 年（宋）以前的 309 年间，这里共发生水患 5 起，平均间距 61.8 年；1279—1367 年（元）发生水患 14 起，平均间距 6.29 年；1368　1795 年（明　清中叶）发生水患 216 起，平均间距 1.98 年；1796—1949 年（清嘉庆—民国），发生水患 137 起，平均间距仅 1.16 年。从这个统计可以看出，在宋、元以前，珠江流域的水患还轻不足道,但从晚清到民国年间,水患已经迅增至几乎无年不灾的程度,表现出明显的加速发展的趋势。1915年夏季,这里爆发了一场200余年未见的特大洪水,这也是该流域近代史上最严重的一次长历时、大范围的洪水。广东的东、西、北三江,同时漫溢,珠江三角洲各县围堤几乎全部崩毁,广州被水淹浸达7天之久,期间还引发了一场亘古罕有的特大火灾,浊浪与火海交织,使2800余家店铺在一昼夜间化为灰烬,1万余人被大火吞没。

谈到水患,不能不涉及滨海地区的风暴潮问题。这是一种由台风引起的爆发式灾害。由于我国海岸线绵长,尤其是东南沿海直面世界上最大的台风源,海浪可以直扑海滨,强台风的频频袭击就在所难免,而且往往是飓风、暴雨、海啸继起迭至,毁屋、拔树、沉船、伤人。大量的证据表明,从19世纪中叶到20世纪上半叶,是我国风暴潮灾害相对频繁和集中的一个时期。据统计,仅造成万人以上人口死亡的风暴潮灾害就发生了16次。1862年7月26日,广东省城及近海各地,狂风骤起,海水陡发,"纵横几千里",水淹屋塌,死难者10余万人。这是近代灾害史上灾情最重的一次风暴潮。

上面我们只是从水灾的角度,通过各个侧面来反映近代社会中国大地上灾荒的频发性。事实上,旱灾的发生同样是十分频繁的。以山东省为例,清代268年间,出现旱灾共233年次,当时全省107个县,共出现旱灾3555县次。俗话说,"水灾一条线,旱灾一大片",旱灾对农作物的破坏往往更为严重,它虽然不像洪灾那样来势迅猛、暴烈,但是分布面积广,持续时间长,而且正由于它的影响有个积累的过程,以至人们在觉察到旱灾的威胁时,往往对它措手不及、无可奈何。特别是从19世纪中后期开始,旱灾的范围不仅在北方地区大为蔓延,而且呈现出自西北向东南扩张的势头,并出现了不少特大型的灾年或灾害,如光绪初年的华北大旱灾,1920年的北五省大旱荒,1928—1930年的西北、华北大饥荒,1942—1943年的中原大饥荒和广东大饥荒,都是旱魃肆虐的突出表现。其中,光绪初年发生的大饥荒,是以"丁戊奇荒"(光绪三年,丁丑年;光绪四年,戊寅年)这样骇人听闻的字眼被载入中国史册的。从1876年到1879年,旱情整整持续了4年之久,旱区覆盖了山西、河南、陕西、直隶(今河北)、山东北方五省,并波及江苏、安徽、四川北部及甘肃东部。总面积百余万平方公里的辽阔土地上,田地龟裂,河道干涸,树木枯槁,青草绝迹,更没有任何庄稼,真可谓"赤地万里"。连昔日纵横泛滥、溃决频闻的黄河,这几年也暂时收束了先前狂奔不羁的滚滚浊流,呈现出少有的枯水状况。据不完全统计,1876—1878年,仅山东等北方五省被卷入灾荒的州县总数即分别为222个、402个和331个,整个灾区受到旱灾及饥荒严重影响的居民人数,估计在1.6亿到2亿,约占当时全国人口的一半。以至当时的清朝官员每每称之为有清一代"二百三十余年未见之惨凄、未闻之悲痛",甚至说这是"古所仅见"的"大祲奇灾"。当时旅华的外国人士,也把它看成中国自古以来的"第一大荒年"。不过从后来的历史来看,几乎就是在同一区域,这样的悲剧仍不止一次地重演。

"大旱(或大水)之后必有大蝗。"现在,蝗虫已经很难对人们产生大的危害了,但在半个多世纪前,蝗灾是一种相当严重的自然灾害,而且往往伴随着水旱灾害一道袭击人类,使得灾荒火上浇油,变本加厉。中华人民共和国成立前,河南省流行着一句民谣,叫作"河南四荒,水、旱、蝗、汤(汤,原指土匪,后来专指国民党军汤恩伯部)",就是这种灾况的真实写照。当然就单个的蝗虫而言,对农作物尚不构成致命的危害,但结群成阵乃是飞蝗的一大特性,只要一闹蝗灾,便必然出现蝗虫"铺天盖地、漫山遍野"的骇人景观;每到一处,往往横亘数十里,落地尺来厚,不论禾稼还是草木,咬啮起来"如疾风扫叶,顷刻而尽",以至酿成可与前述水旱巨祲相提并论的大规模灾荒。近代以来,至少出现过3次比较严重的蝗灾盛发期。第一个盛发期发生在清代的咸丰朝,从1852—1858年,蝗灾持续了六七年时间,约占咸丰帝在位时间的7/10;广西、直隶、河南、江苏、浙江、安徽、湖北、山西、山东、陕西、湖南等10余省或先或后、或长或短、或重或轻地受到了蝗害的打击,覆盖的省份也占全国的1/3。尤其是直隶省,在1854—1858年连续5年飞蝗肆虐,而蝗患最为惨重的1856年,各地报灾的将近70个州县,"蔽空往来"的大队飞蝗甚至惊动了正在京郊巡游的咸丰皇帝。河南光州等地,因蝗虫"一食无余,民间之苦异常,有数十里无炊烟者"。第二个盛发期发生在1928—1936年,在这期间,几乎"无年不蝗",而且有6年遍及6省以上,其中的1929年、1933年,更高达11省168县和9省1市265县,患及河北、江苏、山东、安徽、河南、浙江、江西、陕西、辽宁、湖北、四川、湖南、山西等地,范围极其广泛。第三个盛发期发生在1942—1947年,主要集中在以黄泛区为中心的河南、安徽、河北、山西、江苏一带,其波及范围虽然略小于前两个盛发期,但为害程度更高。在1943年和1944年两年蝗害的巅峰之际,中国共产党领导的抗日根据地太行边区,也未能幸免来自黄泛区的飞蝗的袭击。据时任八路军一二九师参谋长的李达同志后来回忆,当成群的蝗虫过境之时,"铺天盖地","最大的蝗群,有方圆几十里的一片,它们一落地,顷刻之间就把几十、几百亩地的庄稼吞食一干二净",不少地方的民众不得已以蝗虫充饥,结果蝗虫倒成了"风极一时的食品"。

在诸多的自然灾害中,地震也是频繁发生而使人民群众饱受其苦的灾害之一。据《中国地震目录》的统计,自夏代有文字可考的公元前 1831 年起至 1963 年,我国发生的 4.75 级以上的破坏性地震有 3180 次。历史进入近代以后,除了个别年份外,中国大地上几乎每年都有地震发生。地震的强度更是骇人听闻,据统计,近代 110 年共发生 7 级以上的地震 64 次,造成千人以上死亡的地震 27 次,1879 年甘肃武都大地震、1920 年甘肃海原(今属宁夏)大地震、1927 年甘肃古浪大地震、1931 年新疆富蕴大地震,震级均在里氏 8 级以上。从下面排列的一些大地震的简况中,完全可以了解这些频繁发生的强烈地震带来的灾难是何其惨重:

1850 年 9 月 12 日,四川西昌发生里氏 7.5 级地震,倒塌民房 2.6 万余间,压毙人口 20652 名;震中附近的会理县倒房 1800 余间,压死人口 2876 名。

1879 年 7 月 1 日,甘肃南部与四川接壤的阶州(今武都)和文县一带发生里氏 8 级地震。一时间山飞石走,地裂水涌,城垣倾圮,房屋倒塌,城乡人民惨遭压毙的共 3 万余人;地震时由于山岩崩坠,河水壅决,各地又大水奔涌,文县县城就有 10830 余人被淹死,而阶州下游一个名叫"洋汤河"的市镇,"万家烟火,倏成泽国,鸡犬无踪,竟莫考其人数"。地震的波及范围东至西安以东,南达成都以南,方圆将近 2000 里,其中破坏严重或受到影响的有甘肃、山西、陕西、河南、四川、湖北等地至少 140 县市。

1920 年 12 月 16 日,甘肃海原发生大地震,震级为 8.5,震中裂度为 12,持续时间或 10 分钟,或 20 分钟。震发时东六盘山区山崩地裂、黑水横流;极震区的海原城,全城房屋荡平;固原城区全部被毁;静宁城关庐舍倾塌殆尽,有 20 余个乡村覆没无存;会宁县因土崩山裂而整个被湮没,形成"数十里人烟断绝"的惨相;通渭县城乡房屋倾圮无余,而且河流壅塞,平地裂缝,涌水喷沙,有全村覆没的,也有一村仅存一两户的。除此之外,还在东起庆阳、南至西和、西至兰州、北达灵武的现宁夏、甘肃、陕西三省区至少 39 个县的广大区域内形成了一个重破坏区。在重破坏区的外围,还有一个范围更大的轻破坏区,包括今宁夏、甘肃、四川、陕西、山西、河南等省区约 55 个县。地震波及的地区就更广,当时居住在北京的鲁迅先生在他 12 月 16 日的日记中郑重其事地记下了这样一笔:"夜地震约一分时止。"这次地震尽管发生在人烟稀少的西北地区,但因地震烈度大,范围广,加上当地居民绝大多数凿穴而居(窑洞),地震发生时只有极少数人从强震引起的泥石流中逃出,结果死亡人数综合起来将近 30 万(一说 20 万),成为近代史上破坏性最强的一次大地震。

1921 年 4 月 12 日,甘肃固原(现属宁夏)再次发生地震,震级 6.5 级,固原四周死万人,城外 25 里以内不见一人,田地抛荒。

1925 年 3 月 16 日,云南大理大地震,震级 7 级,造成城崩屋塌,引发火灾,伤亡惨重,四围 10 余县遭到破坏,总计死亡万余人,灾民近 30 万。

1927 年 5 月 23 日,甘肃省又发生 8 级大地震,古浪、武威一带地裂房塌,有 4 万余人死于非命。

1933 年 8 月 25 日,四川茂县叠溪镇发生 7.5 级地震,叠溪镇及其附近 60 余村全部毁灭,6000 余人死亡,近百里沦为泽国,而且崩塌的乱石阻断了岷江,致使数十天后壅积的洪水冲破缺口,奔腾而下,形成近代史上罕见的特大地震洪水,灾区长达 2000 余里,冲没农田不下 5 万余亩,淹没男女老幼人数在 2 万以上,洪水灾害的漂流物沿江直达武汉。

与地震灾害大多偏于西南、西北这一区域性较强的特征相比,疫灾在全国范围的分布是相当普遍而均匀的,而且在近代交通兴起以后甚至突破地域的限制跨江越河肆虐全国。1911 年秋,黑龙江西北满洲里出现鼠疫,很快就沿着铁道线传入哈尔滨、长春以及奉天等处,并侵入直隶、山东各地,黑龙江的呼兰、海伦、绥化,吉林省的新城、长安、双城(今属黑龙江省)、宾州(今黑龙江省宾县)、阿城、五常(今属黑龙江省)、榆树、磐石、吉林等各府、州、县也遭到波及,估计东三省因疫而死的将近"五六万口之谱";1919 年,疫病竟然席卷了中国的整个东部,从福建福州到黑龙江哈尔滨,约有 30 万人丧生。在大旱、大水、大震之后,瘟疫的暴发往往更为猛烈、更为猖獗。例如,"丁戊奇荒"期间,1878 年春夏华北各地就并发过一场大面积的瘟疫。当时的河南灾区几乎十人九病,"此传彼染,瞬判存亡",连清政府派往河南督察救灾事务的钦差大臣也染疫不治,死于任上。陕西省的疫情也很凶猛,延榆绥道道台以及榆林县的三任县令都相继染疫病亡,以致无人再敢赴任,弄得榆林府知府不得不一身兼任道、府、县三职。山西临汾县城关这年春天瘟疫流行时,每天倒毙的饥民不下数十百人,附近以乞讨为生的男男女女,每隔十几天就会换上不同的面孔。由于死亡人数太多,该县县令组织各地绅董,花了两个多月的时间,还没有将染疫倒毙的尸体掩埋干净。有些地方干脆草草了事,挖掘大坑,把尸体集体埋葬。至于因地表生物、微生物或某种地球化学元素富集或稀缺而形成的区域性的地方病灾害,更是遍及全国各地,并在不知不觉中吞噬了无数的家庭与生灵。据调查,中华人民共和国成立前仅血吸虫病即直接威胁长江流域 10 省市 190 县的 1 亿多人口,受其感染的也高达 1000 万人以上;素有"千湖之国"之称的湖北省有 41 县流行血吸虫病,感染率占疫区人口的 20％以上,湖南临湘县感染率为 19％～31％,江西鄱阳湖区和九江赛湖区感染率也在 20％左

右,江苏太湖区感染率至少在 5％～10％,不少村庄高达 50％～
75％,最高的可达 95％～100％。在重灾区,确实是"千村薜荔人
遗矢,万户萧疏鬼唱歌"。

　　除了上述几种灾害,严霜、奇寒、冰雹、大火等也不时地袭击神
州大地。而且,正如前面已经提到的,这些灾害往往并不是单独发
生的,而是接连不断或交相并发,出现"灾上加灾"的情况。事实
上,某种自然灾害特别是重大灾害一经产生,常常导致连锁效应,
同时或连续引起多种灾害,形成颇为复杂的灾害链,如台风→暴雨
→洪涝→滑坡→泥石流等,或地震→山崩→滑坡→泥石流→水灾
→火灾→瘟疫→海啸等;至于干旱,除了引起蝗灾、疫灾外,也可同
时导致火灾、土地沙漠化、土地盐碱化等。有时候看起来毫不相关
的两种灾害之间,也存在着令人难以置信的触发关系。近代史上
华北、西北地区出现的多次旱震交织并发的情况,如光绪初年华北
的大旱灾与 1879 年的甘肃武都大地震、1920 年的北五省大旱与
同年的海原大地震,从自然科学的角度来观察,都不是一种偶然的
巧合,而是地震在孕震过程中引起的气象变异。以某一省区而论,
这种灾害并发、续发的例子,也是不胜枚举。

　　下表反映的是 1840—1919 年广东省的灾害情况:

灾害	水灾	旱灾	风灾	地震	虫灾	冻灾	雹灾
县次	510	242	344	207	271	110	136

　　连气候、地理条件相对优越的广东省尚且避免不了各种自然
灾害的交相打击,其他省份就可想而知了。据清政府档案记载,全
国 1700 多个县,每年约有 1/6 到 1/8 的县农作物收成不足 50％,
有的只收一二成,严重的颗粒无收。另据不完全统计,在 1912 年
到 1948 年的 37 年,全国各地(未统计今新疆、西藏和内蒙古自治

区大部)总共有16698县次(旗、设治局)发生一种或数种灾害,年均451县次,即使按民国时期县级行政区划的最高数衡量,每年也有1/4的国土笼罩在各种自然灾害的阴云下,其中受灾县次最高的年份如1928年和1929年,竟分别高达1029县和1051县,几乎占了全国总县数的一半,打击面不可谓不大。

二、灾荒对社会生活的严重影响

过去,每当谈到自然灾害的严重后果时,大家常用"饥民遍野""饿殍塞途"等加以形容。由于经过了高度的抽象和概括,对这些字眼所包含的具体内容往往不大去细想。实际上,这短短的几个字背后包含着多少血和泪、辛酸和悲哀!

首先,灾荒对社会生活的严重影响表现在对人民生命的摧残和戕害上。在旧中国,每一次大的自然灾害,总要造成大量的人口死亡。我们在前面已经提到的地震、瘟疫等灾害是如此,洪水等其他灾害也是如此。例如,1931年,长江及其主要支流如金沙江、沱江、岷江、涪江、乌江、汉水、洞庭湖水系、鄱阳湖水系,以及淮河、运河、钱塘江、闽江、珠江,都发生了大洪水。黄河下游以及东北的辽河、鸭绿江、松花江、嫩江等河流,也纷纷泛滥成灾,到处洪水横流,灾情几遍全国。其中,江淮流域的湖南、湖北、安徽、江苏、江西、浙江、河南、山东8省,受灾最重,而8省之内被洪水吞没的生命,按照档案材料及慈善机构文书、报章杂志的记载估计,至少在40万。但这还不是最严重的。较此更甚,1887年黄河郑州决口,河南、江苏、安徽等省死难的人数,按外国人士的估计,高达93万余人;而1938年的花园口决口也使豫皖苏泛区失去了893303条宝贵的生命,事实上,这个数字不可能是精确的,实际情况只会比这个数字更加严重。

说来也怪。地震、瘟疫、洪水这类灾害,爆发力极强,在极短的时间内,或几分钟,或几小时,或几天,造成大量的人口死亡,惊天动地,骇人心魄,但相对而言,也正因为它们的成灾时间短,涉及的范围有限,所以人员伤亡虽极严重,但不是数量最大的。倒是像旱灾这样持续时间长、成灾面积大的渐变性灾害,成为近代中国灾害史上导致人口死亡的罪魁祸首,这是需要我们特别注意的。就拿前面提到的1876—1879年的华北大旱灾即"丁戊奇荒"来说,由于干旱的时间长,灾情和人民生命财产的损失尤为惨重。据《万国公报》的报道,灾区人民无任何粮食可以充饥,只能"食草根,食树皮,食牛皮,食石粉,食泥,食纸,食丝絮,食死人肉,食死人骨,路人相食,家人相食,食人者为人食",直至最后"饥殍载途,白骨盈野"。如果说这个报道还只是一些概括性的描写的话,那么,当时在全国发行的《申报》刊载的一份1878年初抄录的《山西饥民单》,就完全以具体而详尽的数据,为我们提供了一幅毛骨悚然的人间地狱般的画面:

> 灵石县三家村 92 家,(饿死)300 人,全家饿死 72 家;圪老村 70 家,全家饿死者 60 多家;郑家庄 50 家全绝了;孔家庄 6 家,全家饿死 5 家。汾西县伏珠村 360 家,饿死 1000 多人,全家饿死者 100 多家。霍州上乐平 420 家,(饿死)900 人,全家饿死 80 家;成庄 230 家,(饿死)400 人,全家饿死 60 家;李庄 130 家,饿死 300 人,全家饿死 28 家;南社村 120 家,饿死 180 人,全家饿死 29 家;刘家庄 95 家,饿死 180 人,全家饿死 20 家;桃花渠 10 家,饿死 30 人,全家饿死 6 家。赵城县王西村,饿死 600 多人,全家饿死 120 家;师村 200 家,饿死 400 多

人,全家饿死 40 家;南里村 130 家,饿死 460 人,全家饿死 50 家;西梁庄 18 家,饿死 17 家。洪洞县城内饿死 4000 人;师村 350 家,饿死 400 多人,全家饿死 100 多家;北杜村 300 家,全家饿死 290 家,现在 20 多人;曹家庄 200 家,饿死 400 多人,全家饿死 60 家;冯张庄 230 家,现在 20 来人,别的全家都饿死了;烟壁村除 40 来人都饿死了,全家饿死 110 家;梁庄 130 家,全家饿死 100 多家;南社村 120 家,全家饿死 100 多家,现在 40 来人;董保村除了 6 口人,全都饿死了;漫地村全家饿死 60 多家;下桥村除了 30 多人,都饿死了,全家饿死 82 家。临汾县乔村 600 余家,饿死 1400 人,全家饿死 100 多家;高村 130 家,饿死 220 人,全家饿死 80 余家;夜村 80 家,除 30 人都死了,全家饿死 70 多家。襄陵县城内饿死三四万;木梳店 300 家,饿死五六百人;义店 120 多家,饿死了 6 分。绛州城内大约 1800 家,饿死 2500 人,全家饿死 60 家,小米 3300 文 1 斗;城南面 3 个村子 510 家,今有 280 家,死 1000 多人,全家死 200 家;城北面 6 个村子 1350 家,死 2400 人,全家饿死 500 余家;城东面 5 个村子 1700 家,死 1200 人,饿死 300 多家;城西面 6 个村子 1900 家,饿死 1500 人,全家饿死 100 余家。太平县 6 个村子饿死 1000 多人,全家饿死 100 余家。曲沃县 5 个村子 970 家,全家饿死 400 家,饿死 2000 余人。蒲州府万泉县、猗氏县两县,饿死者一半,吃人肉者平常耳。泽州府凤台县冶底村 1000 家,6000 人饿死 4000 人;天井关 300 家,现存 60 家,全家饿死 240 家;阎庄村 360 家,全家饿死 260 家;窑南村 85 家,全家饿死 74 家,下余五六家人亦不全;阎庄村符小顺将自己亲生的儿子 6 岁活杀吃了;巴公镇亲眼见数人分吃五六岁死小孩子,用柴火烧熟;城西面饿死有 7 分,城东面饿死有 3 分,城南面饿死有 7 分,城北面饿死有 3 分。凤台、阳城两县活人吃活人实在多。阳城县所辖四面饿死人有 8 分;川底村 200 家,饿死 192 家。沁水县所辖大小村庄饿死人有 8 分。高平县所辖大小村庄饿死人 7 分。潞安府 8 县光景不会(好)多少。所最苦者襄垣县、屯留县、潞城县。屯留县城外 7 村内饿死 11800 人,全家饿死 626 家。王家庄一人杀吃人肉,人见之将他拉到社内,口袋中查出死人两手,他说已经吃了 8 个人,活杀吃了 1 个,有一女年 12 岁活杀吃了。又有一家常卖人肉火烧,有一子将他父亲活杀吃了。有一家父子两人将一女人活杀吃了,这就是一宗真事。潞城县城外 6 个村庄 5000 家,饿死 3000 人,全家饿死 345 家。襄垣县城外 11 村内 2000 家,饿死 2000 人。汾州府汾阳县城内万家,饿死者 10 分中有 2 分,服毒死之人甚多,有活人吃死人肉者。汾阳县城东面 7 村内 4080 家,饿死 2200 人;城西面 3 村内 1200 家,饿死者 10 分中有 3 分;城北面 7 村内 1 万家,饿死者 10 分中有 3 分;城南面念村内 5000 家,饿死者 10 分中有 3 分;共有名之村大约 360 村,饿死者足有 3 分。孝义县城内 5000 家,饿死者有 3 分;城东面 8 村内 2800 家,饿死者有 3 分;城南面 16 村内 1960 家,饿死者有 3 分;城西面 19 村内 2000 家,饿死者有 3 分,城北面 10 村内 1170 家,饿死者有 3 分;米粮不敢行走,因强夺之人甚多。死人甚多,有卖人肉者,此外混行无能人食干泥干石头树皮等。太原县所管地界大小村庄饿死者大约有 3 分多。太原府省内大约饿死者有一半。太原府城内饿死者两万有余。光绪四年正月念日抄。

这份材料虽然长了一点,但可以相信,只要有耐心读完这些令人触目惊心的描述,就不会有哪一位读者还能忘记我们的民族在近代历史上曾经承受过的创深痛剧的苦难。据不完全统计,在这次大旱灾中,山西、河南等华北各省共饿死病死 1000 万人之多。近代发生的其他几次特大旱灾,死亡人数同样骇人听闻:

1892—1894 年山西大旱,死亡 100 万人;

1920 年北五省大旱,死亡 50 万人;

1925 年四川大旱,饿死病死约 115 万人;

1928—1930 年西北、华北大饥荒,死亡 1000 万人;

1942—1943 年中原大饥荒,死亡 300 万人;

1943 年广东大饥荒,死亡 50 万人(一说 300 万人)。

如果将造成万人以上人口死亡的灾害列为巨灾的话,那么在近代历史上,这样的灾害,包括水、旱、震、疫、风、雪、寒等,共发生了 119 次,平均每年在 1 次以上,死亡总数为 3836 万余人,平均每年约 35 万人。这在当时全国总人口中所占的比重或许并不算高,但在受灾严重的地区,灾害造成的人口损失实在不可低估,下表中有关"丁戊奇荒"期间河南、山西几个县的死亡率就是一个铁证。

山西省灾情严重地区的死者数

地区	灾前人口	死者	生者	死亡率
太原府	100 万	95 万	5 万	95%
洪洞县	25 万	15 万	10 万	60%
平陆县	14.5 万	11 万	3.5 万	75.86%

河南省灾情严重地区的死者数

地区	灾害以前	1877年	1878年	死亡率
灵宝县	15万～16万		9万	37.5%～40%
荥阳县	13万～14万		6万	53.8%～57%
新安县	15万	10万	6万	60%

（参见何汉威：《光绪初年（1876—1879）华北的大旱灾》，香港中文大学出版社，1980年）

由于人口损失奇重，河南、山西许多地区的人口数目直到民国时期也未能恢复到灾前的水平。1934年重修的《灵石县志》回顾半个多世纪前的这次大灾时还说："呜呼！（光绪）三年，秋无寸草；四年，夏成赤地。两季不收，一年无食，而流离失所，死亡相继，论户四千余家，论人四万余口，至今几六十年而灾情犹存，元气未复。"

其次，频繁严重的灾荒还破坏了人类的生存环境，迫使大量饥民、灾民为了求生活命而不得不离家出走，四处逃荒。这些逃荒的流民，总是扶老携幼，成群结队，或露宿四野，或涌入城市，背井离乡，乞食为生。这样的流民，数量通常是灾害死亡者的数倍、十几倍乃至数十倍。例如，1920年北五省大旱，仅流入东北的灾民，有数可查的就有数十万人；1925年湖北旱灾，需要救济的有百万人，其中到他处乞食的20万人；1927年，山东省灾民1000万，其中就有300万人，或者赴外省就食，或者在本省内寻觅生路；1928年，陕西灾民556万余口，其中冻饿而死的20万余人，流离各处的则多达百万余人，而河南省，到11月1日止，到本省各县或外省逃难的总计300万余人；1931年江淮大水灾，湘、鄂、赣、皖、苏、豫等省131县，流亡人口估计有1015万余人，占灾区总人口的40%；1932年，江苏、安徽、陕西、山西、河南等19省市灾民2705万余人，灾户

446万余家,其中迁往外地的75万余户,按每户平均6～7人计算,合计457万余人;1934年,在安徽870余万的灾民总数中,就有500多万饥民流移乞讨;1935年7月长江中下游大水,死亡14.2万人,逃荒的灾民则达1100万余人;1938年黄河花园口决口,也曾使豫皖苏泛区人口的1/5,即391万余人被迫漂流异乡,其中河南泛区117万余人,安徽泛区253万余人,江苏泛区22万余人;1943年广东大旱,惠来、海丰、陆丰等地登记前往福建、江西、湖南的流民也有50万余人,顺德县全县人口约60万,逃出的就有两成。在一些生态环境十分恶劣、自然灾害极其频繁的地区,逃荒甚至成为人们习以为常、司空见惯的传统或习俗了,他们冬去春回,犹如候鸟一般。前面提到的那首凤阳民谣之所以流传四方,就是由那些成群结队年年岁岁从当地出走的流民背着花鼓"过长江""渡黄河"而传唱出来的。其实,这种习俗并不限于淮北一地,清代就有人专门写过一首题名《逃荒民》的诗来咏叹山东的此类流民:"有田胡不耕,有宅胡弗居。甘心充颜面,踉跄走尘途。如何齐鲁风,仿佛凤与庐。其始由凶岁,其渐逮丰年。岂不乐故土,习惯成自然。"河南省黄河沿岸的滑县、长垣、封邱、延津、原武、阳武等县由于地多沙土,产量很低,每年也常有大批的农民逃到山西去谋生。其他如江苏的苏北、湖北的黄梅、江西的九江、北平的远郊等地,每到冬季农闲的时节,都有大批农民结队成群,以"逃荒"为名,出外乞食,形成季节性的流民潮。

需要指出的是,这些流民,特别是那些被突发性的灾害驱赶出家园的流民,虽然也有一些人能够在异乡异地安家立业,落脚生根,但更多的人则由于饥寒交迫,惨死于道途,颠沛于田野,为佣为丐,为盗为匪,最终也摆脱不了贫病而死的悲惨命运。有一位记者曾经这样描写1929年四川大旱期间那些盲目地流向城市县镇的灾民的命运："每到黄昏，城厢附近各街道的廊下或柜台上，都满布着成群结队的难民，有哭者，有笑者（原注：无知的小孩），有呻吟者，有呼爷呼粮（娘）者，有倚壁柱而立者，有据石地而卧者，形形色色，不忍卒睹。可是一到旭日东升的时候，昨晚所见的许多活着的人，现在都大半已变成了死的尸，那种惨状，真是不堪回忆。"①然而，历史无情，在当时的社会条件下，这位记者"不堪回忆"的"惨状"，在后来的艰难岁月中还是反复出现。例如，1942—1943 年的中原大饥荒就是如此。当时的河南除了西靠大后方外，三面临敌，但成百万生活在国统区的中原民众已经顾不得这许多了，他们在秋收绝望之后纷纷踏上了逃荒外出的路途，一批人南下逃往湖北，一批人则向东越过战区进入日本占领区，另有一批人则辗转奔向中国共产党领导的抗日根据地，但更多的灾民还是汇集洛阳，沿陇海路西进陕西"大后方"。其中，除了历尽艰险奔向抗日边区的灾民，大多无法跳出死神的魔掌。在东路，逃往沦陷区的灾民由于根本找不到生路，不得不重新返回家乡等死。在南路，据报道，许多"走不动、爬不起的老头儿、老太婆和 10 岁以下的孩子们"在人畜交行的公路上停滞不前，"哭着叫着得不到一文钱的救济"，有的"索性也就不做声地躺着"，很快就变成"绝了气的死尸"。在西路，那条连接洛阳与西安的陇海铁路成了灾民心目中普度众生的"神龙"，但这条"神龙"不仅没有把灾民驮出死亡圈，驮到"安乐的地带"，反而驮出了一条"无尽长的死亡线"。据一位记者的追踪报道，当时每一列开往西安的火车上都爬满了难民，他们紧紧抓住火车上所能利用的每一个把手和脚蹬，但许多人还是由于过分虚弱而跌下列车，惨死在铁路线上。从洛阳到西安数百里长的铁路沿

---

① 《民国日报》，1929 年 7 月 4 日。

线,到处都是这些人的尸体。侥幸不死的难民逃到西安,当局又不允许他们在市内出现,许多人只好在平地上挖出一条小沟,再从小沟挖掘小洞,"一家人便蛇似地盘在里面"。整个西安,只有一个粥厂,散发的粥券也很少,而且每个灾民每天只准领一次,不少灾民不是"活活饿死",就是"一家人集体自杀"①。

再次,严重的自然灾害,除了造成人口的大量死亡、逃亡,还对社会经济造成了巨大的损伤和破坏。其实,人口的大规模伤亡本身就是对社会生产力的极大摧残,因为人——准确一点说是劳动者,本来就是生产力系统中起主导作用的因素,或者如列宁所说的,是"全人类的首要的生产力"。但问题还远远不止于此。较大的水、旱、风、雹或地震等灾害,除了人员伤亡,一般都伴有物质财富的严重破坏,如庐舍漂没、屋宇倾塌、田苗淹浸、禾稼枯槁、牛马倒毙、禽畜凋零等。这里先举几个并不算严重的例子:1844年夏,福州发生水灾,仅闽县一地就被淹没田地44430余亩;1846年6月,江苏青浦大水,一次就漂没数千家;同年7月,吉林珲春因河水涨溢,该县8000余垧田地中,有80%被水冲毁,毫无收成;1849年春夏之间,浙江连雨40余日,以至上下数百里之内,江河湖港与农田连成一片,大水无法消退,其间庄稼颗粒无收自不待言,"房屋倾圮,牲畜淹毙"也"不知凡几";1851年4月末,新疆伊犁连降大雪,5月中又暴雨倾盆,雨水加上消融的雪水,一下子把许多田地冲成深沟,田亩不能耕种的达36982亩之多,庄稼被冲毁的自然就更多了。较严重的如1915年珠江大水灾,淹没耕地1400万余亩,农作物损失2000万余银圆;1931年江淮大水灾,淹没耕地16662万亩,经济总损失更高达228349万银圆;1938年黄河花园口决口,

---

① 流萤:《豫灾剪影》,载《河南文史资料》,第3辑。

淹没耕地有 19934 万余亩,洪水造成的农工各业经济损失折合战前币值为 10.9176 亿余元,泛区民众每人平均负担 5～6 元,按照当时我国人均国民收入计算,等于 1900 多万人将他们一年多的劳动所得全部投入黄水。至于大旱之年,广大的饥民为了充饥活命,总是不惜一切代价地变卖家产,诸凡衣、住、行等方面一切被认为是有用的物品无不拿到市场上进行廉价大拍卖,许多地方的灾民甚至不惜将房屋拆卸一空,当作废柴出售,以至出现“到处拆毁,如被兵剿”的惨景。就是平常被看作半份家当的牛马等牲畜也往往被宰卖一尽,或充作果腹之餐。“丁戊奇荒”期间中国牛皮出口贸易的数据从正反两个方面反映了灾区畜力的惨重损失。在大旱之前的 1874 年,牛皮出口量还只有 1207 担,1876 年就急剧上升到 11350 担,约相当于 1874 年的 10 倍,而这些牛皮绝大部分是从华北灾区输往国外的。到了 1877 年,灾区的农民大量宰杀牛群,使牛皮供应过多,价格猛跌,极大地刺激了对英国伦敦的大量出口,牛皮出口量猛增到 57192 担,比 1876 年又翻了五番多。1878 年后,牛皮出口量开始大幅度下降,这是因为这一年灾区瘟疫流行,幸存的耕牛大批死亡,但即使如此,1876 年到 1879 年的 4 年间,牛皮输出总量也高达 135507 担。因此,千千万万的饥民,经过顽强的挣扎之后,他们甚至连同他们祖辈辛勤积攒的哪怕是非常有限的财产,也连同生命一起被残暴的天灾剥夺净尽了。结果在灾情缓解之后,幸存的农民没有籽种,没有农具,没有耕牛,连维持简单再生产的条件也丧失了,自然很难重建残破的家园。

　　在近代历史上,每当发生重大的水旱或其他灾害之后,绝非一两年之内就可以缓过劲来,把社会生产恢复到正常水平的。这一方面是因为灾荒期间人口损失过重,导致灾区的土地大量荒芜。前面提到的“丁戊奇荒”,曾使百余万平方公里的土地成为废墟,过了很多年,荒芜了的土地尚未全部复垦,人口也未恢复到先前的水平。另一方面则是因为各种自然灾害对农田生态系统的持久性破坏。如前面提到的鸦片战争爆发后连续 3 年黄河大决口,就曾造成河南省自祥符到中牟一带长数百里、宽 60 余里的广阔灾区。过了 10 年之后,一位官员路过这里,惊奇地发现这一带地方仍是一块"不毛之地",本来肥沃的土地变成了沙滩,原先到处可见的大小村落荡然无存。再如 1938 年的黄河花园口决口,9 年之中,洪水大约把 100 亿吨的泥沙倾泻到了淮河流域,在泛区平原形成了广袤的淤荒地带,据当时的调查,仅河南泛区淤沙面积就多达 1377平方公里,约占泛区总面积的 1/4。在黄泛主流经过的地方,如尉氏、扶沟、西华、太康等县,堆积的黄沙浅者数尺,深则过丈,连昔日的房屋、庙宇、土岗都大部分被埋入沙土中,甚至连屋脊也看不见,更不用说过去低平的农田了。旱灾对农业生态环境的破坏也不亚于此。当年,作为《法兰克福日报》记者而来到中国的外国友人史沫特莱女士,在《中国的战歌》一书中这样描写了 1929 年的河南饥荒造成的环境后果:"饥饿所逼,森林砍光,树皮食尽,童山濯濯,土地荒芜。雨季一来,水土流失,河水暴涨;冬天来了,寒风刮起黄土,到处飞扬。有些城镇的沙丘高过城墙,很快沦为废墟。"这些都充分说明,在旧中国,严重自然灾害对社会经济所带来的破坏性影响是如何长久地难以消除。更何况近代自然灾害的一个显著特点是,灾害的继发性非常突出,结果旧灾造成的民困未苏,疮痍未复,新的打击又接踵而至,不但对社会经济的破坏更为严重,而且抗灾防灾的能力每况愈下,使得同样程度的灾害造成的后果更具灾难性,更使人无力承受。

最后,灾荒对社会生活影响的再一个方面是,破坏了正常的社会统治秩序,增加了社会的动荡与不安定,激化了本已相当尖锐的社会矛盾。

清朝封建统治者,常喜欢宣扬他们如何不惜巨金,拯救灾民。辛亥革命后,窃取了革命胜利果实的袁世凯也吹嘘他的政府"实心爱民",遇有水旱偏灾,立即发谷拨款,施赈救灾。要说这些话完全是无中生有的欺骗宣传,却也未必。去掉自我标榜的成分,应该说,他们对赈灾问题,从主观上还是比较重视的。其原因,并不是如他们自己所说的出于爱民之意、怜悯之心,而是他们清醒地懂得,严重的自然灾害会增加社会的动荡不安,直接威胁到本已岌岌可危的统治秩序的稳定。在这一点上,倒是清政府的要员左宗棠说得比较坦率,他指出,"办赈须借兵力"。也就是说,赈灾的时候,一只手要拿点粮,拿点钱,救济灾民;另一只手要拿起刀,拿起枪,以防灾民闹事。他甚至进一步认为,镇压不安分而"作乱"的饥民是救灾的首要前提,即"荒政救饥,必先治匪"。不言而喻,这里的所谓"匪",不过是那些无衣无食而又不甘坐以待毙、不惜铤而走险冲击封建统治秩序的灾民。

如前所述,在每一次较大的自然灾害之后,不论旱灾的"赤地千里"还是水灾的"一片汪洋",随之而来的都是生产的破坏和凋敝,都是大量受到饥饿与死亡威胁的"饥民"和"流民"。这么多饥民、流民的存在,本身就是对封建统治的严重威胁。从某种意义上说,这么多风餐露宿、衣食无着的饥民和流民,无异于堆积在反动统治殿堂脚下的无数火药桶,只要一点火星,就可以发生毁灭性的爆炸。事实上,这些由于灾荒而产生的大量饥民,为着解决眼前的温饱,求得生存的权利,总是纷纷起来直接进行"抗粮""抗捐""闹漕""抢米""抗租"等斗争。可以说,在近代历史上,即使在"承平"之时,也就是阶级斗争相对缓和的情况下,在局部地区,因为灾荒以及赈灾中的种种弊端而引起的这类小规模群众斗争的事件也是经常发生的。1841 年(道光二十一年)浙江归安县农民因反对地方官"卖灾"而闹事,就是一个小小的例子;1849 年,江苏大水灾,各地农村不断发生的"抢大户""借荒"等斗争,是又一类型的实例。1877 年陕西关中大旱,大荔、朝邑、郃阳(今合阳)、澄城、韩城、白水及附近各县饥民,纷纷聚众抢粮,有的甚至"拦路纠抢",还公开竖立一面大旗,上写"王法难犯,饥饿难当"8 个字。辛亥革命前 10 年间,由于各地自然灾害连绵不绝,各地农民的反抗斗争也此伏彼起。据统计,1906 年全国发生抗捐、抢米及饥民暴动等反抗斗争约 199 起,其中一些规模和影响较大的事件发生的地区,当年几乎无一例外地遭到洪涝灾害,而且大多灾情颇重。1907、1908 两年,抢米风潮曾稍见沉寂,这与这一时期自然灾害相对减轻是完全一致的。到 1909 年,全国下层群众的自发反抗斗争约 149 起,其中几次规模较大的抢米风潮和饥民暴动,恰恰发生在灾情最严重的甘肃和浙江两省,这自然也不是偶然的巧合。1910 年,随着灾荒形势的恶化,抗捐、抢米等风潮进一步发展,陡然上升到 266 起。其中的抢米风潮,几乎全部发生在长江中下游的湖北、湖南、安徽、江苏、江西 5 省,而这里正是连成一片的一个面积广大的重水灾区。这一年的长沙抢米风潮,是震动全国的重大事件,这个事件的背景就是,湖南省因灾而致"树皮草根剥食殆尽,间有食谷壳、食观音土,因哽噎腹胀,竟致毙命者",长沙城里"老弱者横卧街巷,风吹雨淋,冻饿以死者,每日数十人"。人们无法生活,自然只能铤而走险。这些处于社会最底层的饥民的暴动,尽管都是自发性的,多数不带有什么远大的政治目的,但客观上都在一定程度上冲击了旧的社会秩序。

不仅如此。接连不断的灾荒,还使一向就存在的群众反对现存统治秩序的斗争扩大了规模,增加了声势。特别是在社会矛盾十分尖锐、阶级斗争或民族斗争日趋紧张的时候，受到灾荒的打击而流离失所的数量巨大的灾民往往成为现存统治秩序的叛逆力量，源源不绝地加入战斗行列。这在太平天国运动、义和团运动以及辛亥革命运动中，得到了最清楚不过的表现。一位研究太平天国运动史的著名专家在分析太平天国运动筹划时的时势与环境时，提到"有天赐良机以助洪（即洪秀全）等扩充实力"。这个天赐良机，就是道光末年连年不绝的灾荒。在后来太平军挺进南京的过程中，如果得不到两广、两湖、江西、安徽灾民的充分响应，如果没有成千上万流离失所的饥民像潮水一样涌进了太平军的队伍，那么太平军是不可能那样摧枯拉朽般地扫荡清朝政权的统治秩序从而顺利实现战略目的的。半个世纪以后（1899—1900 年）出现在黄河流域（直隶、山东、山西、陕西、河南等省）的大旱灾，恰好也帮助了风起云涌的义和团反帝斗争。一个外国人把"很多地区的庄稼由于天旱缺雨而歉收，人民的心里烦躁不安"看作义和团兴起的重要原因之一，这不是没有根据的。近代著名思想家严复在谈到辛亥革命发生的"远因和近因"时，也提到了"近几年长江流域饥荒频仍"这个因素。不论这些运动在性质上何等不同，广大群众勇敢地拿起武器，义无反顾地同中外反动势力展开殊死搏斗，无论如何都是值得讴歌的。但我们毕竟不应该忘记，不少人付出了极为惨痛的代价，是在饥寒交迫甚至家破人亡的困境中被迫走上"造反"之路的。我们赞颂他们的斗争精神，却要诅咒促使他们起来斗争的种种苦难——其中当然包括自然灾害带来的苦难。

三、灾荒频繁发生的社会原因

自然灾害，顾名思义，是由自然原因造成的，就这个意义来说，是天灾造成了人祸。但是，人们生活在一定的自然环境之中，同时也生活在一定的社会条件之下，自然现象同社会现象从来都不是互不相关而是相互影响的。恩格斯在批评自然主义的历史观的片面性时说："它认为只是自然界作用于人，只是自然条件到处在决定人的历史发展，它忘记了人也反作用于自然界，改变自然界，为自己创造新的生存条件。"①在大体相似的自然条件下，若政治条件和社会环境不同，那么自然灾害的发生及其后果就会有很大的差异。人们通过自己的智慧和劳动来改变自然界，有效地克服了自然环境中若干具体条件的不利影响，便能减轻或消除自然灾害带来的灾难。反之，社会生活中经济制度、政治制度的桎梏和阶级利益的冲突妨碍或破坏了人同自然界的斗争，人们便不得不俯首帖耳地承受大自然的肆虐和蹂躏。遗憾的是，后一种情况，在剥削阶级掌握着统治权力的条件下，是屡见不鲜的，甚至可以说是一种常规。在中华人民共和国成立后的 40 余年间，黄河"岁岁安澜"，一次决口也没有发生；而在中华人民共和国成立前的百余年间，黄河是"三年两决口，百年一改道"，给人们带来了巨大的苦难。这个鲜明对比充分说明了政治条件、社会条件的不同，对自然灾害的发生及其后果会产生何等巨大的影响。从这个意义上也可以说，在旧中国，不仅是天灾造成人祸，而且人祸又常常加深了天灾。因此，对于近代中国自然灾害如此频繁和严重的原因，不仅应该从自然方面而且应该着重从社会的、政治的方面去探求。

愈是生产力低下、社会经济发展较落后的地方，人类控制和改变自然的能力愈弱，自然条件对人类社会的支配力愈强。近代历史上自然灾害的普遍而频繁，从根本上来说，当然是束缚在封建经

---

① 《马克思恩格斯选集》，第 3 卷，第 551 页，北京：人民出版社，1972 年。

济上的小农经济生产力水平十分低下的结果。以一家一户为经济单位的小农经济,不可能具有有效的防灾抗灾能力,一遇水旱或其他自然灾害,人们就只好听天由命,束手待毙。胡适在谈到中国人对付灾荒的办法时,不无嘲讽意味地说:"天旱了,只会求雨;河决了,只会拜金龙大王;风浪大了,只会祷告观音菩萨或天后娘娘;荒年了,只好逃荒去;瘟疫来了,只好闭门等死;病上身了,只好求神许愿。"①这段话,虽仍有他惯常存在的那种民族自卑心理的流露,但也不能不说在很大程度上反映了那个时代的社会现实。当然,对这种现象进行嘲笑未免有失公正,把产生这种状况的原因只是看作观念的落后也过于浅薄。如同其他社会现象一样,归根结底,在这里经济状况起着决定性的作用。

人类不合理的开发活动导致生态环境的严重失衡,也是近代灾荒频发的一个不可忽视的因素。

清朝以前,我国人口始终没有超过1亿,明代全国人口最高的数字是6300万,由于明末长期战乱而人口锐减,清朝初年,大约只有1400万人。至康熙朝以后,我国人口迅速增长,1741年(乾隆六年),我国人口突破1亿大关,达1.4亿。从此扶摇直上,到1840年(道光二十年)鸦片战争爆发时,全国人口激增至4.1亿。百年内,我国人口增加了3倍,而耕地面积增长却极为缓慢,从顺治末年到乾隆末年,大约140年间,耕地面积由5亿亩增至9亿亩,此后便长期徘徊不前。这种情况,使人均耕地面积直线下降,如乾隆末年人均占地尚有3亩,至鸦片战争时,人均耕地仅有2亩多一点了。按照当时的劳动生产力水平和粮食亩产量,维持一个人的最低生活,约需耕地4亩,而到乾隆年间,人均耕地面积已低于这个

---

① 《胡适论学近著》,第638页,济南:山东人民出版社,1998年。

数字,至晚清时期更相去甚远。这样,仅从人均占有耕地这个标准来看,全国至少有 1/3 的人口处于饥饿和半饥饿状态。人口激增和土地不足的矛盾已经成为近代中国日趋突出的社会问题。

为了解决这个矛盾,人们纷纷到地广人稀的地区去拓荒和开发。实际上,早在嘉道时期许多地区的土地开发就已达到饱和性状态,山峦海滩甚至深山邃谷中,"凡有地土可开辟者,无不垦种"。由于当时缺乏环境保护意识,滥垦滥伐,在增加了大量可耕地的同时,也对大自然带来了破坏性的后果。古老的森林植被年复一年地遭到大面积的毁坏,变成到处童山秃秃,"土失其蔽"。这样,既严重丧失了调节气候的功能,又造成大量水土流失;既加速了气候干旱化、土壤沙化的进程,又使向来并不发达的水利系统因泥沙不断淤塞而被削弱了蓄水泄洪的能力,最终也就加大了水旱灾害发生的频度和强度,形成无灾变有灾、小灾变大灾,"水则汪洋一片,旱则赤地千里"的溃烂局面。

前述长江流域近代以来水患频频,在很大程度上就是这种过度开发造成的结果。在长江上游的川、陕、楚交界地区,原有一片莽莽丛林,叫巴山老林。18 世纪以来,大批流民涌入这里,刀耕火种,毁林开荒,生态环境遭到严重破坏。每当暴雨之时,历年堆积在地面的浮沙壅泥,败叶枯根,均随大雨倾泻而下,从山中冲入溪涧,又由溪涧进入汉水和长江,原本清澈的江水变成浊水,并有了"石水斗泥"之称,也就是说泥沙占了河水流量的 1/10。这些灾难性淤积起来的泥沙,不仅垫高了江底,而且在中下游地区堆成了大片大片的洲渚。这些地区的农户为了生存,纷纷在各片洲渚上筑圩垦田,阻塞水路。在魏源生活的那个年代,湖北省位于长江南岸的公安、石首、华容等县,江北的监利、沔阳一带,以及湖北的黄梅、广济到安徽的望江、太湖各县,已是湖田成片,阻水长堤每每延绵数百里,昔日江汉上游借以泄水的 20 多个穴口都淤塞了,大片的旱期干涸、汛期受水,起着泄洪作用的低地被挡在河堤的后面,变成了耕地。特别是到了清末和民国年间,各省为弥补财政亏空,纷纷设立沙田局,不管水道是否通达,而专以出卖沙洲为能事。洞庭、鄱阳这两个蓄泄洪水的大湖,往昔受水之区,被私人、公司或官方侵占屯垦。芜湖地区作为天然蓄水池的万春、易泰、天成、五丈等湖区,也陆续被官府放垦,成了熟田。长江的干道变得越来越浅。20 世纪 20 年代以后,吃水稍深的轮船在冬春两季只能从汉口驶到芜湖,芜湖以下各段须改用驳船运货。这样,汇集了物华天宝的长江中下游地区就丧失了抗旱排涝的基本功能。一般而言,近代这个地区 30 日无雨就发生旱灾,40 日以上无雨,赤地千里,禾苗枯槁;一旦大雨连绵,则江溢湖漫,破圩决堤,演成巨灾。

对于生态环境的破坏与灾荒频发的关系,民主革命的伟大先行者孙中山先生曾经从他的切身感受出发做过极为精辟的论述。他在从事政治活动之初,就在一封信中写道:"试观吾邑东南一带之山,秃然不毛,本可植果以收利,蓄木以为薪,而无人兴之。农民只知斩伐,而不知种植,此安得其不胜用耶?"①后来,他更明确地指出:"近来的水灾为什么是一年多过一年呢?古时的水灾为什么是很少呢?这个原因,就是由于古代有很多森林,现在人民采伐木料过多,采伐之后又不行补种,所以森林便很少。许多山岭都是童山,一遇了大雨,山上没有森林来吸收雨水和阻止雨水,山上的水便马上流到河里去,河水便马上泛涨起来,即成水灾。所以要防水灾,种植森林是很有关系的,多种森林便是防水灾的治本方法。"②

---

① 《孙中山全集》,第 1 卷,第 1—2 页,北京:中华书局,1981 年。
② 《孙中山全集》,第 9 卷,第 407 页。

防止旱灾也是一样，"治本方法也是种植森林。有了森林，天气中的水量便可以调和，便可以常常下雨，旱灾便可减少"①。孙中山的这些论述，即使在今天，也并没有被所有人真正了解。尽管我们已日益认识到保护自然环境和生态平衡的极端重要性，但因对自然界过度的索取而遭到大自然无情惩罚的事例还是屡见不鲜。

当然，仅仅把问题归结为生产力水平的低下或者生态环境的破坏，是很不全面的，还有必要把视野扩展一点，从社会政治领域来考察近代灾荒频发的缘由。

事实上，把自然灾害同社会政治联系起来的看法在历史上很早就产生了。这突出地表现在所谓"天象示警"的传统灾荒观念上。这种观念认为，一切大的自然灾害的发生，都是老天爷对人们的一种警告或警诫，因为"天人之际，事作乎下，象动乎上"，人间社会生活和政治生活的不正常必然引起"天变"。这种灾荒观念，几乎流传了几千年，一直到清代还在实际生活中有着很大的影响。这种观念虽然并没有科学地揭示灾荒发生的原因，而且带有浓厚的封建迷信色彩，但它毕竟把自然灾害的频发同政治腐败联系了起来，在一定程度上提醒封建统治者从灾荒的发生中"反躬责己"，修明政治，因而具有一定的现实积极意义。近代洋务派官僚的认识较这要前进一步，他们开始直截了当地把"吏治不修"看作"民生日蹙，岁有水旱"的原因。但对灾荒与政治关系谈得最深刻的，还是孙中山先生。他认为灾荒频发的原因，除了人们对生态环境的破坏这一条外，另一条就是封建政治的腐败。他说："中国人民遭到四种巨大的长久的苦难：饥荒、水患、疫病、生命和财产的毫无保障。这已经是常识中的事了"；"中国所有一切的灾难只有一个原

---

① 《孙中山全集》，第 9 卷，第 408 页。

因,那就是普遍的又是有系统的贪污。这种贪污是产生饥荒、水灾、疫病的主要原因,同时也是武装盗匪常年猖獗的主要原因";"官吏贪污和疫病、粮食缺乏、洪水横流等等自然灾害间的关系,可能不是明显的,但是它很实在,确有因果关系。这些事情决不是中国的自然状况或气候性质的产物,也不是群众懒惰和无知的后果。坚持这说法,绝不过分。这些事情主要是官吏贪污的结果"①。在这个方面,有无数历史事实足以证明孙中山的说法确实是不刊之论。

还是从黄河说起。晚清时期为什么会出现"河患时警"的现象呢?据有关资料披露,道光咸丰年间,清朝政府每年用于黄河大堤的修防经费高达五六百万两银子,但实际用到工程上的不及1/10,其余的都让治河官吏挥霍掉了。当时河督宴客,一席所需,总要宰杀几匹骆驼、数十头猪以及无数鹅掌猴脑,甚至吃一次豆腐,也要花费数百两银子。如此骄奢淫逸,自然谈不上讲求"工程方略"了。这种情况大概很可以作为孙中山关于灾荒根源于官吏贪污的生动注脚。连道光皇帝也不得不承认,对于黄河,基本上是"有防无治"。

其实,说对黄河"有防无治",还未免是一种过于美化的说法。在那个时候,"治"固然谈不上,"防"也常常因为各种原因而成为空文。每当大汛来临之际,治河各官真正能够奔走抢救、同广大群众战斗在抗灾抢险第一线的能有几人?这里不妨举一个颇具典型意义的实例:1887年9月29日(光绪十三年八月十三日),黄河在河南郑州决口,决口之前,黄河大堤上数万人号呼震天,当堤防危在顷刻的时候,为各保身家,都准备积极抢险。但河道总督成孚"误

---

① 《孙中山全集》,第1卷,第89页。

工殃民"。早在前两天就有人向他报知险情,他却"借词避忌",拒不到工。次日,他慢慢吞吞地走了 40 里路,住宿在郑州以南的东张;及至到达决口所在,他不做任何处置,只是"屏息俯首,听人詈骂"。但向朝廷奏报时,他竭力掩饰:本来是决口,却说成漫口;本来决口四五百丈,却说成决口三四十丈;本来是"百姓漂没无算",却说成居民迁往高地,"并未损伤一人"。广大群众的生命财产就这样成了腐败黑暗的封建政治的牺牲品。

至于乘机贪污勒索,大发"赈灾"财的,更是司空见惯。本来,为了稳固自己的政治统治,清朝统治阶级曾经设计和规定了许多对待自然灾害的办法,形成了一套周密而完整的救荒机制。这些办法和规定,在有清一代,也确实产生了相当积极的作用。但是,历史进入近代以后,清王朝的统治危机日趋严重,政权的腐败程度有加无已。在一个彻底腐朽了的政权统治下,任何有效的政治机制都会运行失灵,任何严格周密的规章制度都会成为一纸具文;在多数场合下,实际活动甚至往往表现为对成文规定的明目张胆的背离和破坏。拿报荒来说,很多封建官僚不是"以丰为歉",捏报灾情,就是"以歉为丰",匿灾不报。虚报是为了贪污,因为虚报一旦成功,朝廷就会下令缓征或免征钱粮,而这些地方官早已"预征田赋",为己所用了。匿灾或者是出于政治上的考虑,以粉饰太平来逃避自己对防灾不力的责任,制造小民"安居乐业"的假象来吹嘘自己的"政绩";或者是出于经济方面的贪婪追求,"田虽颗粒无出,而田粮仍须照例完纳"。

民国时期,由于政局的动荡和战乱的频繁,过去封建王朝有关"荒政"的一些表面文章也常常顾不上做了。正如上文已经提到的,在清朝,每当发生灾荒之时,朝廷都要对成灾地区发布命令减免赋税。但到了民国以后,情况有了很大的不同。一些地方当局,常常预收钱粮。据《申报》披露,有的省份在民国十四年(1925 年)即已预征钱粮到民国二十七八年了。而且,"这个军队来,预征一二年,改调乙队,不予承认,另外征收"。等到发生灾荒的时候,那一年的钱粮早在好多年前就已被收走了,哪里还谈得上"减免"二字?就赈济而言,政府往往只满足于做一点表面文章,于灾民的死活却并不放在心上,所以实际效果实在可怜得很。1940 年安徽先旱后涝,灾区辽阔,灾民众多,灾情颇重。为了赈济,从中央到省政府都拿了些钱,但分到灾民头上,"每人只有二分"。二分钱,对于在死亡线上挣扎的灾民来说,连苟延残喘的作用都起不到。这与其说是救灾,不如说是对"救灾"的讽刺。一位德国友人王安娜在《中国——我的第二故乡》中描述过 1942—1943 年的中原大饥荒,她从两位在河南实地考察的美国朋友口中得知,"路上满是尸体和像骸骨一样瘦得可怕的人;所有的树皮,都被饿得绝望的人吃光了";"在这种令人毛骨悚然的状态中,更为可怕的是招待我们的政府高级官员们的宴会,山珍海味堆积如山。而这些高级官员们就住在饿死者和倒在地上快要饿死的人的近处"。

各级官吏贪污腐败的恶劣影响并不只是表现在对社会救荒制度的直接破坏上。作为剥削阶级统治机器不可治愈的顽症痼疾,它在某个政权已经运行失灵、危机四起的时候,总会恶性发展,像溃烂的脓疮,蔓延到整个政治肌体,从而严重地消耗社会财富,加剧经济危机,从而导致国库亏空,财政困难,最终会进一步限制国家在防灾救灾方面的经济投入,以至大大降低了社会的防灾抗灾能力。以清朝而论,它在经历了一段政治稳定和经济繁荣的"康乾盛世"之后,从乾隆后期开始就已经走上了王朝统治的下坡路,整个封建政权,从上到下,腐败之风特甚。乾隆皇帝本人不仅六次南巡,到处游山玩水,寻欢作乐,挥霍无度,而且大兴土木,修建宫殿、苑囿,劳民伤财。王公贵族、文武百官、大地主、大商人无不挥金如土,穷奢极欲。为了满足奢侈豪华生活的需要,各级官吏贪风日炽,贿赂公行。和珅在乾隆后期任军机大臣 20 余年,运用各种手段,虎吞狼夺,积攒了数量惊人的巨额财富,就是一个典型的例子。乾隆死后,嘉庆帝抄没了和珅的家产,共编为 109 号,其中已估价的 26 号值银 2.2 亿两,相当于当时清政府 5 年多国库收入的总和。清政府虽然有时也惩办少数贪官污吏,但无力扭转这股愈刮愈烈的贪渎之风,只能坐视其不断蔓延扩大。大大小小的官僚只以行贿受贿为能事,致使吏治日坏,官场充斥着昏庸、自私、卑劣的小人,他们只知升官发财,封妻荫子,置国家安危、民生疾苦于不顾,因循苟且,百务废弛。近代以来,清朝统治阶级的腐朽没落较前有过之而无不及,"官以贿成,刑以钱免",大小官员几乎无官不贪。统治同治、光绪两朝 40 余年的慈禧太后更是荒淫无度,她为了自己的享乐,动用大量人力、物力、财力,甚至挪用海军经费修建颐和园。在中日甲午战争爆发之际,她仍耗费巨款举办庆祝自己 60 寿辰的"万寿盛典",各级官员为博取她的青睐,竞相"报效"巨款和其他奇珍异玩。这样,在乾隆中叶到清朝灭亡的百余年间,统治阶级的腐朽没落,使国内经济生活一片混乱,日益衰败。清朝中叶积蓄起来的社会财富,也被各级官员严重的贪污腐化消耗殆尽,国家财政入不敷出,困难重重。而且,这些贪官污吏在肆无忌惮地侵蚀国库的同时,还加紧了对黎民百姓的剥削和搜刮,致使阶级矛盾十分尖锐,农民起义连绵不绝。为了维护自己岌岌可危的统治,清政府又不得不耗费大量军费用于军事镇压,仅为扑灭 18 世纪末 19 世纪初的白莲教大起义,它就花费了饷银 2 亿两;为了镇压 19 世纪中叶以太平天国农民战争为中心的各族人民反清斗争,清政府的用度更为浩繁,不仅挖尽了它的库藏,还卖官鬻爵,开征厘金

（商业税），滥发钱钞，国家的财政濒于崩溃，并从此一蹶不振。我们不妨做一个比较。清代乾隆年间，库存银一般在 7000 万两以上，1777 年（乾隆四十二年）达 8182 万两，是清代历朝库存银最高的一年。到了 1851 年，库存银几经耗折，已下降到 800 万两左右。太平天国起义爆发后，库存银更是逐年锐减，在 1853—1861 年，每年平均仅存银 18 万两，其中的实银又不过 11 万两。等到 1864 年太平天国起义被镇压时，库存银只有 6 万余两，相当于 1777 年的 1/1364。在这样一种山穷水尽的财政状况下，我们很难想象清政府对防灾抗灾工作会有大规模的经费投入。1855 年黄河在河南兰阳铜瓦厢决口改道，按照惯例，清政府本应堵筑漫口，抚恤灾民。但当时东南半壁江山被太平军占领，大半个中国处在战火之中，清朝统治者为了支付军饷，早将库存挖掘一空，又哪有余资去堵筑决口呢？咸丰皇帝经过一番权衡，很快改变了"兴工堵筑"的初衷，决定采取所谓的"因势利导"政策，"暂行缓堵"兰阳决口。实际上，这里所谓的"因势利导"，只不过是任黄水四处横流，对黄河灾难不闻不问的一种冠冕堂皇的遁词。太平天国农民起义失败以后，黄河水患日趋严重，清政府不得不稍稍留意河工，但由于清政府的财政状况并没有根本改善，再加上其他方面的原因，清政府投向黄河河工的经费，连同堵口、筑堤的用款在内，也不过 180 万余两，只相当于嘉道年间的 1/4 左右。这样少的经费再加各级官员的侵挪贪污，真正被用于河防的就少得可怜了，其结果自然是黄河"无岁不决，无岁不数决"。

我们在上面所提到的"其他方面的原因"，其中最重要的一条就是，外国资本帝国主义列强的疯狂掠夺，这也是政治方面导致近代中国灾荒频发的最重要的原因之一。资本帝国主义列强为了把中国变为其殖民地，达到掠夺中国财富的目的，自 1840 年以来，多

次发动侵华战争,其中规模较大的就有 6 次:1840—1842 年的第
一次鸦片战争、1856—1860 年的第二次鸦片战争、1884—1885 年
的中法战争、1894—1895 年的中日甲午战争、1900 年的八国联军
侵华战争以及 1931—1945 年的日本侵华战争。所有这些战争,除
了最后一次外,无不因封建政府的极端腐败而以中国的失败并被
迫签订不平等条约而告终。通过这些不平等条约,列强不仅获得
了大量的侵略权益,强占了中国的大片领土,而且勒索了巨额的战
争赔款,其中第一次鸦片战争赔款包括侵略者战时抢掠、勒索的钱
财在内,共 2000 余万两,相当于当时清政府一年财政收入的 1/2,
第二次鸦片战争赔款也有 1670 余万两白银。1895 年由于甲午之
战的失败,中国又被迫向日本赔款 2.3 亿两白银,相当于当时清王
朝三年财政收入的总和。1901 年的《辛丑条约》更是规定中国赔
款 4.5 亿两,分 39 年付清,本息合计约 9.8 亿两,再加上各省地方
的赔款,按当时中国人口 4 亿计算,每人要赔 3 两白银,这是中国
近代史上最多的一次赔款,是帝国主义对中国人民最重的一次敲
诈勒索。本来,在抵抗列强的侵略中清政府就已经耗费了巨额的
军费,战后为了支付赔款又不得不大借外债,忍受列强超额利息的
盘剥。原已陷入困境的清廷财政在战费、赔款和外债的重压之下,
可以说是完全崩溃了。当时为了支付庚子赔款,清政府甚至在十
分有限的黄河河工经费中每年扣提 10 万两抵数。所有这一切,最
终又会通过加捐加赋等各种经济的或超经济的手段转嫁到广大劳
动人民身上,从而大大加重了广大劳动人民的负担。加上资本帝
国主义列强又凭借不平等条约的保护向中国大量倾销商品,特别
是倾销洋纱洋布等棉纺织工业品,使广大农村家庭手工纺织业遭
到严重的摧残,剥夺了农民借以勉强维持生活的手段,农民生计更
加困顿不堪。农民一年的劳动所得,除了纳赋、应差以及充作牛力

籽种之外,就是正常年景也难以糊口,一遇荒歉,就只有陷于饥馑流离的境地了。

更有甚者,发动这些侵略战争的外国列强,特别是日本帝国主义,为了所谓的"战略需要",甚至和某些丧心病狂的国内反动统治阶级一样,有意破坏自然环境,人为制造大祲巨灾。1939年夏,河北省暴雨连朝,日本侵略者企图水淹隐蔽在高粱丛中的抗日游击队,悍然乘汛期将大清河、子牙河、滹沱河、滏阳河等河堤扒开决口182处,造成河北平原空前的大水灾,冀中、冀南500余万灾民流离失所。1943年9月,日军又在冀南临清、漳河、鸡泽等县扒堤决河,致使洪水横流,泛滥区域扩展到30余县。尤为残酷的是,日本占领军在整个战争期间先后向我国20余省的平民区投放带有鼠疫、霍乱等疫菌的不明物品,仅据有案可查的档案和文献资料中记载的数据统计,就至少有27万中国人被无端地夺去了生命,还有不少疫菌感染者遭受痛苦的煎熬。战争对生态环境其他方面的破坏和影响,同样非常严重。抗战期间,日军为攻击中国军队,或采取飞机轰炸,或放火烧山,引起多次森林火灾,而为了构筑工事,又砍伐大量的木材。据战后国民政府农林部的调查,抗战八年因战争使森林直接被毁的地区达21省,间接受害的达26省,各省森林被毁约18.8亿立方尺,价值96.7亿银圆。特别是东北地区的森林更遭到了日寇毁灭性的破坏。日占14年间,仅在长白林海即掠夺良材1亿立方米,平均每年约为700万立方米,破坏森林面积相当于6万平方公里,接近长白林海总面积的一半。林海边远县份的原始森林,经14年的洗劫之后,荡然无存。生态环境如此巨大的破坏,给当时的更给后世的东北人民带来了巨大的灾难和隐患。

现在,所有这一切都已经噩梦般地成了历史的陈迹。中华人民共和国成立后,在党和政府的领导下,由于经济的发展和综合国力的增强,由于广大干部和人民群众的团结奋斗,我们抵御自然灾害的能力有了很大的提高,严重自然灾害造成的后果被尽可能地降低到了最小的程度。当然,我们不能满足已经取得的成绩,我们仍然要坚持不懈地兴修水利,保护生态环境,不断提高抵御自然灾害的能力,确保我国经济和社会的可持续发展,以造福当代,惠及子孙。

《康济录》的思想价值与社会作用^①

　　《康济录》是一部搜集"自周至明"史籍中有关灾荒与荒政的"历代典故",并逐条加以评析剖解的专门著作。作者为钱塘县监生陆曾禹。原稿本名《救饥谱》,但一直"未经刊刻"。陆曾禹逝世后,他的同乡、时任史科给事中的倪国琏,觉得这部书稿很有价值,乃于乾隆四年(1739 年)进呈给皇帝。乾隆帝阅后,深表嘉许,命"南书房翰林详加校对,略为删润,命名曰《康济录》,交与武英殿刊刻颁发"(乾隆四年七月二十日上谕)。根据这个谕旨,清王朝组织了以和硕和亲王弘昼为"监理",大学士鄂尔泰、张廷玉、徐本为"总阅"的工作班子,经一年多的校改,最后编成一部共四卷、约 14 万字的书,加上"钦定"字样正式颁行。此后,这部书在社会上产生了重要的影响,清代乾隆以后言荒政者几乎都要引用此书。^② 因此,探讨这部书的思想内容及其在实际生活中的作用和影响,对于灾荒史的研究来说,应该是很有意义的。

---

①　该文原载《清史研究》,2003 年第 1 期。
②　《康济录》原版已成珍本。范宝俊主编的《灾害管理文库》(1999 年 6 月当代中国出版社出版),将《康济录》全文收入,按原书刻本版式扫描制版。原刻本只有分卷,无页码。本文凡引用《康济录》原文,为便于读者查阅,除注明卷数外,另按《灾害管理文库》第 2 卷第 4 册标明页码。

一、《康济录》倡导的灾荒观的积极意义

《康济录》一书,在很大程度上,是作者关于救荒问题对包括皇帝在内的各级封建统治者的进言。正是这样一个写作出发点,促使作者用最浓重的笔墨,首先着重描述和论证作为一个当权者,应该以什么样的态度去对待带给人民巨大苦难的灾荒,去对待啼饥号寒挣扎在死亡线上的哀哀灾民。

作者能够使用的思想武器,并没有超出传统封建儒学的最精华部分民本思想的范围。但是,作者在强调救荒必须"以仁心行仁政"时,可以说把民本思想发挥到了极致。在论及君和民的关系时,书中不仅反复谈到"君民一体",指出"民不赖君,何能活于凶岁;君不得民,何以享其太平。此君民一体之意也"(卷一,第 40页)。谈到国与民是鱼水关系时,指出"国之赖民,犹鱼之借水。鱼无水,则不生;国无民,则难与治"(卷一,第 42 页)。而且更进一步指出,君与民相比较,民是更根本、更重要的主体。圣明的君主,应该把民放到重于自己的地位,所谓"圣王御宇,其爱民也,甚于爱身"(卷三,第 191 页)。书中甚至把统治者和老百姓的关系喻为毛与皮的关系,说:"皮之不存,毛将安附? 各位大藩而不知为朝廷旬宣布化,子惠黎元,忝厥职也甚矣。"(卷一,第 45 页)值得注意的是,书中竟然使用了诸如"爱国必先爱民"(卷二,第 102 页)、"彻底为民"(卷二,第 187 页)这样的词句,这在以往民本主义思想家的作品中也是罕见的。封建君主专制主义从本质上说,是同民主主义相矛盾、相对立的。在封建主义的统治秩序下,君主始终拥有至高无上的权力,始终是人民群众的无可动摇的主宰。在这样的前提下,对民的地位和重要性强调得愈加充分,就愈能促使政治的清

明和社会的稳定。《康济录》的作者把这个问题作为灾荒观的头一个重要问题提出来,确实抓到了要害和根本。因为没有对人民群众切身利害的高度关切,没有"惠爱苍生""存心于天下,加志于穷民"的意识和胸怀,高高在上的统治者是很难尽心竭力地做好抗灾救灾工作的。

当充分说明了救荒赈灾是得乎民心、顺乎天意、合乎仁政的道理之后,《康济录》的作者就顺理成章地提出,一旦发生了重大自然灾害,贤君就应该"自贬以救民","节一人之用度,救万姓之流离"(卷一,第22页)。还说:"治国不可以纵欲,守位贵从乎民好。膺民社者,治本是图。躬行节俭,则恩膏沛于万姓,菽粟足于仓箱矣。"(卷一,第29页)他还直截了当地警告说:"饥馑之岁,亿兆嗷嗷于下,司牧者忧劳于上,惟恐弗克积诚感召天和,为民请命于苍昊,矧敢燕闲深宫,置民伤于度外哉!"(卷三,第202页)这样,就把是否重荒政作为判断与区分封建统治阶级是圣君贤相还是庸君墨吏的一个重要尺度和分水岭。无疑,这样的观念成为越来越多的人的共识,将极大地有利于推动封建政权对荒政的实施。

同封建正统的灾荒观一致,《康济录》从"天人感应""天人合一"的认识出发,大力宣扬自然灾害是"天意示警"的观念,认为灾荒的发生是上天对社会生活和现实政治中不合理现象的一种警告。这种灾荒观,由于强调的方面不同,可以得出两种不同的结论。过于强调上天的作用,容易引导人们走向迷信,一味乞求上天的保佑,忽略和放松了抗灾救灾的实际努力,这是消极的一面。着眼于检讨与改进现实生活特别是统治政策中的问题和黑暗面,以此消除"乖戾之气",感动上苍。这虽然不是对灾荒的科学认识,但在现实生活中显然有着积极的意义。在这个问题上,《康济录》当然无法完全摆脱迷信的成分,但其主导方面贯穿着积极的态度。

书中反复强调，"夫灾荒之至，半由人事阙失，故惟恐惧修省，克谨天戒，以感召和气，则灾庚消而百谷用成，万民以济"（卷三，第 198 页），"人有冤抑之事不明，则郁恨之气不散，遂结于太虚而灾眚见，淫雨、亢旱、蝗蟓、兵火之类是也"（卷三，第 276 页），"天之以灾谴示警，实未尝殃民以快意也，将以试司牧者之处置何如耳！"（卷三，第 194 页）从这里出发，《康济录》的作者列举历史上一些贤明君主为榜样，要求统治者在严重灾害面前，理冤狱，除苛政，戒侈靡，广言路，清吏治，蠲租赋，苏民困，行仁政，认为这些是较之具体的赈灾救荒措施更为根本的举措，因为"风雨之调和，原在人心之喜豫。盖心和而气和，气和而阴阳交泰矣。王政本符乎情理，天心总寄于民心"（卷一，第 39 页）。且不论这些要求在多大程度上能为封建统治者所接受并付诸实施，无论如何，这些要求本身，应该是在封建主义的范围之内能够提出的最好的政治企盼，在当时的条件下具有重要的进步意义。

从民本思想出发，在对待因为遭受灾荒而生活无着被迫铤而走险的人群上，《康济录》提出了一种与封建传统观念大相径庭的看法。传统观念认为，灾民一旦有了抢掠行为，就破坏了封建统治秩序，就是叛逆，一概目之为"盗贼"。这些人不但不属于官府的赈济对象，而且必须用武力加以剿除。所以，以往的赈灾大员常常强调救荒时要带两样东西：一手带粮款，一手带刀枪。粮款赈济灾民，刀枪镇压"盗贼"。《康济录》的作者则认为，"凡陷于剽掠者，皆因饥寒逼迫而致之，岂乐此丧身亡家之祸哉？"（卷二，第 138 页）"米珠薪桂，人皆自顾不暇，何处恳求，官长若不救全，老弱死而壮者盗，必然之势"（卷三，第 337 页）。该书还引用苏轼的话说："河北京东，比年以来，旱蝗相仍，盗贼渐多。今又不雨，麦不入土。窃料明年春夏之际，盗必甚于今日。"（卷三，第 433 页）"公私匮乏，民不堪命。冒法而为盗则死,畏法而不盗则饥。饥寒之与弃市,均是死亡,而赊死之与忍饥,祸有迟速,相牵为盗,亦理之常。虽日杀百人,势必不止。"(卷三,第434页)这段话,不但实事求是地分析了饥民在无法生活的情况下"相牵为盗"的客观现实性,而且指出一味靠屠戮镇压是无济于事的。所以,《康济录》在强调"民因饥馑而为盗,非扰社稷而兴兵"的同时,还大声疾呼应该对这些人像对待一般灾民一样给以赈济,"予以自新之路",而且要更加及时,免得他们在违反封建法制的路上愈陷愈深:"民之为盗,多迫于无可如何耳。有司已得其情,自宜及早招来,予以自新之路,仍为治世良民。但救之贵早,迟则积恶多而不可屈国法以徇民。"(卷一,第83页)可以看出,作者的立场并没有、我们也不应该要求他超出封建主义的范围,但毕竟这是一个正统封建主义者所能做出的最好的见解和呼吁。

《康济录》在灾荒观方面还有一个很有价值的思想,就是在防灾和救灾的关系上,主张"防"重于"救",把灾害的防止放在更加重要的地位。该书反复强调要"安不忘危","豫备不虞"。只要事先有充分的准备,"天下无不救之饥寒"。"赒急济困之道,苟能斟酌于康年,自可维持于俭岁。"(卷三,第189页)怎样才能做到"有备无患"呢?该书强调了三点。一是前面已经说到的,就是要政治清明,社会安定,有祥和之象,少乖戾之气,统治者以"圣德仁恩之厚,勤劳天下,宵旰勿遑。凡夫滋茂衣食,便安黎民之道,至大至详,有举无废,用是万方乂安,坐臻上理。当是时也,时有饥荒,国无歉乏。补偏救弊之术,无所事诸"(卷二,第95页)。就是说,在那样的情况下,即使局部地区发生灾害,有了饥荒,全国也不会有歉乏之虞。二是要发展生产,"盛于稼穑"。该书所列"先事六则"即灾荒发生之前应该做好的六件事情中,头两件就是"教农桑以免冻馊""讲水利以备旱涝"。因为只有大力发展生产,才能够增强防灾抗灾的能力,才能够在灾荒出现的时候,具备充裕的赈济救灾的经济实力。三是要有足够的粮食物资的储存,所谓"谷不积,不足以救饥","丰年多蓄,则饥馑可无虞耳"(卷一,第 20 页)。我国一向有"耕三余一"的说法,"三年耕,必有一年之食;九年耕,必有三年之食"。该书特别引用《礼记·王制篇》中的话,来强调必要的粮食储备的极端重要性:"国无九年之蓄曰不足,无六年之蓄曰急,无三年之蓄,曰国非其国也。"(卷一,第 25 页)这实在不是什么危言耸听,而是充分说明了这个问题的紧迫性。

二、《康济录》对救荒实务的总结推广

《康济录》一书另一个重要的写作目的是,搜集、总结历史上各种赈灾救荒的具体做法,向社会各界进行宣传推广。其中,既有对曾经在实际生活中行之有效的成功经验的积极肯定,也有对长期沿袭的某些错误观念和方法的批评与纠正。这方面的内容,不但有很强的可操作性,而且反映了作者的眼光和识见。

《康济录》把迅速、及时看作有效赈济灾荒的第一要义。书中反复宣说,"良有司"应该"深明乎救灾拯患之不可少缓"(卷一,第52 页),"饥民之待食,如烈火之焚身,救之者,刻不可缓"(卷一,第84 页),"救荒贵速而恶迟"(卷一,第 93 页)。并列举历代救荒中的反面事例,指出以往"荒政之弊,费多而无益,以救迟故也"(卷一,第 76 页)。因灾蠲免租赋,固属"惠民之政","然亦贵及时。否则追呼早迫,杼轴已空。恩诏来自九重,而国课已纳于百室,此际上有隆恩,下无实惠,中间吏胥,有私饱其囊橐而已"(卷一,第 81页)。《康济录》如此突出地强调这表面上看起来似乎是不言而喻

的事,丝毫不是多余,而是有着很强的现实针对性。在清代,从制度的规定来说,有关赈灾事宜,从"报灾""勘灾"到"查赈""放赈",每一个环节都有严格的时限要求,逾限则相关官员就要受到追究和处分。① 但是,封建政治的一个本质特征就是表里不一,言行相悖。实际上,这些规定很大程度上不过是一纸具文。这一方面是封建政治固有的办事拖沓、手续繁琐、推诿敷衍、效率低下这些痼疾宿弊的必然表现,如后来有一个奏折描述的:"夫荒形甫见,则粮价立昂,嗷嗷待哺之民将遍郊野,必俟州县详之道府,道府详之督抚,督抚移会而后拜疏,迩者半月,远者月余,始达宸聪。就令亟沛恩纶,立与蠲赈,孑遗之民亦已道殣相望。况复迟之以行查,俟之以报章,自具题以迄放赈,非数月不可。赈至,而向之嗷嗷待哺者早填沟壑。"②这个奏折虽然说的是咸丰时的情形,而咸丰前这类情况亦屡见不鲜,带有相当的普遍性。另一方面,也许是更加重要的原因,则是一些贪官墨吏有意拖延,以制造营私舞弊、中饱私囊的机会。这中间的种种黑幕,往往是常人难以想象的。③ 但也正因如此,《康济录》所谈的这个问题也就有着非常实际的社会意义。

　　《康济录》认为,使赈灾救荒工作取得实效的另一个关键问题是组织好一支得力的骨干队伍,即所谓救荒"首重得人"(卷三,第217页),"以得人为首务"(卷三,第212页)。对这个问题,该书进一步申述说:"天下事,未有不得人而能理者也,况歉岁哉。事起急迫,人非素练。老幼悲啼,妇女杂乱。厉之以严,则饿体难以扑责;待之以宽,则散漫莫肯循规。加之吏胥作弊,致使饿殍盈途。故不

①　关于这方面的情况,参见李文海、周源:《灾荒与饥馑:1840—1919》,第285—301页,北京:高等教育出版社,1991年。
②　《录副档》,咸丰六年十月十六日湖广道监察御史曹登庸折。
③　这方面的情况,参见李文海、周源:《灾荒与饥馑:1840—1919》,第320—340页。

得人,其何以济? 此历代圣君贤相,无不以得人为要也。"(卷三,第219页)怎样才能做到"得人"呢?《康济录》主张应该不拘一格,只要能"实心任事""勤敏自励",就应该"破格优礼"。对于现任的各级官吏,救荒本来是他们的职责所在,一遇凶荒之年,自然应该责成他们"专以抚治为事"。但对他们必须严加考核,根据救荒实绩,别其赏罚,加以黜陟。这叫作"求贤于赏罚之中","如此,则人人有所激励,而荒政之行,或庶几乎!"(卷三,第217页)该书还引用明代林希元的一个奏疏说,即使对现职官员,也要经过事先的考察选择,才能委以赈灾重任。"抚按监司,精择府县之廉能者使主赈济。正印官如不堪用,可别择廉能佐贰,或无灾州县,廉能正印官用之。盖荒事处变,难以常拘也。"(卷三,第217页)这种敢于打破封建等级观念,一切以个人品德和实际能力作为择人标准的认识,不能不说是十分大胆和难能可贵的。

《康济录》还竭力主张,在现职官员之外,应多聘用一些地方士绅,介入赈灾事务,特别是在县以下广大区域,更要吸收地方士绅阶层的广泛参与,认为这是"择贤任能"的一条重要途径。当然,对于这些人的选聘,不能只看他们财富的多少,而同样应以品德能力为首要条件。该书引用元朝张光大的言论说:"择人委任,为第一要事。若委任得人,自然无弊。君子作事谋始,赈济之方,尤为当慎。若一概委用富豪之家,则富而好义者少,为富不仁者多,其害有甚于吏胥无藉之辈。今后莫若选择乡里有德望诚信,谨厚好义之人,或贤良缙绅,素行忠厚廉介之士,不拘富豪,但为众所敬而悦服者,许令乡民推举,使之掌管,庶几储积不虚,凶年饥岁,得以济民也。"(卷三,第215页)对这个主张,《康济录》评论说,张光大"留心荒政真诚恺切,故所说悉皆出于肺腑,事事可法"(卷三,第216页),表明了完全赞赏的态度。

在我国的救荒史上，以常平仓、义仓、社仓为主要形式的仓储制度，以及设立粥厂以救济灾民的措施，一直为历代封建政权所重视。常平仓是官仓，由各级地方政权设立；义仓、社仓则为民办，设于市镇或乡村，由民众自行管理。它们的主要作用，在平时适时粜籴，调节粮食供应和粮价；一遇灾荒，则以积谷赈恤灾民。除仓储制度外，在清代，在京城、省城、府城等大中城市及一些水陆要冲处，每年冬春要设立粥厂（或称施粥厂），以救济一些城市贫民及进入城市的流民。在水旱成灾的情况下，视灾情的轻重、饥民的多少，在灾区临时性地设立粥厂，使一时得不到赈济的灾民得以存活。《康济录》对这两个方面都给予了足够的重视。在该书卷四中，专立一册为《社仓条约》，一册为《赈粥须知》。在《社仓条约》中，首先指出，社仓的设立是"救荒之术"中的根本之图。但是，如"建之而不得其法，或相强于未行之前，或粉饰于举行之际，托非其人，干没是患，开发或滥，浮冒正多。推其意，原本于乡党相赒，而久且为闾里之扰累，岂非徒骛虚名而毫无实裨者乎？"（卷四，第697页）为了防止社仓举办过程中容易发生的弊端，该书特选刊了朱熹所撰的《崇安社仓记》及手订的《社仓条约》，作为一种示范，加以推广。在《赈粥须知》中，该书搜集了历史上成功举办粥厂的事例，总结了以往粥厂的种种经验和教训，大至粥厂的规模、粥长的选定、厂规的订立、米谷的筹措、施粥的稽查、瘟疫的防止，小至散粥之法的确定、煮粥器皿的选用、煮粥之费的计算、施粥秩序的维持等，都做了详细的论述和介绍。甚至对于久饥之人，骤然得食，粥不可过热，食不可过急，腹不可过饱，都言之谆谆。正如该书所说，"何者当先，何者宜后，断宜选择者何人，必不可少者何事，悉以古人之法为法。既无遗漏，又不泛施。使饿殍借之而生，枵腹赖之而活。虽云一粥，是人生生死关头，须要一番精神、勇猛注之，庶几闹市穷乡,皆沾利益"(卷四,第 637 页)。这些看起来极为具体琐碎的内容,对于后来的救荒实践却具有很强的借鉴意义。

"以工代赈",是我国在防灾抗灾中至今仍在应用的一个方针性举措。1998 年,我国遭受了以长江全流域性大洪水为中心的全国大水灾。当年,在总结这场严重自然灾害的基础上,中央提出了进行水利建设的 32 字方针,其中的一条就是"以工代赈"。写作在将近三百年前的《康济录》,还没有"以工代赈"这样明确的文字概括,但对这种做法的实际内容已给予了大力的肯定与提倡。按照该书的说法,叫作"以智行仁,即工寓赈"(卷三,第 390 页),有时候也写作"以工役而寓赈济"(卷三,第 392 页),或"兴工作以食饿夫"(卷三,第 389 页)。具体内容是,当灾荒发生时,政府招募灾民挖河筑堤,修城墙,建学宫,给予工价银米。这样,既解决了兴修水利及其他公益事业所需的劳动力,又可局部解决灾民的生活问题,可谓一举两得。《康济录》指出:"官府赈给,安能饱其一家? 故凡城之当修,池之当凿,水利之当兴者,召民为之,日授其值。是于兴役之中,寓赈民之惠也。"(卷三,第 395 页)"兴修水利,令民口有食而家有粮,非目前之善策乎? 兴修之后,堤塘坚固,沟洫分明,田事赖以不损,非永远之善策乎?"所以,实行这种"即工寓赈"的办法,实在是"一举而数善备焉"(卷三,第 392 页)的大好事。比起简单的"放赈",这是一种更加注重实际效益、注重长远利益的积极赈灾办法,《康济录》在那个时代就对此大力提倡,确实是很有见地的。

《康济录》对于历史上的荒政,并不是一味地盲目照搬或随声附和,而是采取分析的态度,这一点是特别可贵的。书中对某些习以为常的做法,就提出了一反常规的独特见解。例如,以往每当灾荒发生时,某些地方官吏,出于对局部利益的考虑,或为表面现象所迷惑,往往以行政命令的方式做出一些有害的决定。常见的有禁止流民入境、"闭籴"（不准粮食出境，不准向邻近灾区出售粮食）、平抑粮价（限定粮价，不准随意上涨）等。《康济录》认为，这些做法表面上似乎在维护本地民众的利益，但实际上适得其反，不仅破坏了救荒的全局，而且最终会对本地区的百姓造成极大的损害。该书尖锐地抨击说，这样一些做法，完全是"不近人情之事"，这样做的地方官是一些"沽名而不恤民者，非良有司也"，"皆胥吏贪污者之所为也"（卷三，第 291 页）。一方面，这种做法缺乏全局观念，圣君贤相应该"以天下为家，胞与为怀。凡在版图，莫不欲安养而生全之，宁肯令此境阜安，彼方饥馁乎？"（卷三，第 292 页）另一方面，这样做的结果是南辕北辙，不仅不能解决问题，而且会使问题愈来愈严重。以平抑粮价为例。从现象上看，平抑粮价，防止奸商趁灾荒之机，囤积居奇，哄抬粮价，似乎是有利于缺粮的贫民的。但实际上，"抑价之令一出，商贾不来，囤户不卖。即卖，亦专卖与出重价之远商而去。四境之米，于是而绝。无论小民无钱在手，即有钱何以得籴？非死亡，即劫掠，缘斯而起"（卷三，第 325 页），"抑价之令一行，商贾固裹足不前，囤户亦皆无米，吏知之乎？囤户恐人贱籴，略留少许以应多人，余皆重价而暗售他方。故无米者室如悬磬，有钱者亦欲呼庚"（卷三，第 320 页）。那么，解决的出路何在呢？办法只有一个，那就是要让物资尽量地流通起来。"商不通，民不救；价不抑，客始来。此定理也"（卷三，第 327 页）。等到商贾"闻风争赴""舟车辐辏"的时候，外地粮食就会源源而来。粮食一多，粮价自然不抑而平。所以，《康济录》认为，用行政命令实行抑价，名为利民，实为害民。只有用经济的手段，使物流通畅，才能"商自通而民可救"。《康济录》把这叫作"以经济为心"（卷三，第 327 页）。在一个以"重农抑商"作为主流观念的社会里，能有这样的识见，不能不说比当时的社会认识高出了一筹。

三、《康济录》的历史局限

同任何一部作品一样,《康济录》绝不是完美无缺的。这部著作在充分展现作者敏锐的观察力、睿智的思考和炽烈的爱心的同时,也反映出作者在认识问题上的某些谬误和片面。这是时代和历史给予的局限,任何人都无法避免。从积极的视角来观察,我们倒是可以在《康济录》所反映出的局限和不足中,捉摸到自该书成书至今近三百年来人们对灾荒问题的认识有了多大的长进。

《康济录》中灾荒观的一个重要理论基石是儒家学说中"天人合一""天人感应"的思想。这方面的思想包含着相当丰富有时也不免庞杂的内容。"天人合一"的"天",如果解释为自然,就带有人与自然应该和谐、统一的深刻含义;如果解释为冥冥之中有一个主宰人们的万能的上苍、上帝,即使仍然可以从中引出某些积极的思想内容,但无法跳出迷信的藩篱。《康济录》基本上是在后一个意义上使用和解释"天人"关系的。因此,如前所述,尽管该书的作者在许多方面努力导引出实施清明政治、抨击黑暗腐败的现实结论,但最终难以同封建迷信划清界限。《康济录》中罗列了许多故事,渲染在严重自然灾害面前,君主或封疆大吏们或发一善念,行一善政,或虔诚祈祷,为民祈福,便立即感动上苍,阴阳交泰,久旱则甘霖应时而降,水灾则淫雨戛然而止,并发议论说:"念民既深,祈祷自切。(达)奚武不避一身之险,遂格岳神之灵,阴云布而时雨降,民间之困释矣。后之君子,欲免灾危者,可不小心翼翼昭事上帝哉!"(卷三,第193页)"天之水旱固难测,人之祈祷,亦岂同哉。如遇旱灾,扰龙潭,掩枯骨,禁民间不得举火,抑阳而助阴。遇雨患,闭城门北门,盖井,禁妇人不许入市,抑阴而助阳。"(卷三,第192

页)过于夸大这一方面,必然会对群众产生误导,分散群众的精力,放松或干扰了切实有效的抗灾救灾活动。从这样的观念出发,进一步甚至会推衍出十分可笑的结论。如该书认为,"蝗之为灾,一在赋敛之苛,一在官员不职,古人所推,理必不爽"。如果当地有司贤良,教化大行,即使"天下大蝗",蝗虫也会不入其境。因此,该书得出结论说,"观蝗蝻之有无,即知司牧之贤否"(卷三,第461页)。如果当真拿这个标准去衡量与评判地方官员的优劣好恶,那么必定要造成极大的混乱和不公。

不过,关心政治、关心社会、关心民瘼,才是《康济录》的作者考虑问题的真正出发点,某些迷信观念只是他无法摆脱的思想束缚。平心而论,他与那些奉苍天为主宰一切的绝对权威的宿命论者,还是有很大的区别的。一个典型的例证是,他公然指出神也会有过错:"清白之吏,神勿福之乎? 无辜之民,岁将困之乎? 民无罪而令长贤,雨或稍迟,神岂无过?"(卷三,第195页)如果本应造福于人的神,不断降灾于"清白之吏"和"无辜之民",那么这样的神不过是"徒偶于位矣,何以为神?"从这里可以很清楚地看出,一旦对上苍和神的尊崇与他的政治原则发生了矛盾,他就毫不犹豫地让前者服从于后者。

自然灾害的发生,既有自然的原因也有社会的原因,更确切地说,是自然因素同社会因素交相作用的结果。《康济录》的一个明显缺陷是,较多地注意了从社会的角度观察和讨论灾荒问题,而在很大程度上忽略了从自然角度的探究。这并不是偶然的疏忽,而是作者在学识素养和知识构成方面缺陷的逻辑体现。而且,很有可能这正好反映了那个时代中国封建士人的共同弱点。《康济录》在论述时,一旦进入自然领域,就常常发生道听途说或主观推断的错误。例如,在第二卷,该书介绍了一种"穿井法",其中说,"凡开井,当用数大盆,贮清水置各处,俟夜色明朗,观所照星,何处最大而明,其地必有甘泉",还特地强调说,"此屡试屡验者"(卷二,第130页)。这显然是没有根据的妄说,但其郑重其事地向人们加以介绍,其实不过是以讹传讹而已。另外,在卷四的《捕蝗必览》中,对于蝗虫的生理特点、生活习性、活动规律以及扑灭方法,很多地方的描述是同实际状况大相径庭的。在防灾、抗灾、救灾等方面涉及技术层面的问题,往往十分遗憾地付诸阙如。这些不能不说是这本书的重大不足。

前面提到,该书在论述灾荒问题时,往往详于社会而略于自然。但如果再深究一下,就能够发现,在社会的视角中也还存在着畸轻畸重的现象。作者的主要注意力集中在政治方面,而对社会生活方面的问题则语焉不详。全书除一处谈及因人口的增长增加了引发灾荒的条件外,其余对造成灾荒的种种社会因素,几乎很少涉及。如生态环境的保护或者破坏,对自然灾害的发生将会产生些什么样的影响,似乎完全没有被纳入作者研究和思考的范围。当然,这也许不应该责备作者,因为在那个时代,这个问题还根本没有被提上历史的议事日程。

义和团运动时期江南绅商
对战争难民的社会救助[①]

　　尽管学界已对义和团运动时期发生的诸多历史问题进行了论述,但在该运动后期出现的一个非常耐人寻味的现象甚少为人所留意。这就是,在八国联军相继攻陷天津和北京后,以一批江南绅商为主体的社会力量自发组织和动员社会资源,在中外战争状态远未结束的时候,就自行设法深入华北战区,以便救助那些因战祸而被迫流落在当地的南方人士,并且取得了相当显著的成效。

　　迄今为止,唯有闵杰先生曾注意过这一事件,但也只是做了相当简单的描述,不足以显示其整体面貌和意义。[②] 事实上,这一事件隐含着两个非常值得考察的方面:首先,如此规模的跨地域救济兵灾难民的行动在中国历史上从未有过先例,因此剖析其历史缘起和条件,可以从一个侧面来观察中国社会生活所经历的近代演变;其次,按照以往地方史研究框架的诠释,地方精英的行动能力一般不会越出本地社会之外,那么江南地方精英何以能在此时跋涉数千里,到地域性质完全不同的华北地区开展救援行动呢? 因此,在某种意义上,这个看似偶然的小事件又在方法论层面上构成

①　该文原载《清史研究》,2004 年第 2 期。署名:李文海、朱浒。
②　参见闵杰:《近代中国社会文化变迁录》,第 2 卷,第 181—186 页,杭州:浙江人民出版社,1998 年。

了对地方史框架的反思。

　　有关这场救援行动的资料是相当丰富的。当时的一些重要报纸，尤其是《申报》曾对此事进行过相当多的报道，在一定程度上颇具现代新闻追踪的性质，因而成为本文最主要的资料依据。另外，作为此次行动的重要组织者之一的救济善会（简称救济会）事后编印了一份《救济文牍》，该会主持人之一陆树藩则留下了记述自己参与救援行动过程的《救济日记》，其中均披露了许多为报纸所不载的具体活动情形，这也大大充实了本文的基本素材。

一

　　这场救援行动始于光绪二十六年（1900）八月中旬，大致告止于次年（1901）二月末。之所以说它的发生看起来有些偶然，是因为其处于一个极为特殊的历史情境中。当时，较大规模的战斗虽已随着北京城的陷落而停止，但联军仍然以剿灭义和团为借口四处烧杀骚扰，给华北许多地方带来了深重的灾难。在这方面，盛宣怀的堂侄盛辂颐以亲身经历提供了一个实例。光绪二十六年七月初，他"避至青县，蒙黄关道派充保靖营官医，每月得薪十金，仅可糊口。忽于闰月廿七，洋兵冒雨突至青县，兵勇宵溃"，他"只得一人暂避北乡，而所带行李并笔墨一扫而空。从此南北之路不便行旅者月余"①。值得一提的是，联军这次对青县的骚扰相当严重，连知县沈正初都被联军士兵"分割其肉，尸无完肤"②。另外，由于华北许多地方的官府在清廷外逃后也很快趋于瘫痪，这就进一步

---

① 陈旭麓、顾廷龙、汪熙主编：《盛宣怀档案资料选辑之七·义和团运动》，第 433 页，上海：上海人民出版社，2001 年。

② 陆树藩：《救济日记》，光绪三十三年刻本。

加重了华北地区的动荡局面。

　　除了这场世纪之交大变动造成的苦难外，华北这时还遭受着天灾的持续打击。特别是在义和团最早兴起的山东、直隶两地，当初在一定程度上促进义和团运动发展的严重灾荒依然没有得到多少缓解。仅据官方记载，直隶就有不少地方在光绪二十六年夏、秋两季仍亢旱如故，部分州县又被黄水，全省报灾歉者共 35 州县。山东进入夏季后同样有多处州县发生水旱偏灾，全年共有 77 州县被灾。次年，直隶春旱秋水，被灾之处达 100 余州县，而山东全年遭受水旱灾地区亦有 84 州县之多。①

　　在这种战祸和天灾的双重压迫下，即使是堪称繁富之区的天津城内，"日仅一餐者比比皆是，其有数日一举火者。较诸发、捻之难，殆尤过之。"②因此，尽管当地也有人试图进行赈救，但"官吏已去，库款无存，欲拯孑遗，束手无策"③。时人曾这样描述当时的情况：

　　　　天津自郡城失守，于今三月有余。刻下逃难而回者，十有八九绅商富户财物被掠净尽，日食尚需用力张罗，何暇顾及他人？铺户业经焚烧大半，失业者无处安插。又况由东撤回各兵乘隙抢掳，每日不下数十起，更有黉夜捣毁门户、肆行抢夺者，以故市上家家闭户。苦力者身充夫役，日博数百文，尚能糊口，一交冬令，天寒地冻，无地谋生，势必饥寒交迫。津郡为然，推之顺直各州县村镇……财物米已抢掠一空，甚至房屋亦

---

①　参见李文海等：《近代中国灾荒纪年》，第 667—669、684—686 页，长沙：湖南教育出版社，1990 年。

②　《申报》，光绪二十六年十月二十八日。

③　《申报》，光绪二十六年闰八月初一日。

均拆去,惟有露处旷野,无农无食。冻馁而死者不计其数。①

因此,天津一些人士向上海的著名善士发去了求援呼吁,不仅希望其"惠寄籼米洋圆,多多益善",甚至连用来"遍洒街衢,以消疹疠"的"臭油"(即来苏水)都"乞由怡和轮船之便,寄下若干桶"②。

北京城里同样传出了迫不及待的求救信号。当时困居京都粤东会馆的一批广东京官致函上海广肇公所的同乡们,声称京城内"乱兵乱民遍地焚掠。银肆尽毁,质库全空,既无复典借之路,南粮不来,民食如缺,且将为无米之炊",故请"酌拨巨款,从速设法寄京,以资振贷"③。虽然这里求救的并非华北地方人士,但也从一个侧面表明了京城内的危急情形以及对江南援助的期盼之情。

相对于华北地区,此时的江南一带处于较为平静的状态。究其原因,除了义和团运动对此地区影响甚小,主要还在于东南各省的地方大员在清廷发布对列强宣战上谕后的第五天,便委托盛宣怀会同上海道余联沅在上海与各国领事签订了《东南保护约款》,从而形成了所谓"东南互保"的局面。④ 尽管"东南互保"不可避免地存在着诸多的消极意义,但正如有的学者指出的那样,它毕竟使江南地区"免遭生灵涂炭,保护了资本主义工商业免遭破坏"⑤,因此在客观上为江南社会的这次救济行动提供了必要的物质条件。

面对华北地区的上述情况,江南社会做出了积极的反应。例如,针对这场兵灾而成立的一个主要救助组织——救济会就公开

---

① 《申报》,光绪二十六年九月初六日。

② 《申报》,光绪二十六年闰八月初一日。

③ 《申报》,光绪二十六年闰八月十八日。

④ 参见苑书义等:《中国近代史》,中册,第 659—660 页,北京:人民出版社,1986 年。

⑤ 夏东元:《盛宣怀传》(修订本),第 287 页,天津:南开大学出版社,1998 年。

声明："北方兵祸之惨,为从来所未有……其望我南人往救之情何等急切。"①该会主持人陆树藩更直截了当地说要"合南方之财力,救北地之疮痍"②。颇能代表公共舆论的一些报纸也纷纷表达了类似意识。《申报》在一篇社论中就以南方立场表达了这样的看法:"关山鼙鼓,北方之烽燧频惊;花月笙歌,南方之繁华犹昔。验天心之向往,思人事之推迁,作善以迓麻祥,修德而免灾戾。"③设于上海的《游戏报》亦使用了类似的言辞:"吾想东南各省邈如天之福,得以安居乐业,烽火无惊,当共愿力济时艰。"④《中外日报》甚至认为举行这种"泯南北之畛域,一视同仁"的行动,还有可能成为开启"中国合群之理"⑤的一个契机。

应当说,上述观点在东南各省是有一定的社会基础的。例如,扬州的一位孝廉就认为:"试思彼苍生我,我人也,北方官绅商民亦人也。我之乐如此,非如饮食衣服之不可须臾离也;人之苦如彼,非有遗孽隐匿之足贻上天怒也……且我既得遂其为我,是天独厚于我,我何不稍存恻隐以承天?"⑥一位不知名人士显然以南方身份倡言道:"比闻北直被兵,民生涂炭,因念吾辈处东南无事之地,得以全性命而保家室,徜坐视彼土劫烬之余,一任其生者流离,死者暴露,而不思援手,扪心何以自安?"⑦尽管因时代局限,上述言论大多带有浓厚的因果福报色彩,但从中不难看出,南方社会对实施救援行动的必要性和紧迫性是具有共识的。此外,或许这些言

---

① 《申报》,光绪二十六年闰八月十二日。

② 陆树藩:《救济日记》。

③ 《申报》,光绪二十六年闰八月十二日。

④ 《救济文牍》,卷六,页十四。

⑤ 《救济文牍》,卷六,页十一。

⑥ 《申报》,光绪二十六年九月初五。

⑦ 《救济文牍》,卷五,页八。

论并不只代表着江南地区的声音,但在具体活动中,江南社会确实居于无可争辩的主体地位。

二

事实上,江南社会一直密切注视着华北形势的发展,所以江南绅商极有可能在接到来自华北的直接求救信号以前[①],就已经通过其他各种渠道知晓了华北兵灾的大致状况,并且早在庚子年八月间便以上海为中心开始准备救援行动了。其最明显的表现便是两个规模较大、组织较为完善的救援机构于当月中下旬先后成立,这便是救济会和济急善局。

首先成立的就是前面提到的救济会,其公开宣布成立的时间恰在慈禧太后带领光绪帝逃到太原的前一天[②],即光绪二十六年八月十六日(1900年9月9日)。是日,救济会同人在《申报》上刊出公启,对其缘起进行了说明:

> 近因京师拳匪为非,激成大变,列国师船连樯北上,竟以全球兵力决胜中原。炮火环轰,生灵涂炭,兵刃交接,血肉横飞。最可怜者,中外商民寄居斯土,进无门,退无路,不死于枪林弹雨之中,即死于饥渴沟壑之内。身家尽毁,几如釜底之鱼,玉石俱焚,枉作他乡之鬼。呜呼痛哉!能无冤乎?某等不忍坐视,先集同志筹捐举办,拟派妥实华人,并延请洋医华医

---

① 因为这些信号中最早的一个在江南地区公开发布的时间是当年闰八月初一(9月24日),而江南绅商开始准备行动的时间则是八月中旬。见《申报》,光绪二十六年闰八月初一日。

② 参见《清史编年》,第12卷,第228页,北京:中国人民大学出版社,2000年。

赴津沽一带，遇有难民，广为救援，名曰中国救济善会。呈请
上海道照会各国领事，声明此系东南各省善士募资创办，亦如
外国红十字会之例，为救各国难民及受伤兵士起见，已蒙各国
领事会议，允商领兵官发给护照，俾救济会之人携向军前
救护。①

救济会公所设在上海北京路庆顺里，其首要主持者是浙江湖
州人、在籍户部山西司郎中陆树藩。不过，这个动议可能是由杭州
鼎记钱庄执事潘赤文提出的，因为根据陆树藩自己的说法，他是得
知潘赤文"大发善愿，拟救济北京被难官商，先垫巨款"②后，才产
生创设救济会念头的。而且，潘赤文后来也成为救济会的重要主
持人之一。③ 但无论如何，救济会的主要创立者是一些江南绅商，
应是确定无疑的。

救济会成立后，立即采取了三个行动来扩展自身的社会影响。
首先，它联合了相当一批江南绅商来扩大组织网络，其中最显著的
表现，就是《申报》馆协赈所、杭州清和坊鼎记钱庄、苏州东大街同
元钱庄、广东源丰润票号、宁波北江下富康钱庄、绍兴保昌钱庄、杭
州庆福绸庄、苏州中市仁和钱庄都设立了救济会的收捐处。④ 另
外，上海其他一些报馆也在发送报纸时帮助救济会分送捐册。⑤
其次，它委托当时的上海道余联沅照会德国驻上海总领事，请其
"颁给护照，俾救济会之人准向军前随时救护"，德国总领事也很快

---

① 《申报》，光绪二十六年八月十六日。
② 《救济文牍》，卷四，页六。
③ 参见《申报》，光绪二十六年闰八月二十三日。
④ 参见《申报》，光绪二十六年八月十九日。
⑤ 参见《申报》，光绪二十六年九月二十四日。

便"缮给执照",从而扫清了北上的外部障碍。① 最后,它向当时暂时停留在上海的李鸿章禀告了自己的救援请求,很快也得到了肯定的答复。② 后面这两个举措为救济会的行动带来了很大的便利,因为这使得该会可以"相机行事,与华人办事则依赖中堂,与洋人办事则昌言善举耳"③。

由于救济会的组织工作堪称完善,很快赢得了江南社会广泛的信任和支持。它成立不久,当时旅居上海的刘鹗就筹垫了白银一万二千两的巨款送交救济会,上海道余联沅也捐银一千两,轮船招商局委员谭斡臣、韦文甫和郑观应等人则拨助大米五百石。④ 晚清著名经学大师俞樾捐助自己的著作数十部,并"自书单款楹联两副,嘱一并变价助振"⑤。上海的一位医士则表示,只须救济会"给以凭票",即可收诊其救回的病人。⑥ 据救济会人士所言,当时"宦海儒林均极踊跃,即佛门中人亦大发慈悲,朱提慨助","甚至六龄弱女亦捐压岁之钱为拯灾之助"⑦。尽管这种说法不无夸张之处,但救济会彩票的发行可从一个侧面证明捐助救济会的热烈程度。起初,救济会意欲尽快筹集款项,因而在九月初"拟开彩票",不过当时由于彩物"需件甚多"⑧,一时还只是个设想。岂料仅过了一个多月,它所收到的捐助便足以制成每张售洋二元的"得物票

---

① 参见《申报》,光绪二十六年八月十八、八月三十日。
② 参见《申报》,光绪二十六年八月二十二日;又见《救济文牍》,卷三,页一至二。
③ 《申报》光绪二十六年九月十九日。
④ 参见《申报》,光绪二十六年闰八月十四日。
⑤ 《申报》,光绪二十六年九月十五日。
⑥ 《申报》,光绪二十六年闰八月二十二日。
⑦ 《申报》,光绪二十六年九月初五日。
⑧ 《申报》,光绪二十六年九月初一日。

二千张,计设得物者有五百张之多"①,并从十月十五日(12 月 6
日)开始发售。所有这些情况表明,救济会在江南造成了相当大的
声势。

　　不过,或许是因为陆树藩、潘赤文等人并非江南地区最著名的
善士,所以救济会并不是当时最大的救援机构。而当时江南最著
名的一批善士严信厚、席裕福、杨廷杲、施则敬等人尽管设立济急
善局(后亦称作东南济急会,简称济急会)的时间略晚于救济会,但
其规模很快超过了救济会。就在救济会发布公启后仅九天,严信
厚等人也在《申报》上发布公启,在宣布济急善局正式成立的同时,
也显示出济急善局从一开始就有着比救济会更大的社会联系面:

　　　　信厚等昨奉合肥相国面谕,并接同乡好善诸君函嘱,集资
　　往救以尽桑梓之情,因议在上海三马路《申报》馆、后马路源通
　　官银号、陈家木桥电报局、六马路仁济善堂、盆汤弄丝业会馆
　　设立济急善局,即由信厚等分别筹办。一面函恳杭州同善堂
　　樊介轩、高白叔两先生,苏州吴君景萱、潘君祖谦、尤君先甲、
　　郭君熙光、焦君发昱、徐君俊元、喻君兆淮、吴君理杲、尹君思
　　纶、倪君思九,江西丁少兰观察,镇江招商局朱君煦庭诸善长,
　　暨则敬胞兄汉口招商局紫卿二家兄,随缘劝助,源源接济。②

　　除了联络上述绅商,济急会同人复于闰八月初二日(9 月 25
日)邀集大批绅商筹议救济事项。会议的主要参加人员有招商局
的顾缉庭、严芝楣,福余南的曾少卿,汇业董事左庆先、白星五,洋

---

① 《申报》,光绪二十六年十月十五日。
② 《申报》,光绪二十六年八月二十五日。

货业董事许春荣、茶业董事梁玉堂、袁毓笙，四明公所董事朱葆三，天顺祥主人陈润夫，钱业董事陈笙郊、刘杏林、孙荻洲、谢纶辉、袁联清，丝业董事黄佐卿等人。会议结果，除多人当场认捐了大批款项外，各行业董事还"均允即转商同业，再行分别筹助"①。同救济会一样，济急会也得到了社会上的广泛认同，所以它在成立后不到一个月的时间里，便收到了将近二万元的社会捐款。②

另外，济急会声势的壮大还得益于一个重要人物的支持，此人便是当时驻守在上海的电报局和轮船招商局总办、大理寺少卿盛宣怀。其实，盛宣怀甚至可以说是济急会的主要幕后主持者，因为作为该会重要主持人之一的施则敬明确宣称自己是"随同盛京卿诸公承办济急善局"③的。另外，盛宣怀还不时公开出面参与济急会的行动。例如，在该会成立不久，他就公开领衔与济急会同人向各省"制台、抚台、河台、漕台、提台、镇台、藩臬运道台、各局所、各统领"④发出筹捐公电。而许多省份的地方大员在很短的时间内也纷纷募助大批款项以示支持，例如，湖南巡抚俞廉三"允借银一万两"，浙江巡抚刘树棠、布政使恽祖翼等"合助银五千两"⑤，江西布政使张绍华等共助银五千两，安徽巡抚王之春等筹助银五千两，云南巡抚丁振铎筹助银四千八百两，云南布政使李经羲助银二千两；福建、四川、广东、山东、广西等省的大员亦"分别电助济急经费"⑥不等。正是鉴于这种形势，盛宣怀在九月初便放言"此举大

---

① 《申报》，光绪二十六年闰八月初三日。
② 参见《申报》，光绪二十六年闰八月十七日。
③ 《申报》，光绪二十六年十月初二日。
④ 《申报》，光绪二十六年闰八月十三日。
⑤ 《申报》，光绪二十六年闰八月二十、二十八日。
⑥ 《申报》，光绪二十六年九月二十五日。

约可凑十万以外"①。这无疑大大增强了济急会的活动能力。

除救济会和济急会外,上海还出现了第三个救援机构,即江苏绅士杨兆鋆、杨兆鋆、尤炯等人于同年十月初创设的协济善会。②不过,由于协济善会的规模和影响远逊于前两个救援机构,而且其实际作用相对来说亦相当有限,因此这里对它的组织情况不再赘述。

应当指出,虽然当时其他一些省份也曾尝试过类似的活动,但并未出现可以与江南绅商相提并论的救援行动。例如,曾有江西绅士打算北上办理救济本省同乡事宜③,而身为广东人的郑观应在得知济急会的江浙绅商派人北上"招呼京津落难者回南"④后,也立即催促自己在上海的同乡们展开同样的行动,不过,前者后来根本未能成行⑤,而后者则是完全依靠救济会才得以行动的⑥。

三

在救援行动的具体实施上,应当说救济会和济急会的计划都考虑得较为周到。这主要表现在这样两个方面:首先,它们都对救援路线做了妥善的安排,不仅在南下必经的陆路上设立机构以救助从北方逃来的难民,而且把更大的精力放在了海路上,即从上海派发轮船北上天津海口,直接将大批难民运回相对安全的南方;其

---

① 陈旭麓、顾廷龙、汪熙主编:《盛宣怀档案资料选辑之七·义和团运动》,第345页。

② 参见《申报》,光绪二十六年十月初一日。

③ 参见《申报》,光绪二十六年闰八月二十日。

④ 夏东元编:《郑观应集》下册,第1139页,上海:上海人民出版社,1988年。

⑤ 参见《申报》,光绪二十六年九月初七日。

⑥ 参见夏东元编:《郑观应集》下册,第1139—1140页。

次,两会在护送难民南下途中都对之进行了妥善照料,从而使救助行动更具实际效果。

救济会的行动首先证明了上述情况。由于清江至德州一带是南来必经之路,所以其第一步行动是准备"在清江浦设立难民总局,派妥实之人至德州一带沿途查察"①。而且,在尚未派会中人员前往清江的时候,救济会就解银三千两,委托浙江布政使恽祖翼转托山东地方官员办理此事,并很快得到了应允。②此后,救济会又拨银八千两,派会友钱金裕赶往德州设立救济局。③这次行动持续了相当一段时间,因为到九月中旬,当得知山东"青齐一带南人之留滞者饥寒困苦"的情况后,救济会再次拨银四千两、洋五百元,由会友姚少明等四人前往济宁设局,开展救援行动。④

不过,在清江至德州之间的行动只能说是外围工作,因为当时南北道路阻绝,能够逃出京津地区的难民毕竟是少数,所以救济会很早就决定"派轮船往津"⑤接运被难官商。只是由于这个计划颇具深入虎穴的意味,需要做很多准备工作,故而落在了清江行动的后面。后来,在得到轮船招商局拨定"爱仁号"轮船相助⑥,庚子年闰八月二十二日(1900 年 10 月 15 日),救济会主事陆树藩会同德国医官贝尔榜、德国人喜士、中国驻法前参赞陈季同、近代著名思想家严复以及司事等共计 82 人,由吴淞口起程北上,于二十六日(10 月 19 日)上午抵达大沽口。⑦此举标志着救济会的第二步

---

① 《申报》,光绪二十六年八月十七日。
② 参见《申报》,光绪二十六年八月二十二、二十七日。
③ 参见《申报》,光绪二十六年闰八月十九日。
④ 参见《申报》,光绪二十六年九月二十日。
⑤ 《申报》,光绪二十六年八月十七日。
⑥ 参见《申报》,光绪二十六年闰八月初四日。
⑦ 参见陆树藩:《救济日记》。

救援工作正式实施。

以九月初五日（10 月 27 日）在天津针市街火神庙设局为开端①，陆树藩在随后的一个半月时间中救助了大量的难民。除天津外，还向保定、芦台、唐山、沧州、固安等处"派人前往招徕"②流落当地的难民。到陆树藩回到上海的十月下旬，救济会已经救出被难官民 5583 人。③ 应该指出的是，救济会救助的人士并非全是如其最初宣称的"被难官商"，因为在它运送回南的第一批名单中，就有十余人的身份是小工。④ 另外，上面这个数字还远不是救济会最终救助的全部人数。因为当陆树藩回南后，救济会并没有立刻撤局，而是继续收聚散在四乡的难民。⑤ 直到次年二月间，救济会还运送了两批共约一千名难民回南。⑥

济急会在救助难民回南方面毫不逊色。该会首先也是自清江至德州"沿河一带为止"⑦开展救援，并且早在闰八月初就请刘兰阶等人动身前往了。另外，济急会还商请山东巡抚袁世凯从官局先"垫发银五千两"⑧交与刘兰阶，从而保证了救援行动能够迅速展开。至于其第二步行动则是直接从京城救护难民回南。起初，济急会只计划从"德州以上至津京一带，另延妥友分头举办"⑨，但盛宣怀认为，必须在京城"请各省京官设一局所，方能办事"⑩。恰

---

① 参见《申报》，光绪二十六年九月十九日。
② 《申报》，光绪二十六年十月初四日。
③ 参见陆树藩：《救济日记》。
④ 参见《申报》，光绪二十六年九月二十日。
⑤ 参见《申报》，光绪二十六年十一月初九日。
⑥ 参见《申报》，光绪二十七年二月初九、二十一日。
⑦ 《申报》，光绪二十六年八月二十七日。
⑧ 《申报》，光绪二十六年闰八月初七日。
⑨ 《申报》，光绪二十六年八月二十七日。
⑩ 陈旭麓、顾廷龙、汪熙主编：《盛宣怀档案资料选辑之七·义和团运动》，第 308 页。

好李鸿章因准备北上议和而于八月下旬离开上海,济急会同人趁机请随其进京的幕僚杨文骏等人主持北京的救济事务①。杨文骏等人抵京后,立即在李鸿章下榻的贤良寺内"收拾两间屋为公所"②,开办了京城济急分局。当滞留京城的南方京官们得知此事后,到公所"来探闻者日不暇给"③。而济急会在北京的行动成效也是相当可观的。到九月十三日(11 月 4 日)止,它就已经解往京城五批银洋,共合规银七万余两。④

因此,对于需要救助的被难京官,济急会在救济额度方面颇为宽松,规定"酌量人数匀济,至多每人不得过一百金",若"有出京而百金仍不敷者",则"随时添助"⑤。并且在从京城往天津的路上一路妥善护送:京城至通州段,由"李幼山、董遇春带翻译赴通州照料";通州至杨村段,由杨莘伯"带翻译等赴杨村照料";塘沽由"(张)燕谋京卿派矿局洋人白乐文照料"⑥。尽管从北京救回的具体人数尚不清楚,但由于它的款项相对救济会来说更充足一些,且运送的第一批难民就有一千数百人之多⑦,所以其救助的总人数应当不少于救济会。

另外,救济会和济急会还在救护难民回南方面进行了有效的合作。两会同人早在八月下旬就互通了声气,曾约定"清江等处归严君筱舫诸公筹办,京津一带归陆君纯伯诸公筹办";对于双方都

---

① 参见《申报》,光绪二十六年闰八月十三日。
② 《申报》,光绪二十六年十月初四日。
③ 《申报》,光绪三十六年九月三十日。
④ 参见陈旭麓、顾廷龙、汪熙主编:《盛宣怀档案资料选辑之七·义和团运动》,第363—364 页。
⑤ 《申报》,光绪二十六年闰八月初七日。
⑥ 《申报》,光绪二十六年九月二十八日。
⑦ 参见陆树藩:《救济日记》。

开展救援行动的清江一带，救济会将"所有潘君赤文、陆君纯伯已经解交恽心耘观察代收转运之款，即由陆君纯伯电请拨归刘君兰阶查收，严君筱舫诸君俟恽观察复电到日，立即照数就近拨还"①。后来，在济急会于京城设立分局后，尽管济急会曾经声明"救济会系陆纯伯部郎专办天津一路，济急会系盛京堂及诸同仁专办京城、德州两路"②，但济急会有三百余人"不及护送出京"时，还是委托入京探访情形的陆树藩设法带回了天津③。

对于运回上海的难民，两会继续给予良好的照顾。还在北上接运难民之前，两会就共同请求"寓沪各省官绅顾全乡谊，各先预备房屋、床桌等件，免致临时局促。一面并请郑陶斋观察派友分恳各栈主，量予通融，暂准免收房饭等资，以期时艰共济"④。长发等八家客栈亦应允"被难绅商来沪投栈，不计房钱，只收饭金每口日钱一百二十文"⑤。这在后来确实得到了落实。例如，救济会第一批抵沪难民即"分住名利、长春两栈"⑥；九月二十六日（11 月 17 日）下午三点钟，当"安平"轮船行抵上海金利源码头时，济急会的任锡汾、施则敬等人亲自前往查看，见"中有广东人苏邦，大小各二口，穷苦堪怜，即嘱赴长发栈暂住。浙江杭州人田永泉，大小各五口，安徽合肥人张万珍，大小各两口，均嘱处鼎升栈暂住，各给本会票据为凭"⑦。在整个救援行动期间，诸如此类的照顾屡屡可见。

两会还接受南省人士的委托，开展了大量的代为寻人、送钱和

---

① 《申报》，光绪二十六年八月二十九日。

② 《申报》，光绪二十六年十月十六日。

③ 《救济文牍》，卷四，页二十四至二十五。

④ 《申报》，光绪二十六年八月二十九日。

⑤ 《申报》，光绪二十六年九月初三日。

⑥ 《申报》，光绪二十六年九月二十五日。

⑦ 《申报》，光绪二十六年九月二十八日。

送信工作。它们在这方面同样成效卓著,以至于聂士成的儿子也在其父战死后,专程到救济会和济急会公所求助,请其寻找流落北方的家眷。① 而且,两会后来也不负所托,在古北口找到了聂家人的下落。② 至于受托汇钱汇信的事务更是数不胜数,救济会前后共代汇信"一千数百户之多"③。济急会则在刚开始代办此项事务不久,就因"托寄信件太多",不得已规定必须"改用薄纸小封,并删除一切客套闲话,方可代为递寄"④。

应当指出,在开展救助行动的同时,救济会和济急会也并未忽视对京津地方的灾后赈济。在天津,陆树藩在抵达后不久,便因城厢内外皆多弃尸而开始办理掩埋事宜。⑤ 九月中旬,救济会在天津设施医舍材局,并在"城厢内外按段分设平粜局"⑥。又因"津郡乱后,失业者多"⑦,拟集资在浙江海运局内开设天津工艺局。在北京,救济会委托刘鹗同样开办了平粜、掩埋及施医诸事项。⑧ 济急会亦在救护南方难民出京之外,"旁及施衣、粥厂、掩埋、赈给诸善举,力所能及,无不兼营"。⑨ 应当说,两会的这些举措对京津当地灾民恢复正常生活起到了一定的积极作用。

此次救援行动的最终费用相当可观,济急会用银达五十余万

---

① 参见《申报》,光绪二十六年九月初一、二十一日。

② 参见《申报》,光绪二十七年二月初九日。

③ 《申报》,光绪二十七年二月二十六日。

④ 《申报》,光绪二十六年九月十四日。

⑤ 参见《申报》,光绪二十六年九月十九日。

⑥ 《救济文牍》,卷一,页十四至十七;《救济文牍》,卷二,页五。

⑦ 《救济文牍》,卷一,页十九至二十二。

⑧ 参见《申报》,光绪二十六年十二月十一日。

⑨ 陈旭麓、顾廷龙、汪熙主编:《盛宣怀档案资料选辑之七·义和团运动》,第 676 页。

两之多①,而救济会综计所费亦将及银二十万两②。其中为数不少的款项来自江南社会的捐助。至于许多省份官方提供的经费支持,从前面的叙述可以看出,这些经费并非纯粹的官方拨款,而是由救援机构主动向其募助的,并由该机构自行支配,因此这些资金可以说具有很大的民间性质。

最后,关于这次行动的救助对象还需要做一点说明。起初,救济会和济急会试图救助的实际上只是江南地区在华北被难的人士,例如,前者在章程中声明此举欲"专济东南各省之被难官商"③,后者亦公开宣称自己的行动"仅指救济江浙人士而言"④。从最后结果来看,两者实际上救助的也确实以江南地区的难民为最多。不过,在南方其他一些省份的官商士绅对两会的这种做法提出质疑后,济急会很快重新设定了救助对象的范围,其规定是:"现在在京之江苏、江西、安徽、浙江、福建、广东、广西、云南、贵州、四川、山东、河南、湖南、湖北各省绅士商民,及各直省京朝官,均应救济。"⑤至于救济会虽然没有做出具体规定,但其事实上也救助了不少江南以外的难民。而这样一来,不仅使这场救助行动得到了更广泛的支持,而且其实际作用亦辐射到更为广大的区域。

四

这场救助行动得以发生的直接原因固然是北方的战祸,但是

---

① 陈旭麓、顾廷龙、汪熙主编:《盛宣怀档案资料选辑之七·义和团运动》,第 676 页。
② 参见《救济文牍》,卷一,页十九。
③ 《救济文牍》,卷一,页二。
④ 《申报》,光绪二十六年八月二十五日。
⑤ 《申报》,光绪二十六年闰八月初七日。

促成该行动的社会基础则是一个相当复杂的机制。大体而言,该行动包含着三条不同的社会脉络:其一是江南地区自明清以来的慈善传统,其二是晚清时期形成的以江南为中心的义赈实践,其三则是西方近代公益事业对中国的实际影响。正是在这三条脉络的交互作用下,这场跨地区进行的救助行动才在时代需要的情况下成为现实。

江南地区之所以能够做出上述反应和行动,首先是因为该地区自明清以来便形成了远胜于其他地方的慈善传统。对此,民国《吴县志》中的一个广被引用的说法即为显著例证:"吴中富厚之家多乐于为善。冬则施衣被,夏则施帐扇,死而不能殓者施棺,病而无医者施药,岁荒则施粥米。"①这个传统到晚清时依然未辍,而上海尤为突出,以至于时人曾戏言:"君亦知人皆乐为上海人乎?……至于身死之后,并可借得一具美材以掩遗骨,妻妾能守则有清节堂赡之,子孙能读则有各义塾教诲之,病则有医药,饥则有热粥,寒则有棉衣,皆可仰望取给于各善堂也。"②此言虽戏,足见上海慈善事业的兴盛程度。而台湾地区学者梁其姿更从实证的角度表明,在善会善堂的数量方面,江浙两省在整个清代都占有对别处极为明显的优势。③ 在这样一种氛围下,江南绅商在上海使用传统善会的名义来组织救援行动,显然是个颇为自然的举动,同时也就不难理解其为何在活动中大量运用传统的慈善话语。

不过,善会善堂的救助范围毕竟有限,梁其姿的研究就清楚地

①　民国《吴县志》,卷五十二上。
②　《申报》,同治十二年十二月十九日。
③　参见梁其姿:《施善与教化——明清的慈善组织》,第331页,石家庄:河北教育出版社,2001年。

表明，自嘉庆以降，江南善会善堂的基本发展方向是为小社区服务的。[①] 即使清后期存在着以"江南育婴圈"为代表的慈善系统[②]，其最终指向也是江南地方内部，并不足以支持跨越地方边界的社会救济行动。而江南绅商在此时得以远远跨越地方边界，深入另外一个地方空间开展救济活动，是因为江南地区这时已大体形成了一种跨地域救荒的实践机制，这就是业已持续了二十多年的晚清义赈活动。

晚清义赈在 19 世纪 70 年代后期的"丁戊奇荒"期间萌发于江南，并且由于晚清时期灾荒的频繁发生，其活动也连绵不断，到 19 世纪末已"风气大开"，甚至对官赈产生了极大影响。正如晚清义赈的重要发起人之一经元善所说，当时已是"海内成为风气，一若非义赈不得实惠"[③]。这是一种"民捐民办"，即由民间自行组织劝赈、自行募集经费，并自行向灾民直接散发救灾物资的跨地域救荒活动，而且是一大批江南绅商的联合行动。它虽然与江南慈善传统有着极为密切的关系，但又在很大程度上超越了传统的地方性慈善事业，与后者在性质上有重大差异。而其中一个极为重要的表现就是它始终立足江南，面向全国范围内的灾荒，从而形成了自身独特的运行机制。[④]

尽管这场兵灾与以往义赈主要面对的灾荒性质不同，但从这场救援行动中还是可以明显看到晚清义赈的影子。

首先，这场救援行动的许多活动方式就是仿照义赈而进行的。就救济会而言，其章程中便有这样的规定：

①　参见梁其姿：《施善与教化——明清的慈善组织》，第 257 页。
②　参见王卫平：《清代江南地区的育婴事业圈》，载《清史研究》，2000(1)。
③　虞和平编，《经元善集》，第 118 页，武汉：华中师范大学出版社，1988 年。
④　参见李文海：《晚清义赈的兴起与发展》，载《清史研究》，1993(3)。

议在上海设立筹办救济善会公所,杭州、苏州、广东等省设立代收救济善会捐款分所,此外各府县如有好善君子愿为劝募,再行随时添设分所。

议所有捐款各处,即由分所代收,付给收条为凭,寄存钱庄票号,转解上海公所汇收,仍由公所分存上海庄号,随时支用。上海公所收到捐款,亦付收条为凭。

议呈请李中堂……札饬电报局委员,凡有救济善会往来电报,援照办理灾振成案,一概不收报费。

议上海公所所收捐款,逐日录请登报;各处分所所收捐款,逐批录请登报。一切开销,每月结总后,请详细登报,以昭大信。①

不仅所有这些都是在义赈中首创并早已是屡见不鲜的做法,而且救济会同人也意识到自己是在模仿义赈的活动方式,因为在它开办之初,就有人建议其应"仿照赈捐旧章办法"②,并且得到陆树藩的完全赞成。至于济急会则更加直接地表明了自身行动与义赈的联系,它在行动一开始就宣称:"此次承办同人仍延历届助振诸君,以期得力而归实济。"③尤其是济急会派往清江一带开展救援的"多年放赈之刘兰阶先生",正是以"放赈之法"办理救济行动的。④

其次,济急会和救济会的主要主持者都与义赈有着直接的关

---

① 《申报》,光绪二十六年八月十七日。
② 《救济文牍》,卷四,页十一。
③ 《申报》,光绪二十六年八月二十七日。
④ 参见《救济文牍》,卷四,页二十七;《申报》,光绪二十七年正月十二日。

联。济急会的严信厚、施则敬、杨廷杲、郑观应、席裕福等人正是此前和之后主持办赈多年的义赈头面人物,而其办事地点也正是几家最重要的协赈公所所在地。① 因此济急会同人在救援行动结束后接办京畿春赈可以说是一个顺理成章的举动。至于救济会的主办者陆树藩等人,虽然此前并没有参与过义赈活动,但他们后来将救济会径直改称"救济善会筹办顺直义赈局"来接办顺直地区的春赈②,从而正式加入了义赈的行列。

最后,局外许多社会人士也常常将这场救援行动与义赈联系起来。例如,四川、江西、云贵等省绅商请求济急会帮助搭救本省被难同乡时,其表示信任的根据就是"各善长素来乐善,历年各省灾振,莫不仰赖荩筹"③。刘鹗在赞赏江南绅商举行救济行动的同时,认为此次北省遭劫而南省得以保全的原因,正在于"二十余年来,上海义赈不下数百万金,感召昊苍,所以得此邀福也"④。此外,由于济急会曾言明,若有被难官商将来归还当初接受的救济款,则"全数拨充振需"⑤,所以《申报》上的一篇社论甚至将对救援行动的捐助视为对义赈的某种捐助:"凡振济之举,嗷嗷待哺之哀鸿既已受惠于前,断无偿还于后。若此次北省被难之官绅商民……生还故里,从前所受之数未必不设法偿还……是诸善士之捐资入会者,既以救今日漂泊异乡之旅客,迨他日受此者或仍如数缴还,则借此仁浆义粟,又可救若干无告之穷民,是不啻以一次之

---

① 这一点参见朱浒的博士论文《晚清义赈研究》(中国人民大学,2002 年)第三章中的有关论述。

② 参见《申报》,光绪二十六年正月十二日。

③ 《申报》,光绪二十六年闰八月初二日。

④ 《申报》,光绪二十六年闰八月十四日。

⑤ 《申报》,光绪二十六年闰八月初七日。

款而行两次之善也。"①因此，如果只从组织和募捐的角度来看，这场救援行动的确可以归入义赈的发展脉络。

不过，从根本上说，这次在华北开展的救援行动与义赈之间毕竟存在着较大的差别。因为以往的义赈活动毕竟只是国家内部的一种救荒实践方式，并且由于其往往以"补官赈之不足"为旗号，还常常能够得到官方的支持，而这时的华北一带却根本不存在中国官方的权威。同时，尽管江南地区处于相对和平状态，但江南绅商在华北依然要直面中外战争的态势。因此，借用陆树藩的话来说，若救援行动在当地"牵连官场，反更为难"②。在这样的情况下，这场救援行动的发生除了中国自身传统所起的作用，还在于它加入了新的因素，即西方近代公益事业对中国的影响，具体而言，就是其首次在中国实际应用了红十字会的原则和精神。

周秋光先生在研究晚清时期的中国红十字会时认为，红十字会的相关知识转入中国以后，正是义和团运动的爆发才导致中国酝酿成立红会的进程不幸被打断，直到日俄战争时期方在组织上出现中国红十字会的先声。③ 这种说法实际上严重忽视了此次救援行动对中国红会发展史的重要意义。对此，闵杰先生曾指出，根据救济会的公启来看，该会确实具有一定的红十字会性质，因而在一定意义上可以称之为中国红十字的先声。④ 不过，后者的说法虽然中肯，但证据十分有限。实际上，这场救援行动所表现出来的红会性质远远不止于救济会公启中的一个简单提法。

首先，无论是救济会还是济急会，都在借助红十字会方面有着

---

① 《申报》，光绪二十六年闰八月十二日。

② 《申报》，光绪二十六年闰九月十九日。

③ 参见周秋光：《晚清时期的中国红十字会述论》，载《近代史研究》，2000(3)。

④ 参见闵杰：《近代中国社会文化变迁录》，第 2 卷，第 185 页。

明确的意识。救济会在成立之初就声明是自己是仿照"外国红十字会之例"而行动的,而济急会在其第二份章程中也正式说明本会"系仿照红十字会意办理"①。救济会还尤其注意在实际行动中体现红十字会的标志和精神。该会规定,会中"无论上下人等均穿红十字记号衣服"②,凡该会所派人"身边及舟车均以红十字旗号为凭"③;其开设保定分局时规定,执事人"衣上有红十字记号,洋文写明'中国红十字会执事人'字样"④。另外,陆树藩在天津遇到一批"甘从洋兵,以身试险"却陷于困境的苦工时,虽恼怒其"贪利北来",但念及"红十字会例,以平等救人为主,故仍一体援之"⑤。当他得知随自己北上的一些司友"颇有退心"时,又特地向其解释"泰西红十字会章程,系专往军前救济"⑥。

其次,这场救援行动的红十字会性质在当时也得到了广泛的认可。《申报》就认为,救济会和济急会的宗旨都"与泰西红十字会相同"⑦。时人赋诗称赞救济会,就有"救济会原红十字"⑧之句。如果说这尚属一般人的模糊认识,则驻俄公使杨儒的看法应具有一定的权威性,因为他曾经代表清政府画押了国际红十字会的一个条约文本⑨,可以说是国内较早了解红十字会的人士之一,而当

---

① 《申报》,光绪二十六年闰八月初七日。
② 《救济文牍》,卷一,页五。
③ 《救济文牍》,卷二,页六。
④ 《申报》,光绪二十六年十一月初三日。
⑤ 陆树藩:《救济日记》。
⑥ 《救济文牍》,卷二,页七。
⑦ 《申报》,光绪二十六年八月十六、闰八月初九日。
⑧ 《申报》,光绪二十六年九月二十三日。
⑨ 参见《使俄杨儒奏遵赴荷兰画押请补签日来弗原议并筹办救生善会折》,见《清季外交史料》,第141卷,第20页,台北:文海出版社,1964年。

他知晓救济会的活动后,认为其与红十字会"虽办法稍殊而宗旨无异"[1]。另外,侵华各国统兵官见到救济会中人臂上均"缚有红十字"时,尽管认为该会尚未加入"杰乃法之会(即日内瓦国际红十字会),未便滥用红十字旗帜",但也只是让该会将"红十字改为蓝十字"[2],并未质疑其行动原则或阻挠其行动。由此可见,侵华各国对救济会的红十字会性质在一定程度上也给予了承认。

不过,指出这场救援行动的红十字会性质,并非仅仅要表明其是中国红十字会发展史上不可或缺的一环。这次行动更具研究价值的地方在于,通过它所展示的中国近代公益事业的一个产生途径,引出了前面所说的对地方史取向的挑战问题。如前所述,由于此次行动的主体部分是江南人救助江南人,故而在很大程度上仍然属于地方性实践的范围。然而,这次地方性实践无论是在地域上还是在制度层面,都越出了以往地方史研究框架设定的界限。特别是作为中国近代公益事业产生的一个标志,红十字会的原则在中国实际运用时却带有浓厚的地方性色彩,这一方面意味着地方社会的救荒传统在近代背景下的转化,另一方面也彰显了西方式公益事业在中国实现本土化的一个具体途径。正是在这个意义上,这次救援行动才成为一个不能被一笔带过的救济事件。

---

① 《救济文牍》,卷五,页五。
② 《救济文牍》,卷一,页四十二。

第三辑

灾荒史的现实镜鉴

一样天灾两般情[①]

1991 年的夏天是个不平常的夏天。一方面,全国由南到北,发生了 1949 年以来最大的洪水灾害,给人民群众的生命财产造成了极为严重的损失;另一方面,广大军民在党中央、国务院的直接领导下,与特大洪水进行殊死搏斗,谱写了一曲惊天动地、气壮山河的人与自然较量的壮丽凯歌。

就灾情来讲,这次大洪水是历史上罕见的。东北的松花江、嫩江连续发生三次大洪水,来势之猛,持续时间之长,洪峰之高,流量之大,都超过历史最高纪录。珠江流域的西江和福建闽江等,也相继发生了百年一遇的特大洪水。特别是长江流域,发生了全流域性大洪水,长江干流宜昌以下河段全线超过警戒水位,其中数百公里江段和洞庭湖、鄱阳湖水位均超过历史最高水位,由于上游洪峰接连出现,连续 8 次洪峰峰峰相接,使高水位持续数月之久。面对这样严重的洪水,组织起来的广大军民,团结奋战、顽强拼搏,抗御了一次又一次洪水袭击,终于使长江干堤除九江大堤一处决口外,没有发生大的决口,九江决口也在苦战六天六夜后迅速合龙。沿江城市没有受淹,交通干线继续畅通。这不能不说是一个奇迹。

---

① 该文原载《真理的追求》,1991 年第 9 期。

　　半个多世纪前,也发生过一次全国性大水灾,那就是 1931 年大洪水。两次灾情约略相仿,但造成的后果迥然不同。把这两次大洪水做一个历史的对比,可以给我们提供不少值得深思的启示。

　　1931 年也是一次南至珠江、闽江,北至松花江、嫩江的全国性大水灾,灾区中心则为江淮地区。长江及其主要支流,如金沙江、沱江、岷江、涪江、乌江、汉水、洞庭湖水系、鄱阳湖水系等,无不洪水横流,泛滥成灾。灾害发生后,抗灾救灾不力,造成了惨绝人寰的严重后果。仅长江流域为洪水吞没的人数,由于当时缺乏精确的统计,各种资料说法不一,有的说 14.5 万人,有的说 40 余万人,有的说 100 余万人,有的甚至说有 360 万之多。即使按最保守的估计,葬身于滔滔浊浪的人至少也在 10 余万。至于灾后因饥饿、疾疫而死的,就更加难以数计了。长江干堤共决口 300 余处,滔滔江水如脱缰野马,狂泻千里,长江中下游一片汪洋,全部受淹。武汉水位升至 28.28 米(较 1991 年武汉最高水位尚差 1 米多)时,洪水即从江汉关一带溢出,接着数处溃决,大水咆哮着直冲城区,市内水深 1～3 米,最深处达 5 米。大批民房被水浸塌,电线被冲断,店厂歇业,百物腾贵。武汉三镇水淹达百余日之久。九江因江堤发生一个 10 余米的决口,江水奔泻而下,人畜淹毙无算,全市十分之七八的居民为洪水所困,居无房屋,食无粮菜。芜湖也遭大水浸淹,市区内河南岸水深丈余,北岸也有五六尺;溃水冲来时,"溺毙者即达四千余人";侥幸存活之灾民,栖身于屋顶树梢之上,上有倾盆大雨,下无果腹之粮;全市笼罩在饥饿和瘟疫的魔影里,每日续有大批灾民死亡;当时的新闻报道称,死者既无棺木也无一片干土埋葬,"只能把大批尸骸拴在露出水面的树杈上,任其在凄风苦雨里上下浮沉"。安庆因广济圩溃决 870 米,江水内灌,市内的菱湖乡、德宽路、古牌楼、蝶子塘、柏子桥一带全被淹没。甚至当时国民政府所在地的南京,也因长江洪水和玄武湖的湖水交汇,一齐灌进市区,闹市水深过膝,有的更深达胸部。当时报纸报道说:"灾民啼饥号哭,极备凄伤。综计京市田地,多被淹没,农作物之损失,约及十分之九。"此外,镇江、无锡、扬州等地,也无不积水成河,交通中断。广大农村受长江洪水侵袭,灾情更为严重,灾民的生活也更为悲惨。据当时金陵大学农业经济系的调查,大批缺衣少食的灾民被迫流离失所,四出逃荒,离村人口几占灾区总人口的 40%。外逃的灾民中有 1/3 找到了临时性的工作,1/5 沿街乞讨,其他的人下落不明。[①] 实际上,这些逃荒者只是在死亡线上挣扎,无可奈何地苟延残喘而已。当时有一首歌谣这样写道:"灾民何叠叠,牵衣把袂儿女啼。儿啼数日未吃饭,女啼身上无完衣。爹娘唤儿慎勿哭,此是避灾非住屋。……天气渐寒雨雪多,但愁露宿多风波。万千广厦望已失,止求一席免潮湿。"风餐露宿的灾民们,饥饿难耐时,只能在泥水里寻找腐烂食物充饥,极度衰弱的身体,随时会无声地倒毙在路旁。

这是一幅多么令人毛骨悚然的图画!

同样的自然灾害,带给人们的却是如此不同的情景。个中缘由,我们只能从社会方面去寻找合理的说明。

党中央英明领导、正确决策,是取得 1998 年抗洪抢险斗争全面胜利的根本原因。以江泽民同志为核心的党和国家领导人,不仅提出了明确的抗洪斗争方针,做出了周密的部署,而且还亲临第一线,到最危险的堤段视察和指导工作。这极大地鼓舞了抗洪前线广大军民的斗志,增强了战胜洪水的信心和决心。而 1931 年大

[①] 参见金陵大学农学院农业经济系编制:《中华民国二十年水灾区域之经济调查》,载《金陵学报》,第 2 卷第 1 期。

水灾时，身为国民政府主席、国民革命军总司令并兼任导淮委员会委员长的蒋介石，却正忙于主持对中央革命根据地的第二、第三次"围剿"。6、7月间，正当江淮流域洪水肆虐之时，他集中精力往返于江西等地"督战"。8月22日，也就是汉口被大水淹没不久，他接到何应钦自南昌发来的"促请赴赣督剿"的急电，又匆匆赶赴南昌。9月1日，他发表了一个《呼吁弭乱救灾》的电文，这个电文对殃及数十万民命的大水灾，竟轻描淡写地说什么此属"天然灾祲，非人力所能捍御"，而对于讨伐革命，则信誓旦旦地称"惟有一秉素志，全力剿赤，不计其他"。在当时统治者这种"内战"有术而抗灾"无策"的根本指导方针下，成千上万的老百姓陷入灭顶之灾，也就是势所必至的了。

1998年的抗洪抢险斗争，奏响了一曲军民团结保卫家园的胜利凯歌，爱国主义和民族精神得到了一次新的升华和弘扬，广大人民群众表现了极高的觉悟和组织纪律性，人民子弟兵更是发挥了突击队的作用。在长江大堤上，700万干部群众严防死守，抢险护堤；100多位将军亲临一线指挥，数百万人次的解放军、武警官兵日夜奋战在抗洪抢险第一线。他们经受了严峻的考验，涌现了许多可歌可泣的英雄事迹和模范人物。这是社会主义优越性的具体体现。而1931年大水灾时，广大群众处于分散、自发的状况，没有人对群众进行必要的组织，在惊涛骇浪的洪水面前，个人的力量显得那样弱小无力，他们即使侥幸未被洪水吞没，也只能自顾逃命，遑论其他。至于军队，不要说能够搜集到的兵力首先调集到"剿共"前线去了，就是不去打内战，当时军队的性质也决定了他们不可能同人民群众携手奋战在抗洪的第一线。

1931年大水灾发生后，社会舆论在检讨灾荒原因时，有人认为连年不断的军阀混战，既耗尽了政府能够用以防灾抗灾的有限财力,也把本来就少得可怜的一点抗灾设施破坏殆尽。事实确是如此。据统计,从 1916 年到 1930 年,年年有军阀内战。在频繁的战乱中,各地借以蓄洪排水的森林遭到大量砍伐。为了筹措战争经费,挪用水利资金成了家常便饭。例如湖南当局历年都从海关、特税、厘金和田赋中提取堤防修筑费,但到水灾发生时,"是项巨额之积存金已成乌有。第一个挪用该项资金者即蒋中正"。1930 年中原大战时,国民政府财政部将 1000 余万积存金挪作攻打冯玉祥、阎锡山的兵费,下余款项又被不法商人骗走和被地方官员私吞。① 所以,连《东方杂志》也发表署名文章称:"盖严格论之,此次水灾,纯系二十年来内争之结果,并非偶然之事。……苟无内争,各地水利何至废弃若此? 各地水利苟不如此废弃,纵遇水灾,何至如此之束手无策?"②联想到这一次的大水灾,如果没有一个稳定的政治局面,如果没有中华人民共和国成立以来所进行的大规模水利建设,如果没有改革开放 20 年来形成的强大物质技术基础,要夺取抗洪斗争的全面胜利也是难以想象的。

　　自然灾害造成的后果的严重程度,不仅取决于防灾抗灾是否得力,也取决于救灾等善后工作是否及时有效。1998 年大洪水发生后,虽然有数以百万计的受洪水威胁的群众被迫离开了家园,但都受到了各级政府的妥善安置,做到有饭吃、有净水喝、有衣穿、有住处、有医疗,得到了基本生活的保证。社会各界发扬"一方有难,八方支援"的社会主义精神,用各种方式支援灾区。灾区群众不仅生活安定,而且打破了"大灾之后必有大疫"的常规,没有出现重大的疫病蔓延。这一点,也同 1931 年大水灾的情景有着鲜明的对

① 参见陶直夫(钱俊瑞):《一九三一年大水灾中中国农村经济的破产》,载《新创造》,第 1 卷第 2 期。

② 沈怡:《水灾与今后中国之水利问题》,载《东方杂志》,第 28 卷第 22 号。

比。1931年大水灾发生后,"政治始终麻木不仁,漠视民命,对于这次救灾工作,一点也不紧张,一毫也不注意"①。灾民的生活,完全处于自生自灭状况,政府根本置之不理。当时的新闻媒介在记述武汉灾民生活状况时,有这样的描写:"大部分难民露宿在高地和铁路两旁,或困居在高楼屋顶。白天像火炉似的闷热,积水里漂浮的人畜尸体、污秽垃圾发出阵阵恶臭。入夜全市一片黑暗,蚊蝇鼠蚁翔集攀缘,与人争地。"像这样的生活环境和条件,必然要引发瘟疫的迅速蔓延。所以,据《国闻周报》说,武汉大水冲淹时虽只"溺死约二千五百人",而在被淹的百余日内,"因瘟疫、饥饿、中暑而死亡的每日约有上千人"。当时,虽然也有一些慈善机构进行了募捐救灾活动,但据金陵大学农业经济系的调查,灾民每家平均得到的赈款,不过大洋6角,只占各户平均因灾损失财产的0.13%。这真正是杯水车薪、无补于万一的了。

人生活在一定的自然环境之中,同时也生活在一定的社会条件之下,自然现象同社会现象从来不是互不相关而是相互影响的。为了减轻或消除自然灾害带来的灾难,我们既要研究怎样创造一个良好的自然环境,也要努力创造一个良好的社会环境,二者不可偏废。

---

① 《皖灾周刊》,1931年11月。

灾年谈往[①]

一

今年是个大灾之年。在广袤的土地上发生了百年不遇的特大洪涝灾害，部分地区长期亢旱无雨。严重的自然灾害使人们生命财产和工农业生产受到巨大的损失。但是，在共产党和人民政府的领导下，亿万群众同水旱灾害进行了英勇顽强的斗争，力争把损失减少到尽可能低的限度；同时，由于政府动员和组织了各地区、各部门从人力、物力、财力上全力支援灾区，由于全国人民和国际社会的积极关心、支持，广大受灾群众基本上保证了粮食、蔬菜、医药及其他生活必需品的供应，生活得到妥善安置。目前，灾区群众情绪稳定，斗志昂扬，正在满怀信心地为重建家园而努力，灾区群众讲得最多的一句话就是："像这样的大灾，要搁在旧中国，那就不知要死多少人，更不知有多少人逃荒要饭呢！"

40岁以下的年轻人，没有在旧社会生活过，对于过去灾荒的情况缺乏切身的体验，自然也就难以体会上面这句话所蕴涵的深

---

① 该文原载《北京日报》，1991年9月3日。

刻含义。因此，根据历史资料，具体而真实地介绍一下旧中国有关灾荒的情景，应该是不为无益的。

二

"黄河不断泛滥，像从天而降，海啸山崩滚向下游，洗劫了田园，冲倒了房舍，卷走了牛羊，把千千万万老幼男女飞快地送到大海中去。在没有水患的地方，又连年干旱，农民们成片地倒下去，多少婴儿饿死在胎中。是呀，我的悲啼似乎正和黄河的狂吼，灾民的哀号，互相呼应。"

这是老舍先生在他的著名的自传体小说《正红旗下》中，对他出生的那个时代——19世纪末叶自然灾害情况的一段生动描写。

这里首先提到黄河，是不无道理的。旧中国有句老话，叫作"华夏水患，黄河为大"。黄河是我国历史上决口、泛滥最多的一条大河。到了近代更为严重。据不完全统计，自鸦片战争的1840年到五四运动发生的1919年，80年间，黄河漫决的年份正好占了一半，即平均两年中就有一年漫决。而且有时一年还决口数次。1885年（光绪十一年）的一个上谕也说："黄河自（咸丰五年）铜瓦厢决口后，迄今三十余年，河身淤垫日高，急溜旁趋，年年漫决。"①

其实这种情形也不止黄河是如此，拿北京地区的永定河来说，也是"湍激异常，变迁无定，一遇水涨，堤防即溃"，所以永定河又有"小黄河之目"。② 据统计，从1840年到1911年清王朝灭亡的71年间，永定河发生漫决33次，平均也是接近两年一次。其中，从

---

① 本文中所引用原始资料，除另行注明者外，均转引自本文作者等著《近代中国灾荒纪年》，不一一注明。

② 光绪《顺天府志》。

1867年到1875年,曾创造了连续9年决口11次的历史纪录,给京畿附近人民带来了深重的灾难。

至于流经鄂、豫、皖、苏四省的淮河,也是一条著名的多灾河流。特别是安徽、江苏两省,"沙河、东西淝河、洛河、洱河、芡河、天河,俱入于淮。过凤阳,又有涡河、灉河、东西濠及漴、浍、沱、潼诸水,俱汇淮而注洪泽湖"。一旦淮河涨水,"淮病而入淮诸水泛溢四出,江、安两省无不病"[①]。淮泄流域地貌复杂,加之清末对淮河年久失修,造成旧中国这一地区"大雨大灾,小雨小灾,无雨旱灾"的严重局面。

今年的大水灾,灾区虽极广大,但绝大部分为内涝,很少发生大江大河决口的严重事件。这一方面固然由于防汛抗洪指挥得当,措施得力。同时也同中华人民共和国成立以来大力兴修水利、治河治水有密切关系。特别是过去严重为患的黄河,中华人民共和国成立40余年来,岁岁安澜,没有发生一次大决口,这同旧中国"年年漫决"的情况相对照,实在是有着天壤之别。

三

旧中国的灾荒如此频繁,而一旦发生较大的水灾,人民就要受到一次残酷的浩劫。

下面让我们列举一点历史事实:

1849年(道光二十九年),江苏、浙江、江西、安徽、湖北、湖南、河南、贵州、直隶等省发生洪涝灾害,俗称"己酉大荒"。曾国藩在一封家书中说:"今年三江两湖之大水灾,几于鸿嗷半天下。"江苏

---

① 《清史稿》,卷128。

的情景是"一望汪洋，田河莫辨"，不少人为滔滔浊流淹殁，幸存者"哭声遍野，惨不忍闻；露宿篷栖，不计其数"。"小民当此田庐全失、栖食俱无之际，强者乘机抢夺，弱者乞食流离，在所不免。"浙江"上下数百里之内，江河湖港与田联为一片，水无消退之路，房屋倾圮，牲畜淹毙，不知凡几"。"灾黎无家可归，篷栖露宿，口食无资，困苦颠连"；"农室倾坍，市店闭歇，尸浮累累，哀鸿嗷嗷"。湖北"居民漂没无算"，大水过后，"缘被水之区，未能尽涸，或田产荡析，或生计缺乏，无家可归"，不少人纷纷外出逃荒。湖南"全省大荒且疫"，"民食草根树皮，饿莩载道"；"各灾民糊口无资，栖身无所，情形极其困苦，且多纷纷出外觅食"；"醴陵饥民络绎逃徙，四五千人为一队，觅食无着，遍野乏谷，终至倒地气绝。武冈人人皆是菜色，饥民或匿山中，见有负米者即邀夺之。武陵户口多灭。石门食盐亦随谷米俱尽，至次年犹多饿毙者。沅陵饥死者枕藉成列，村舍或空无一人。龙阳低乡绝户，漫无可稽。饥民集中县城，瘟疫寻作，一旦死者以数万计，余多转徙，不闻有复业者，永定市有野兽。……安化斗米八九百文，鬻卖男女者仅得斗米之资，至永顺一地，斗米值钱三千六百文，官吏地主有以一粉团易一妇者，有以钱四百买一妇一女一子者"。在那个时候，说人命贱如"草芥"，确实不是什么夸张之词了。

　　清王朝的最后三年（1909年至1911年，宣统元年至三年），长江中下游连续遭受三次大水灾，从1909年起，湖北、湖南、安徽、江苏、浙江以及广东、福建、吉林等省即暴雨成灾，灾区群众"鸠形鹄面，无枝可依；啼饥号寒，所在皆是"，"呼吁无闻，饿莩相望"。1910年，除南方之闽粤外，这些地区再次被水。一位外国传教士在皖北灾象报告中说："秋禾全数悉被淹没，核其面积约占七千英方里（一万八千一百三十平方公里）之广；人民被灾而无衣食者，约有二百万。""近数月来,死亡之惨,日甚一日。"其他地区灾情也大抵类此。到 1911 年,即辛亥革命爆发的那一年,沿江沿海各省,发生了较上两年更为严重的大水灾。湖南当洪水狂吼奔腾而下时,"居民猝避不及,死者无算","淹毙者不知凡几,呼号乞命之声,彻夜不绝,令人闻之骨节皆酥"。湖北"水势浩大,茫茫无际,登高一望,四围皆成泽国";"淹死人民不计其数,惟见老幼之浮尸四处漂流耳"。《不远复斋见闻杂志》谈到安徽、江苏的灾情时,有这样一段记载:"宣统三年春,江苏淮海及安徽凤颍等属,因屡被水灾,闾阎困苦,惨不忍闻。据报载……自去秋至今,饥毙人数多时每日至五六千人;自秋徂春至二月底,江皖二十余州县灾民三百万人,已饿死者约七八十万人,奄奄待毙者约四五十万人。……饥民至饥不能忍之际,酿成吃人肉之惨剧……寻觅倒卧路旁将死未气绝之人,拉至土坑内,刮其臂腿臀肉,上架泥锅,窃棺板为柴,杂以砻糠,群聚大嚼,日以为常。"这种人间惨剧,读之催人泪下。

像这样的灾荒,在旧中国是屡见不鲜的。这里只是略举两例,以便从中得到一些感性的了解而已。

上面提到,大灾发生后,总是有大批饥民外出逃荒,企求寻找一条生路,但这也并不容易。首先是各地官府,禁止外地逃荒者的流入。鸦片战争时期的爱国诗人贝青乔,在《流民船》一诗中写道:

江北荒,江南扰。流民来,居民恼。前者担,后者提,老者哭,少者啼。爷娘兄弟子女妻,填街塞巷号寒饥。饥肠辘辘鸣,鸣急无停声。昨日丹阳路,今日金阊城。城中煌煌宪谕出,禁止流民不许入。

有的地方官,甚至派出军队,搜捉流民,强行遣送回籍,蒋兰畲

《山村》一诗云："荒村日暮少行人，烟火寥寥白屋贫。小队官兵骑马过，黄昏风雪捉流民。"

有一些逃荒者，侥幸跑到城市，靠乞讨和施舍苟延残喘，但也往往依然难于逃脱冻饿而亡的命运。有一个反映1864年（同治三年）浙江湖州灾情的材料说："经理善后者设施粥局于南棚，食粥者以千计，死者每日以五六十人为率，而食者日死日增，盖以逃难者多，粮绝故也。"另一个讲1877年（光绪三年）河南开封的材料则更为悲惨："汴城虽设粥厂，日食一粥，已集饥民七八万人，每日拥挤及冻馁僵仆而死者数十人，鸠形鹄面累累路侧，有非《流民图》所能曲绘者，日前风雪交加，而冻毙者更无数之可稽。所死之人，并无棺木，随处掘一大坑，无论男女，尸骸俱填积其中。夜深呼号乞食，闻者酸心，见者落泪，汴城灾象如是，其余可想而知。"清末著名学者俞樾的《流民谣》，最后两句是"生者前行，死者臭腐。吁嗟乎！流民何处是乐土"——真的，在旧社会里，哪里有逃荒的"流民"们的乐土呢？

四

在水、旱、风、雹、火、蝗、震、疫诸灾中，水灾是对人民危害最大的一种。但在旧中国，由于水利设施的简陋与失修，长期抗旱造成的大旱灾，造成人员的死亡，有时比水灾更为严重。

我们可以举晚清被称为"丁戊奇荒"的大旱灾作为例子。

1875年（光绪元年），直隶、山西、陕西、甘肃、河南等省就有比较严重的干旱。次年，除了上述地区，旱区范围又扩大到山东、安徽、江苏北部及奉天等地，旱情的严重程度也较上一年有了进一步的发展。到1877年（光绪三年），旱情发展到了顶峰、全国以山西、河南为中心,旁及直隶、陕西、甘肃全省及山东、江苏、安徽、四川之部分地区,形成一个面积辽阔的大旱荒区,这次旱灾持续到1878年(光绪四年),造成了赤地千里、饿殍遍野的触目惊心的悲惨景象。

曾任山西巡抚的鲍源深,在灾情最重的1877年中,向朝廷奏报说:"亢旱日久,官民捐赈,力均不支,到处灾黎哀鸿遍野。始则卖儿鬻女以延活,继则挖草根剥树皮以度岁。树皮既尽,亢久野草亦不复生,甚至研石成粉,和土成丸,饥饿至此,何以成活。是以道旁倒毙,无日无之,惨目伤心,兴言欲涕。"当时的山西巡抚曾国荃也上奏说:"民间因饥就毙情形,不忍殚述。树皮、草根之可食者,莫不饭茹殆尽。且多掘观音白泥以充饥者,苟延一息之残喘,不数日间,泥性发胀,腹破肠摧,同归于尽。隰州及附近各县约计,每村庄三百人中,饿死者近六七十人。村村如此,数目大略相同。"王锡纶《怡青堂文集》中对这次灾荒有这样一段触目惊心的描写:"光绪丁丑,山西无处不旱……被灾极重者八十余区,饥口入册者不下四五百万……而饿死者十五六,有尽村无遗者。小孩弃于道,或父母提而掷之沟中者。死者窃而食之,或肢割以取肉,或大脔如宰猪羊者。……层见叠出,骇人听闻。"一个专门记述此大灾的碑文则云:"光绪三年,岁次丁丑,春三月微雨,至年终无雨;麦微登,秋禾尽无,岁大饥。……人食树皮、草根及山中沙土、石花,将树皮皆削去,遍地剜成荒墟。猫犬食尽,何论鸡豚;罗雀獾鼠,无所不至。房屋器用,凡属木器每件买钱一文,余物虽至贱无售;每地一亩,换面几两、馍几个,家产尽费,即悬罄之室亦无,尚莫能保其残生。人死或食其肉,又有货之者,甚至有父子相食、母女相食。较之易子而食、析骸以爨为尤酷。自九、十月以至四年五、六月,强壮者抢夺亡命,老弱者沟壑丧生,到处道殣相望,行来饿殍盈途。一家十余口,存命仅二三；一处十余家，绝嗣恒八九。少留微息者，莫不目睹心伤，涕洒啼泣而已。"当时的《申报》曾刊载过一张 1878 年初抄录的《山西饥民单》，单中详列各地饿死人的情况，读之令人毛骨悚然。全文二千余字，这里只录首尾两段："灵石县三家村九十二家，（饿死）三百人，全家饿死七十二家；圪老村七十家，全家饿死者六十多家；郑家庄五十家全绝了；孔家庄六家，全家饿死五家……太原县所管地界大小村庄饿死者大约有三分多。太原府省内大约饿死者有一半。太原府城内饿死者两万有余。"这里讲的都是山西的情景，河南及其他旱区的情况，与此也大体相差无几。这样血淋淋的写实记录，给我们描画出一幅人间地狱的悲惨图景，几乎令人不忍卒读。

五

旧中国自然灾害发生频繁，后果严重，其根本原因，当然是生产力水平低下，防灾抗灾能力薄弱，但也与当时的反动腐朽的政治状况有着密切的关系。

孙中山曾经直截了当地指出："中国人民遭到四种巨大的长久的苦难：饥荒、水患、疫病、生命和财产的毫无保障。这已经是常识中的事了。……其实，中国所有一切的灾难只有一个原因，那就是普遍的又是有系统的贪污。这种贪污是产生饥荒、水灾、疫病的主要原因。""官吏贪污和疫病，粮食缺乏、洪水横流等等自然灾害间的关系，可能不是明显的，但是它很实在，确有因果关系，这些事情决不是中国的自然状况或气候性质的产物，也不是群众懒惰和无知的后果。坚持这说法，绝不过分。这些事情主要是官吏贪污的结果。"①

---

① 《孙中山全集》，第 1 卷，第 89 页。

　　孙中山深刻地揭示了自然灾害与社会政治之间的关系，他的分析是完全合乎实际的。为了说明这一点，我们稍举这样一个例子，由于"河患至道光朝而愈亟"，所以晚清时期，清政府每年不得不拨一笔相当可观的银两用于"治河"。但这些经费，绝大部分被主管官僚们贪污挥霍掉了。《清史纪事本末》中有这样一段记载：

　　　　南河岁费五六百万金，然实用之工程者，什不及一，余悉以供官吏之挥霍。河帅宴客，一席所需，恒毙三四驼，五十余豚，鹅掌、猴脑无数。食一豆腐，亦需费数万金，他可知已。骄奢淫佚，一至于此，而于工程方略，无讲求之者。

试想，用这样一批只知穷奢极欲，丝毫不以人民生命财产为念的官僚去管理"河工"，黄河哪能不"愈治愈坏"（这是皇帝谕旨中的话）呢？

　　我们还可以提供一个颇具典型意义的实例：1887 年 9 月 29 日（光绪十三年八月十三日），黄河在河南郑州决口。决口之前，黄河大堤上数万人"号咷望救"，在"危在顷刻"的时候，"万夫失色，号呼震天，各卫身家，咸思效命"。但因为管理工料的官吏李竹君"平日克扣侵渔，以致堤薄料缺"，急用之时，"无如河干上曾无一束之秸，一撮之土"，大家只得"束手待溃，徒唤奈何"！河决之时，河工、居民对李竹君切齿痛恨，痛打一顿之后，便将他"肢解投河"，以泄民愤。河道总督成孚"误工殃民"，决口前两天，"工次已报大险"，但成孚"借词避忌"，拒不到工；次日，他慢吞吞地走了 40 里路，住宿在郑州以南的东张；及至到达决口所在，他不做任何处置，"惟有屏息俯首，听人詈骂"。广大群众的无数生命财产就这样成了腐败黑暗的封建统治的牺牲品。

　　一旦出现水旱灾荒，封建统治者在条文上规定有一套似乎颇为周密完整的救荒办法——从报荒到勘灾到赈济，都有明确的要求，但在腐朽的政权统治下，任何有效的政治机制都会运行失灵，任何严密的规章制度都会成为一纸空文。咸丰年间，有一位御史这样谈论清政府的救荒措施："夫荒形甫见则粮价立昂，嗷嗷待哺之民将遍郊野。必俟州县详之道府，道府详之督抚，督抚移会而后拜疏，迩者半月，远者月余，始达宸聪。就令亟沛恩纶，立与蠲赈，孑遗之民亦已道殣相望。况复迟之以行查，俟之以报章，自具题以迄放赈，非数月不可。赈至，而向之嗷嗷待哺者早填沟壑。"许多灾民的生命就在封建官僚政治的文牍往还中白白葬送了。

　　至于"放赈"的官员，贪污赈款，大发"灾荒财"的，更是司空见惯，大有人在。所以在旧社会，有所谓"闻灾而喜，以赈为利"的说法，意思是说，一旦有灾，就意味着发横财的机会来了，这无异于给那些贪官污吏带来的喜讯。有一个材料讲到赈灾中的种种黑幕：赈灾官员，"每每私将灾票（按：指领取赈款的凭证）售卖，名曰，'卖灾'；小民用钱买票，名曰'买灾'；或推情转给亲友，名曰'送灾'；或恃强坐分陋规，名曰'吃灾'。至僻壤愚氓，不特不得领钱，甚至不知朝廷有颁赈恩典。迨大吏委员查勘，举凡一切供应盘费，又率皆取给于赈银，而饥民愈无望矣"。

　　这里讲到的有关旧中国灾荒的一些情况，只是一鳞半爪，自然是不足以窥全豹，无非是提供一些材料，供大家进一步思索而已。这些当然都是已经过去的事情了，但温故能够知新，我们不能忘记我们的民族曾经经历了那样的苦难，我们也才能更加珍惜现在的生活。

近代灾荒的历史启示[①]

　　我国地域辽阔,地理条件和气候条件十分复杂,自古以来就是一个多灾的国家。特别是中华人民共和国诞生前的百余年间,自然灾害更加频繁,灾情也更严重。殷鉴不远,在今天同自然灾害的斗争中,我们可以从近代灾荒的历史中得到许多有益的启示。

天灾酿成人祸

　　从1840年鸦片战争到1949年中华人民共和国成立的百余年间,水、旱、风、霜、雹、虫、震、疫等灾,几乎年年发生,只是灾区面积有大小之分,灾情程度有轻重之别而已。按老例,农业收成在五成以下的,才算成灾。在近代,根据封建统治阶级的官方文书,每年成灾县份平均在四五百个以上。至于因洪水泛滥而跨州连郡"尽成泽国"或因连续干旱而"赤地千里"的大灾巨祲,也是史不绝书。据粗略统计,在此期间,黄河、长江大约平均两年漫决一次;位于京师附近的永定河,在从鸦片战争到清王朝灭亡的71年间,曾发生漫决33次。至于淮河流域,更是"大雨大灾,小雨小灾,无雨旱

灾"，"十年倒有九年荒"的民谣成了这一地区的真实写照。一旦发生较大的自然灾害，人民的生命财产就要遭受巨大的损失。光绪初年，连续三年多的大旱灾，席卷了山西、河南、直隶、陕西、山东等北方五省，并波及陇东、川北、苏北、皖北等地。在这场大旱灾中被饥饿和疫病夺去的生命，据不完全统计，大约 1000 万人。历史资料形容当时情景是，"到处道殣相望，行来饿莩塞途，一家十余口，存命二三；一处十余家，绝嗣恒八九"。1931 年，江、淮、汉、运诸水及黄河同时泛滥。鄂、湘、皖、苏、赣、鲁诸省同被洪水淹浸，遭洪水吞没者即达 370 余万人，一亿灾民流离失所，饥寒交迫地挣扎在死亡线上。在较大灾荒之后，社会生产力的凋敝和破坏，往往很长时期不能恢复元气。例如，鸦片战争爆发后连续三年黄河大决口，使河南省祥符至中牟一带宽六十余里、长数百里的"膏腴之地"尽成不毛，十余年后，这里的"村庄庐舍"依旧"荡然无存"。前面提到的光绪初年大旱灾，造成的结果也是"耗户口累百万而无从稽，旷田畴及十年而未尽辟"，也就是说，十年之后仍未能重建家园。

中华人民共和国建立后，由于社会制度发生了根本的变化，防灾抗灾的能力逐步提高，上面描述的那些触目惊心的悲惨情景，已不复见。但是，我们也应该看到，我国的生产力水平还相对落后，自然条件还没有得到彻底的改变，自然灾害依然严重地威胁着我们。居安应该思危，有备才能无患。只有不忘历史，才能使历史不再重演。

人祸加重天灾

自然灾害俗称天灾。它以不可抗拒的力量，给人们的生产和生活造成巨大的灾难。就这个意义说，是天灾造成了人祸。但是，自然现象同社会现象从来都是相互影响的。中国近代灾荒史告诉人们，政治的腐朽、社会的动荡，常常加剧了天灾对社会的破坏作用，而严重的灾荒又反过来激化了社会的矛盾，加深了社会的动荡。就这个意义而言，又可以说人祸加重了天灾。例如，1925 年，四川发生大旱灾。据四川筹赈会派员调查，"综计全川饿死者达三十万人，死于疫疠者约二十万人，至于转徙流离，委填沟壑者，在六七十万以上"。造成如此严重灾荒的原因何在呢？据当时的《申报》载文分析，认为"并不尽由天祸，强半出自人为"，并具体列举了如下五个人为的因素：(1)"各区防军，勒令民间种烟，至民间秋种杂粮益少"。(2)"川省连年内乱，两军交绥，多妨害农民耕作"。(3)"军队抽收丁粮，苛敛无厌"，弄得老百姓"挈众远逃，土地荒芜"。(4)"军队抢夺民食，致民间一无储蓄"。(5)一些人无法生活，只得铤而走险，以抢掠为主，"土匪多甲于天下"。这虽然说的是四川的情形，却颇具典型意义。民国初年及稍后的国民党统治时期，兵连祸结，战乱不已，天灾与战祸，交相迭见，使人民雪上加霜，遭受着双重打击。如 1920 年，直奉皖军阀混战时，京畿一带旱蝗相继，禾稼失收，人民群众本已衣食无着，加之军队的肆意蹂躏，更使战区"各村农民，困苦不堪言状"。更有甚者，有些军队为了所谓的"战略需要"，有意破坏自然环境，人为制造灾荒。1922 年，在湘鄂军阀战争中，吴佩孚决开长江堤闸多处，使"鄂东、湖北十余属数千万之性命财产尽付东流"；1939 年夏，日本侵略军乘河北省暴雨连朝之机，悍然炸开滹沱、大清、子牙、滏阳等河堤岸共 182 处，使冀中 22 县、冀南 35 县尽成泽国。至于自然灾害发生之后，由于政治的腐败，官吏们玩忽职守，不仅置人民生命财产于不顾，反而乘机贪污勒索，大发"赈灾财"的，从清末到民国，更是司空见惯，习以为常。

今昔如果对照一下,事情的本质就立即会显现出鲜明的轮廓来。1991年,我国又一次发生了百年不遇的特大洪涝灾害,但在党和政府的组织领导下,我国人民顽强奋战,把自然灾害带来的损失减少到了尽可能低的限度;即使在重灾区,也没有发生像旧中国那样千百万人离乡背井、"道殣相望""饿殍塞途"的悲惨景象。这活生生的现实,使我们深切地感觉到,有一个优越的社会制度,有一个安定的政治局面,对于抗灾救灾具有十分重要的意义。

天灾与生态环境

人祸加重了天灾,在某种意义上说,也包括生态环境的严重破坏。前面提到的1931年大水灾发生时,社会舆论就纷纷指出,河工不修,河水泛滥,水土流失,盲目筑圩,使河湖丧失积水排洪的能力,是水灾严重化的重要原因。"水利森林之不作警备,则数十年已如一日,似此而当非常之天灾,其不发生空前之奇祸,实为间不容发之事。"[①]反过来,灾荒又进一步使生态环境受到新的破坏。于是,便成了一种恶性循环。关于这方面,史沫特莱在《中国的战歌》一书中曾有过颇深刻的揭示,她在描述旧中国一个"军阀混战,河水泛滥,饥馑连年的重灾区"时指出:"好几百万农民被赶出他们的家园,土地卖给军阀、官僚、地主以求换升斗粮食,甚至连最原始简陋的农具也拿到市场上出售。儿子去当兵吃粮,妇女去帮人为婢,饥饿所迫,森林砍光,树皮食尽,童山濯濯,土地荒芜,雨季一来,水土流失,河水暴涨;冬天来了,寒风刮起尘土,到处飞扬。有些城镇的沙丘高过城墙,很快沦为废墟。"在这里,灾荒和生态环境

---

① 《银行周报》,15卷,35期。

的破坏,二者既是因,又是果,因既是果,果既是因。因果循环,往复不已。

在中国近代历史上,第一个把灾荒同生态环境联系起来的,是伟大的革命先行者孙中山。他在从事政治活动之初,就在一封信中写道:"试观吾邑东南一带之山,秃然不毛,本可植果以收利,蓄木以为薪,而无人兴之。农民只知斩伐,而不知种植,此安得其不胜用耶?"①后来,他更明确地指出:"近来的水灾为什么是一年多过一年呢?⋯⋯这个原因,就是由于古代有很多森林,现在人民采伐木料过多,采伐之后又不行补种,所以森林便很少。许多山岭都是童山,一遇了大雨,山上没有森林来吸收雨水和阻止雨水,山上的水便马上流到河里去,河水便马上泛涨起来,即成水灾。所以要防水灾,种植森林是很有关系的,多种森林便是防水灾的治本方法。"防止旱灾也是一样,"治本方法也是种植森林。有了森林,天气中的水量便可以调和,便可以常常下雨,旱灾便可减少"②。孙中山的论述,即使在今天,也不能说已经完全为人们所了解,所以,我们要提高对保护自然环境和生态平衡重要性的认识。

---

① 《孙中山全集》,第1卷,第1—2页。
② 《孙中山全集》,第9卷,第407、408页。

生态环境破坏与灾荒频发的恶性循环
——近代中国灾荒的一个历史教训①

我国自古以来就是一个多灾的国家。进入近代以后,情况不仅未见好转,反而愈演愈烈。灾荒的频繁发生,原因很多。其中,社会生态环境的严重失衡,是一个不可忽视的因素。综观中国近代灾荒史,可以看出,生态环境破坏和灾荒的多发,二者既是因,又是果;因即是果,果即是因,形成了一种往复不已的恶性循环。

一、滥垦滥伐,水旱频繁

清中叶以后,人口增长与耕地不足之间的矛盾日益突出。为了解决这个矛盾,人们自然纷纷向地广人稀的地区去拓荒和开发。由于当时缺乏环境保护的意识,在增加了大量可耕地的同时,人们也可悲地对大自然进行了破坏性的掠夺。许多地方竭泽而渔似的滥垦滥伐,使森林植被遭到大面积的毁坏,北方广大地区,"弥望濯濯,土失其蔽"。这一切,不能不给农业生态环境造成一系列恶劣的影响:既严重丧失了调节气候的功能,又造成大量的水土流失;既大大加速了气候干旱化、土壤沙化的进程,又使向来并不发达的

① 该文原载《人民日报》,1996 年 6 月 29 日。本文系与康沛竹合作。

水利系统因泥沙不断淤塞而削弱了蓄水泄水的能力,最终也就加大了水旱灾害发生的频度和强度,造成了"十年九荒""水则汪洋一片,旱则赤地千里"的严重后果。

黄河在历史上是一条水害极巨的大河。所谓"华夏水患,黄河为大",一向就有"三年两决口,百年一改道"的说法。但为什么《清史稿》要特别指出"河患至道光朝而愈亟"呢？这一方面固然同晚清腐朽的封建统治者治黄不力有关;另一方面也是近代生态环境进一步恶化以致河水挟沙日增的结果。道光年间,东河河道总督张井在一个奏折中这样说:"自来当伏秋大汛,河员皆仓皇奔走,救护不遑。及至水落,则以现在可保无虞,不复求刷河身之策。渐至清水不能畅出,河底日高,堤身递增,城郭居民,尽在水底之下,惟仗岁积金钱,抬河于最高之处。"淤沙愈积愈多,河身愈抬愈高,一旦决口,生活在远较河床为低的居民,便有数不清的人惨遭灭顶、葬身鱼腹了。

长江流域的情况也差不多。鸦片战争时期的著名思想家魏源曾经指出:"历代以来,有河患无江患",长江本来并不像黄河那样时常发生灾害性洪水。但到晚清情况就发生了变化,"乃数十年中,告灾不辍,大湖南北,漂田舍,浸城市,请赈缓征无虚岁,几与河防同患,何哉？"魏源作出了一个极有见地的回答。他认为,长江上游的川陕一带,本有许多老林深谷,由于大批移民和流民的进入,刀耕火种,无土不垦,古老的植被年复一年地遭到严重破坏,"泥沙随雨尽下,故汉之石水头泥,几同浊河"[①]。这就造成了长江中下游水道的淤塞,再加上江边居民纷纷在冲积而成的洲渚上筑圩垦田,更加阻塞了水路。这样,长江的水患自然也就日见其严重

---

① 《魏源集》,上册,第391页,北京:中华书局,1976年。

起来。

近代社会,政治动荡,战乱不绝。每次战争都对生态环境造成极大的破坏。人民群众不仅要直接承受炮火的蹂躏,还要间接承受因战争造成生态环境破坏带来灾荒的苦难。例如,太平天国运动被镇压后,许多地区变成一片废墟,甚至像苏州这样的鱼米之乡,如李鸿章所说,也成为"田野荒芜,遍地荆棘,鸡犬不留,浑似沙漠"。曾国藩在一封信中说:"近年从事戎行,每驻扎之处,周历城乡,所见无不毁之屋,无不伐之树。"郑观应则把这个现象同灾荒联系起来,指出从这场战争之后,"燕、齐、晋、豫诸省所有树木斩伐无余,水旱频仍,半由于此"。

二、自然灾害与生态恶化相辅相成

生态环境的破坏,缩短了灾荒发生的周期,加重了灾害的严重程度;反过来,连年不断的自然灾害又促使生态环境进一步恶化。

史沫特莱1929年所写的一段话,也许是对这个问题的一个既真实又生动的极好说明。当时,她作为《法兰克福日报》记者,刚刚访问了重灾区河南,她描绘那里的情形是:"好几百万农民被赶出他们的家园,土地卖给军阀、官僚、地主以求换升斗粮食,甚至连最原始简陋的农具也拿到市场上出售。儿子去当兵吃粮,妇女去帮人为婢。饥饿所逼,森林砍光,树皮食尽,童山濯濯,土地荒芜。雨季一来,水土流失,河水暴涨;冬天来了,寒风刮起黄土,到处飞扬。有些城镇的沙丘高过城墙,很快沦为废墟。"[1]

这既是对灾象的描述,也是对灾因的分析。它使我们理解,为

---

[1] 《中国的战歌》。

什么在旧中国的这块土地上，总是旧的灾荒创伤尚未治愈，新的灾荒往往就接踵而至了。

在旧中国，只要是稍为大一点的灾荒，往往十多年甚至几十年也恢复不了元气。鸦片战争爆发后，曾经在 1841、1842、1843 年连续三年发生黄河决口。1841 年的河南祥符决口，水围开封 8 个月，"大溜经过村庄人烟断绝，有全村数百家不存一家者，有一家数十口不存一人者"。1842 年的江苏桃源决口，苏北一带"在田秋粮尽被淹没"。1843 年的河南中牟决口，豫、皖、苏三省数十县"一片汪洋"，"民田庐舍无不受淹"。后来决口虽被堵合，但灾区不仅有大量的人口死亡和流徙，房屋、道路、桥梁、树木被冲毁，被水淹渍的土地则迅速沙化和盐碱化。灾荒带来的破坏，在很长时间里都未能恢复。一直到 10 年之后，朝廷还发布了这样一道谕旨："（陕西布政使）王懿德奏，由京启程，行至河南，见祥符至中牟一带，地宽六十余里，长逾数倍，地皆不毛，居民无养生之路等语。河南自道光二十一年（1841 年）及二十三年（1843 年），两次黄河漫溢，膏腴之地，均被沙压，村庄庐舍，荡然无存，迄今已及十年，何以被灾穷民，仍在沙窝搭棚栖止，形容枯槁，凋敝如前？"[1]其实，这个问题是清朝统治者失职造成的。

旱灾对生态环境的破坏，也许比水灾更为严重。以光绪初年的"丁戊奇荒"为例，这次长达 4 年的大旱荒，灾区遍及山西、河南、陕西、直隶（今河北）、山东 5 省，并波及苏北、皖北、陇东、川北等地区，因灾死亡人数达 1000 万之多。1934 年重修的《灵石县志》，曾痛心地回顾该县在这次"大祲巨灾"中遭受的严重打击，指出："（光绪）三年，秋无寸草；四年，夏成赤地。两季不收，一年无食，而流离

---

[1] 《清文宗实录》，卷 26。

失所,死亡相继,论户四千余家,论人四万余口,至今几六十年而灾情犹存,元气未复。"山西、河南部分地区的人口数量,直到民国时期,也未能恢复到灾前水平。可见,生态环境一旦遭到严重破坏,恢复起来是多么地困难。

三、历史是一面镜子

在近代中国,对于灾荒的成因,占主导地位的认识,还大抵停留在超自然力量(老天爷、神)对人类的惩罚这一点上。但是,也有少数有识之士,开始觉察、揭示生态环境与自然灾害之间的极为密切的关系。前面提到的魏源的议论,就是一例。还有一些人,比他讲得更加深刻一些。这是我国灾荒观发展历史中极有价值的思想资料。

为了对比,我们先举出 1937 年秋《申报》上发表的两篇同一主题而观点截然相反的文章。一篇文章说:"夫世有水旱偏灾,似有一定之例,其中自有天道主持,非人力可强。"所以遇到"皇天降旱,惟有安命以顺受而已","勿再怨恨犯天,惟当虔诚祷雨"[①]。另一篇文章则说:"万不可视水旱之灾而诿为时数之当然,听天命而缺人事,以玩视民瘼而自取罪戾。"该文举外国的事例说,"美国新垦之地,雨泽素稀。近因劝民艺树,而雨亦较多于前"。"埃及国沙多雨少,岁恒涓滴不落,惟赖河渠以资灌溉。30 年来,国君于其地遍植嘉木百万本,望之蔚然,于是雨亦稍加。"从这里得出结论说,要使风调雨顺,只有"劝民多植树木,既可为引水之资,亦可获十年之

---

① 《劝民说》。

利"①。在当时，能够有后一种认识，应该说是很不简单的了。

　　关于这个问题，讲得最清楚明确的，要数孙中山先生。他在从事政治活动之初，就说过这样的话："试观吾邑东南一带之山，秃然不毛，本可植果以收利，蓄木以为薪，而无人兴之。农民只知斩伐，而不知种植，此安得其不胜用耶?"②后来，他更进一步从灾荒成因的角度，谈到保护生态环境的极端重要性。他说："近来的水灾为什么是一年多过一年呢? 古时的水灾为什么是很少呢? 这个原因，就是由于古代有很多森林，现在人民采伐木料过多，采伐之后又不行补种，所以森林便很少，许多山岭都是童山，一遇了大雨，山上没有森林来吸收雨水和阻止雨水，山上的水便马上流到河里，河水便马上泛涨起来，即成水灾。所以要防水灾，种植森林是很有关系的，多种森林便是防水灾的治本方法。"防止旱灾也一样，"治本方法也是种植森林。有了森林，天气中的水量便可以调和，便可以常常下雨，旱灾便可以减少"③。

　　先哲们的这些灼见，不仅在当时远远高出于社会一般认识，在我国生态环境的破坏愈来愈严重的今天，不仍然值得我们深思吗?

---

① 《救旱说》。
② 《孙中山全集》第 1 卷，第 1—2 页。
③ 《孙中山全集》第 9 卷，第 407—408 页。

历史的明镜　深刻的启示
——访著名灾荒史专家李文海教授和夏明方博士[①]

1998 年夏天,我国人民英勇悲壮的抗洪救灾史是中华民族辉煌的历史篇章。

8 月 26 日,九届全国人大常委会第四次会议上,国务院副总理、国家防汛抗旱总指挥部总指挥温家宝在关于当前全国抗洪抢险情况的报告中指出,今年的抗洪抢险斗争,是在党中央、国务院的直接领导下,百万军民与罕见的大洪水进行殊死搏斗的一场硬仗。他还谈到,今年长江的洪水和 1931 年、1954 年一样,都是全流域的大洪水,但迄今为止造成的损失,比 1931 年和 1954 年要小得多。

历史是一面镜子。日前,记者走访了著名灾荒史专家、中国人民大学校长李文海教授和他的学生夏明方博士,专家通过新旧两个社会抗御水灾不同情况的对比,给了我们许多深刻启示。

领导者行为的鲜明对比

但今年的情况就完全不同了。入汛以来,江泽民等中央领导

---

① 该文原载《工人日报》,1998 年 9 月 2 日。记者:杨连元。

同志亲临一线到危险地段,并殚精竭虑,做出关于严防死守、确保长江大堤安全、确保重要城市安全、确保人民群众生命安全的明确指示,派出人民军队全力支持抗洪抢险,形成军民协同作战的重要决策,使灾情一次性转危为安。夏明方博士感触地说,每次看电视,受灾群众即使在最困难的境遇下,也满怀着信心和希望。一次记者问一位老大娘:"这么大的洪水,您怕吗?"回答是:"有党中央,有咱政府,有解放军,俺怕啥!"

的确,有了党和政府,人民就有依靠。

政府能力不能同日而语

李文海教授说,迄今为止,还没有任何一个国家、一种社会制度完全能够抵御天灾,然而,天灾对社会的破坏程度和社会抗灾能力的强弱,还受到一个国家社会性质的巨大影响。在这次抗洪救灾中,我国政府表现出了极强的组织力。全国上下一盘棋,急事急办,特事特办,有27万多部队官兵和800多万干部群众上了大堤,数百万军民进行了一场规模空前、气壮山河的抗洪斗争,这充分表明了我们党和政府高度的动员能力和组织能力,这正是社会主义优越性的充分体现。

大灾之后两重天

李文海教授和夏明方博士都谈到,大灾面前,如何做好灾民的生活、生产、防病、治安、教育等,是至关重要且难度相当大的工作。令人欣慰的是,党中央、国务院和各级政府部门已迅即采取了一系列有力措施,如千方百计保证受灾群众的基本生活需要,抢运救灾物资,急派医疗队伍,让他们有饭吃、有开水喝、有衣穿、有住处、有医疗、有良好的治安环境,现在又抓学校的按时开课,抓群众的过冬安排,抓灾后重建家园。据水利部长钮茂生日前介绍,解放军总后勤部已拿出库存仅有的几千顶帐篷,同时再赶制 10 万顶棉帐篷,朱镕基总理特别指示,要一个月内完成任务,送到灾区,另外,还要给每个灾民准备过冬的棉衣、棉被,这是多么大的关怀和温暖啊!

两个社会两重天。

"扑面狂飙怒卷沙,牵衣儿女哭声哗。伤心莫对旁人说,同是流离八口家。"这首诗,反映了 1931 年沿江县乡千百万灾民困苦无告的惨景。

洪水过后,几千万人流离失所。据披露,真正被大水淹死的只占 24%,受瘟疫病死的却占 70%,仅武汉每天就因瘟疫死掉上千人。

大灾之后,最大的威胁还有饥馑。太湖之滨本是鱼米之乡,但水灾过后,"蚕粮两荒,水乡灾民,弱者捞取水草充饥,强者铤而走险,就食大尸"。这一年,国民政府从美国订购了赈灾小麦 45 万吨,仅相当于粮食损失的 9%。这年冬天,有 2/3 的灾区没有粮食来源。

据当时的安徽省政府统计,全省绝大部分田园不仅夏收被毁,而且无法秋种。对于如此巨灾,国民政府只在 9 月份拨给 30 万元急赈费,但又被省府主席陈调元扣住不发。直到年底,很多乡间仍是一片白地,"几无寸草"。

耕畜是一般农户的半个家当。特大水灾中,人都朝不保夕,更别说牲畜了。在 1931 年 11 月的寒冬之前,131 个灾县缺少耕畜达 200 万头。

水灾后的第一个春天,约有 1/3 的灾区没有种子来源。

灾区物价也急剧上涨。在金陵大学调查过的灾区,1931 年 11 月,燃料、秫草上涨了 30％,谷类上涨了 20％,其中安徽省灾后米价上涨了 40％,麦价上涨了 30％。

农民为了生存,不得不抵卖田产,而在灾区,地价又暴跌得分外严重。11 月初,江淮流域 5 个省 81 个县,地价下跌了 37％,其中皖北下跌了 49％,而高利贷率平均提高了 1/3。地价下跌持续了好几年。到 1935 年,全国平均地价还相当于 1931 年的 80％。地价暴跌的一个严重后果是,雇农的工资减少,以至失业,在苏南等地,就有 43％的雇农失业和沦为乞丐。

据调查,灾区的逃荒人口占灾区总人口的 40％,逃荒人口中,31％都是举家逃亡,大多数没有职业,乞讨为生。按这个比例,被调查地区总人口 2520 多万,逃荒人口怕有 1000 多万了。

调查表明,截至 11 月,灾民每家平均得到的赈款,不过大洋 6 角,只占各户平均损失的 0.0013。

在旧社会黑暗政治和无情灾荒的双重荼毒下,人民群众所过的真是地狱般的生活。

"萧瑟秋风今又是,换了人间。"李文海教授说,今年的抗洪救灾也是对我们综合国力的一次检验。国力的根基最终是人,是人的精神境界及其创造力、凝聚力所构成的合力。在今年这场气壮山河的伟大斗争中,就显示了人民群众的精神威力。从解放军指导员高建成、宣传部长罗典苏、以身殉职的普通农民胡继成等众多英雄人物的身上,从"携手筑长城"等大大小小的赈灾义演捐助活动中,我们看到了前方抗洪军民的献身精神,也看到了社会主义大家庭对抗洪救灾的关注和支持。两个多月来,人们说得最多的几句话是"血浓于水""一方有难,八方支援""要为灾区献爱心",这充分表现了全国人民在以江泽民同志为核心的党中央领导下,万众一心战胜自然灾害、重建家园的坚强信念和决心。

这正是我们今天的凝聚力、向心力,也是最强大的国力。

李文海教授最后说,历史总是要给人们留下宝贵的遗产和丰富的智慧,产生于我们今天这个伟大时代的历史智慧将是永存的。

两次长江流域大水灾的历史思考[①]

一、两幅图景

1998 年入夏以来,我国许多地区发生了百年一遇的特大洪水,特别是长江流域,发生了自 1954 年以来的又一次全流域性的大洪水。面对滔滔洪水,当代的大禹——几百万抗洪军民,正在为确保大江大河干堤、重要城市和交通铁路干线的安全而英勇战斗。虽然目前抗洪抢险工作尚处于决战的关键时刻,还没有取得最后的胜利,但确实已经把洪水灾害损失减少到了最低限度。数以百万计的受洪水威胁的群众,受到政府的妥善安置,得到了基本生活、医疗的必要保证。即使在重灾区,至今也未有疫病发生。这可以说是中国灾荒史上的一个奇迹。

从今年的大水灾,不由得联想起半个多世纪前发生的另一次大水灾的情景,那就是 1931 年的大水灾。

1931 年也是一次南至珠江、闽江,北至松花江、嫩江的全国性大水灾,灾区中心为江淮地区、长江及其主要支流。上述地区无处

① 该文原载《北京日报》,1998 年 9 月 6 日。

不洪水横流,泛滥成灾。灾害发生后,抗灾救灾不力,造成了惨绝人寰的严重后果。仅长江流域为洪水吞没的人数,有的材料说几十万,有的说百余万,有的甚至说有 360 万之多,综合各种资料参证比较,大约有 40 万人在洪水中惨遭灭顶。

长江中下游的一些大中城市及广大乡村,几乎无不为洪水淹浸。

武汉水位升至 28.28 米时,长江洪水即从江汉关一带溢出,接着数处溃决,大水势如奔马般冲向市区,市内水深数尺到丈余,最深处达 1.5 丈。大批民房被水浸塌,电线中断,店厂歇业,百物腾贵。大部分难民露宿高阜,积水中漂浮着人畜尸体,瘟疫迅速四处蔓延。武汉三镇没于水中达百余天之久,因疫病、饥饿而死者每日有上千人。

九江因江堤发生一个 40 余丈的决口,江水奔泻而下,人畜淹毙无数,全市十分之七八的居民区陷入浊流。

芜湖也遭大水浸淹,市区内河南岸水深丈余,北岸也有五六尺。灾民栖息于屋顶之上,上有倾盆大雨,下无果腹之粮,全市笼罩在饥饿和瘟疫的魔影里,每天都有大批灾民死亡。当时的新闻报道说,死者既无棺木也无一片干土来埋葬,"只能把大批尸骸拴在露出水面的树杈上,任其在凄风苦雨里上下浮沉"。

甚至当时国民政府所在地南京,也因长江洪水和玄武湖的湖水交汇,一齐灌进市区,闹市水深过膝,有的更深达胸部,当时报纸报道称"灾民啼饥号哭,极备凄伤。综计京市田地,多被淹没,农作物之损失,约及十分之九"。

广大农村受长江洪水侵袭,灾情更为严重。据当时金陵大学农业经济系的调查,大批缺衣少食的灾民被迫流离失所,四出逃荒,离村人口几占灾区总人口的 40%。外逃的灾民中有 1/3 找到了临时性工作，1/5 沿街乞讨，其他人则下落不明。[①] 这是一幅多么令人毛骨悚然的图画！

二、原因剖析

同样的自然灾害，带给人们的却是如此不同的情景，个中缘由，我们只能从社会方面去寻找合理的解释。

今年的大水灾，受到党和国家领导人的高度重视。江泽民主席、朱镕基总理等多次亲临抗洪第一线，对抗洪抢险工作做出重要部署和指示，这极大地鼓舞了同洪魔长期连续作战的广大军民的斗志。而 1931 年大水灾时，身为国民政府主席并兼任导淮委员会委员长的蒋介石，却正忙于主持对中央革命根据地的第三次"围剿"。6、7 月间，正是江淮流域洪水肆虐之时，他忙着往返于江西等地"督战"。8 月 22 日，也就是汉口被大水淹没不久，他接到何应钦自南昌发来的"促请赴赣督剿"的急电，又匆匆赶赴南昌。9 月 1 日，他发表了一通《呼吁弭乱救灾》的电文，对于殃及数十万民命的大水灾，只声称此属"天然灾祲，非人力所能捍御"，而对于所谓"弭乱"，则信誓旦旦地称"惟有一素志，全力剿赤，不计其他"。在这样的指导思想下，千百万人民陷入灭顶之灾也就是势所必至的了。

今年的抗洪斗争，奏响了一曲军民团结保卫家园的胜利凯歌。广大人民群众表现了极高的觉悟和组织纪律性。人民子弟兵更是发挥了突击队的作用。而 1931 年大水灾时，广大群众处于分散状态，没有人对群众进行必要的组织，在惊涛骇浪面前，他们即使侥

---

① 参见《金陵学报》，第 2 卷，第 1 期。

幸未被洪水吞没,也只有自顾逃命,难顾其他。至于军队,蒋介石
首先考虑的是把他们调集到"剿共"前线去;而这些军队即使不去
打仗,也不可能同人民群众携手抗洪。

　　1931年大水灾发生后,社会舆论在检讨灾荒原因时,一部分
人认为连年不断的军阀混战,既耗尽了政府能够用以防灾抗灾的
有限能力,也把本来就少得可怜的一点抗灾设施破坏殆尽。事实
的确如此,据统计,从1916年到1930年,年年有军阀内战。在频
繁的战乱中,各地借以蓄洪排水的森林大量遭到砍伐。为了筹措
战争经费,挪用水利经费成了家常便饭。例如,湖北当局历年从海
关、特税、厘舍和田赋中提取堤防修筑费,到水灾发生时,"是项巨
额之积存金已成乌有,第一个挪用该项资金者即蒋中正"。1930
年中原大战时,国民政府财政部将1000余万积存金挪作攻打冯玉
祥、阎锡山的兵费,下余款项又被不法商人骗走和被地方官员私
吞。① 所以,连《东方杂志》也发表署名文章称:"盖严格论之,此次
水灾,纯系二十年来内争之结果,并非偶然之事","苟无内争,各地
水利何至废弃若此。各地水利,苟不如此废弃,纵遇水灾,何至如
此之束手无策!"②

　　联想到今年的大水灾,如果没有一个稳定的政治局面,如果没
有中华人民共和国成立以来所进行的大规模水利建设,如果没有
改革开放20年来形成的强大物质技术基础,要夺取抗洪斗争的全
面胜利也是难以想象的。

---

① 　参见《新创造》,第1卷,第2期。
② 　沈怡:《水灾与今后中国之水利问题》,载《东方杂志》,第28卷,第22号。

三、启示与思考

这次大水灾,给我们留下了许多值得深思的问题和启示。

要极大地增强全社会的防灾意识。自然灾害一旦发生,当然要尽一切力量将灾害的损失减少到最低限度;但更加重要的是,要未雨绸缪,从各个方面创造减少自然灾害发生的条件。

拿长江来说,大约在一个半世纪以前,我国的著名思想家魏源就指出,"历代以来,有河患无江患",长江较之黄河灾害要少得多。但晚清以来,长江"告灾不辍,大湖南北,漂田舍,浸城市,请赈缓征无虚岁,几与河防同患"。这是什么原因造成的呢?魏源对这个问题做出了极为深刻的回答,认为那是长江上游森林的破坏和中下游水道淤塞的结果。上游的森林被滥砍滥伐,结果造成大量水土流失,"泥沙随雨尽下,故汉之石水斗泥,几同浊河"[①],下游居民又纷纷筑圩垦田,阻塞水路。这正是长江水患的根本原因所在。

中华人民共和国成立后,我们做了许多努力,兴建了不少水利工程,也在一些方面致力于改善生态环境。但魏源提出的上游森林被破坏、下游水道被堵塞的情况,是不是有了根本的解决了呢?恐怕不能这样说。据国家环保局有关负责同志介绍,金沙江、岷江、嘉陵江等地区,森林被大量砍伐的情况仍然十分严重,中华人民共和国成立以来长江流域水土流失面积增加了 40%～50%,盲目围湖造田、建屋,导致洞庭湖面积从 4200 平方公里减少到不足 3000 平方公里,鄱阳湖面积从 5000 平方公里减少到不足 4000 平方公里,大大削弱了蓄水能力。这些情况,应该引起我们足够的重视。

---

① 《魏源集》(上册),第 391 页。

劝善与募赈[①]

在清代,每当发生较大灾荒的时候,地方官员往往一面请求蠲免钱粮,以减轻百姓负担;一面要求朝廷发帑截漕,以赈济灾民。同时,还要向殷富之家募赈,想方设法筹集更多的救灾物资,以补官府赈济之不足。到了晚清,义赈兴起,向社会各界募集赈款更成为义赈活动的重要环节。而不论是官府还是民间,募赈又总是从劝善入手。

中国有着悠久的慈善文化传统。正像游子安先生在《劝化金箴——清代善书研究》中所说,"劝善与行善,是中国社会最基本的道德律,福善祸淫之说见于先秦儒家思想之中"[②],"随着善书广泛传播,修善与行善成为中国人最基本的道德规范,善的观念更深入人心"[③]。被称为善行的内容很广,从济困扶危、惜老怜贫、矜孤恤寡、施医舍药、修桥补路直至敬惜字纸之类,而"凶荒之年""捐赀赈灾",总是各种善行中最重要的内容。

最近出版的《中国荒政全书》第 2 辑第 1 卷中收入了清人朱轼修纂的《广惠编》一书,其中搜集了各种劝善、募赈的文字,仔细读

---

① 该文原载《光明日报》,2005 年 9 月 20 日。
② 游子安:《劝化金箴——清代善书研究》,第 1 页,天津:天津人民出版社,1999 年。
③ 游子安:《劝化金箴——清代善书研究》,第 17 页。

读这些文字，能使我们对当时慈善观念的具体内容有一个大致的了解。温家宝总理在 2005 年的政府工作报告中提出国家要"支持慈善事业的发展"。贯彻这个精神，也需要我们对历史上慈善观念的发展变化做一点分析和研究。

在传统慈善观念中，流传最广、影响最深的，是行善可以"祈福避祸"的思想。儒家的"作善降之百祥，作不善降之百殃"，佛家的"因果报应"，道家的"天人感应"，都为"积善天必降福，行恶天必降祸"的理念提供了丰富的思想资料。所以在募赈的时候，这方面的言论自然就成为主要内容。《广惠编》中就颇多这样的文字："捐一分之资，而活数千人之命，上纾朝廷隐忧，下为子孙积福。"①"积金遗于子孙，子孙未必能守。积书遗于子孙，子孙未必能读。不如积阴德于冥冥之中，以为子孙长久之计。"（第 167 页）"不知水火贼盗疾病横灾，皆能令我家业顿尽，少少福分，亦是天帝庇之，岂一俭啬钱癖能致然哉？一旦无常，只供子孙酒色赌荡之资，于是一掷足救千命者有之矣，何如积德邀庇于天之为厚也？"（第 169 页）

然而这种行善积福的道理，存在着两个重要的缺陷。一是把赐福降祸的权力，归之于不可捉摸的"上天"，而祸福的实现，又需待之于来生或体现在子孙身上，未免有点虚无缥缈，在宣传因果报应时又常常带上迷信色彩；二是行善是为了得福，似乎把慈善活动变成了一种交易，又带有了浓厚的功利色彩。所以有人批评说："托神灵则邻于妄诞，好果报则启其觊觎。"于是，有人就跳出狭隘的个人视角，从社会的角度提出问题，强调出资赈灾，对于施赈者和受赈者是两利的，殷富之家"捐数十百金，以济嗷嗷饥苦之民"，

---

① 李文海、夏明方主编：《中国荒政全书》，第 2 辑第 1 卷，第 166 页，北京：北京古籍出版社，2004 年。本文以下凡引自此书者，只注页码。

"不惟贫民下户获免饥饿,而上户之所保全,亦自不为不多"(第166页)。因富人常会因"多财而招尤取忌",如果一味"多藏厚蓄",悭吝惜财,灾荒之年,只顾自己"宣侈导淫",不肯对冻馁乏食、朝不谋夕的灾民略施赈恤,挣扎在死亡线上的灾民就会铤而走险,富人也就不免"因之贾祸"。一份名为《劝捐赈谕》的文告直截了当地说:"且上户自思所以得保其为上户者,岂不赖朝廷有法度耶? 则殷殷劝赈,又不独为尔等图久远,实为尔等图目前。众怒难犯,此我所不敢出诸口者,人人知之,尔富民岂独不知之? 此又时势之必然者也。"(第167页)意思很清楚,富人要想保住自己的财产,甚至身家性命,就要维护朝廷的"法度",同时避免引起"众怒"。换句话说,捐资赈灾的善举,正是消解社会矛盾的良方。

同样从分析社会矛盾入手,却主要从人们的精神世界中去寻求答案,这应该说是传统慈善观念的一个更高的层次。一篇名为《劝施迂谈》的文章说:"呜呼! 世事一何其参差不齐哉! 然未可一二指数也,姑举所见。吾宾朋宴会,珍馐罗列,僮仆饕餮之余,臭腐狼藉,而贫人有终身不知肉味者,有饥饿死者;吾冬裘夏葛,凉燠以时,犹欲盛纨绮,竞时尚,而贫人有衣不蔽体,傍檐露宿,朔风刺骨,寒颤齿击者;吾高檐大栋,安居其适,犹复为山池台馆鱼鸟花竹之玩,而贫人缓急无赖,至有捐性命割父子夫妻之欢者。"(第167—168页)"吾宾朋宴会,珍馐罗列,何不分杯箸之余,为穷人粗粝之需,施之一二,人可延数月之命;施之十百,人可缓数日之死也。衣不可胜用,而敝之箧笥,与无衣同。省一二为裋褐以施衣不蔽体者,则人且挟纩,而吾文绣自若也。吾不为一时耳目之玩,即可全人之性命,保人之骨肉,此高世义举也。以施于谈议,则可传;以省于清夜,则自得。"(第168页)人总是有对弱者的同情之心、对他人的关爱之情。在荒年凶岁,能够慷慨捐济,竭力鸿施,既可以使灾民苟延旦夕，起死回生，自己精神上也可以得到极大的慰藉，其快乐远在声色犬马的享受之上。反之，如果在各种灾难面前，冷漠无情，无动于衷，对贫弱不施援手，对社会无所回馈，"清夜寻思，理上说得过否？心上打得过否？"（第 171 页）更何况，人的物质需求毕竟是有限的，"渺渺一身，在世食用有限，死又将之不去"（第 167页），能够"损有余补不足"，也就是"捐无用为有用"。无论如何，这都是于己于人有益的大好事。

建立和谐社会战略目标的提出，使人们对发展慈善事业给予了更多的关注。慈善事业并不是解决一切社会问题的万能钥匙，但慈善精神的发扬，确实是促进社会平衡发展的重要的积极力量。了解传统慈善观念，超越传统慈善观念，这也应该是精神文明建设的不可或缺的内容。

一场地震引发的政治反思①

　　1679 年 9 月 2 日（清康熙十八年七月二十八日）中午，京师地区发生了一场强烈地震。据考证，这次地震的震级达 8 级，震中在平谷、三河一代，地震波及范围除京城外，还包括周围的河北、山西、陕西、辽宁、山东、河南 6 省共计 200 余州县。地震造成的生命、财产损失，由于当时技术水平和社会条件的限制，没有确切的统计，官方文书中只是笼统地说"京城倒坏城堞、衙署、民房，死伤人民甚众"②。但在私人著述中，颇为详细地记录了这次震灾是如何地触目惊心。

　　叶梦珠在《阅世编》中记载，地震发生时，"声如轰雷，势如涛涌，白昼晦暝，震倒顺承、德胜、海岱、彰仪等门，城垣坍毁无数，自宫殿以及官廨、民居，十倒七八"，"文武职官、命妇死者甚众，士民不可胜纪"。据顾景星在《白茅堂集》中的描写，"京师大地震，声从西北来，内外城官宦军民死不计其数，大臣重伤，通州、三河尤甚，总河王光裕压死。是日，黄沙冲空，德胜门内涌黄流，天坛旁裂出黑水，古北口山裂"。董含在《三冈识略》中则称："七月二十八日巳

---

①　该文原载《光明日报》，2007 年 2 月 9 日。

②　中国第一历史档案馆整理：《康熙起居注》，第 1 册，第 420 页，北京：中华书局，1984年。本文以下凡引自此书者，只注页码。

刻,京师地震。自西北起,飞沙扬尘,黑气障空,不见天日。人如坐波浪中,莫不倾跌。未几,四野声如霹雳,鸟兽惊窜。是夜连震三次,平地坼开数丈,德胜门下裂一大沟,水如泉涌。官民震伤不可胜计,至有全家覆没者。""内外官民,日则暴处,夜则露宿,不敢入室,状如混沌。""通州城房坍塌更甚,空中有火光,四面焚烧,哭声震天。""涿州、良乡等处街道震裂,黑水涌出,高三、四尺。山海关、三河地方平沉为河。"大震过后,余震不断,据《康熙起居注》记载,直到 10 月 19 日(九月十五日),仍"地动未息"(第 435 页)。

面对突如其来的灾难,康熙帝迅速做出了反应。他一方面"发内帑银十万两",赈恤灾民;一方面号召"官绅富民"捐资助赈。但他最着力进行的,则是亲自带领大小臣工,对朝政得失认真做一次全面的政治检讨和反思。他自己首先"兢惕悚惶""力图修省","于官中勤思召灾之由,精求弭灾之道";同时要求臣工"务期尽除积弊","各宜洗涤肺肠,公忠自矢,痛改前非,存心爱民为国"(第 421 页)。地震发生后不到四个小时,康熙立即把"内阁、九卿、詹事、科道满汉各官"召集在一起,并把大学士明珠、李霨等数人召到乾清宫,当面训谕,严厉批评了某些官员"自被任用以来,家计颇已饶裕,乃全无为国报效之心",不仅不清廉勤政,反而"愈加贪酷,习以为常"的恶劣行径,并且表明了对这种"奸恶"之人如"不加省改",一经查出,"国法俱在,决不饶恕"(第 421 页)的决心。

两天后,康熙帝再一次将"满汉学士以下,副都御史以上各官"召集到左翼门,着人口传谕旨,宣布了他所思虑的施政上的六种弊政:一是各级官吏"苛派百姓","民间易尽之脂膏,尽归贪吏私囊",使"民生困苦已极";二是"大臣朋比徇私者甚多";三是用兵之时,任意烧杀抢掠,"将良民庐舍焚毁,子女俘获,财物攘取";四是地方官"于民生疾苦,不使上闻",遇到水旱灾荒,对蠲免、赈济诸事,"苟且侵渔,捏报虚数,以致百姓不沾实惠";五是刑狱不公,积案不办,"使良民久羁囹圄。改造口供,草率定案,证据无凭,枉坐人罪",加之"衙门蠹役,恐吓索诈,致一事而破数家之产";六是王公大臣之家人奴仆,"侵占小民生理""干预词讼,肆行非法"(第422页)。康熙帝要求大臣对如何严禁这六种弊政提出具体办法。他特别强调,革除弊政,关键在于高官的率先垂范,因为"大臣廉,则总督、巡抚有所畏惮,不敢枉法以行私;总督、巡抚清正,则属下官吏操守自洁,虽有一二不肖有司,亦必改心易虑,不致大为民害"(第422页)。

大臣根据康熙帝的旨意,在十天之内拟出了革除上述六种弊政的办法,包括对责任者从"革职拿问""永不叙用"到按律"正法"的严厉措施,康熙帝批准了这个处分办法。

可以看得出,革除这六种弊政,很大程度上是从关注"民生疾苦"、维护"小民生理"出发的。这些措施虽然不能根本解决由封建政治本质决定的特权阶级同普通百姓之间的矛盾,却确实限制了超出封建律法范围对人民的过度掠夺和肆意横暴,从而有利于推进吏治的清明和社会的稳定。

康熙帝这样做,其思想基础是建立在"天象示警"的封建正统灾荒观之上的。这里的"天",并不是指自然,而是指一种既能够控制、主宰自然,又能够控制、主宰社会的超自然力量。因此,"天象示警"并非指自然对于人类破坏生态环境的行为做出的警告,而是认为,自然灾害的发生是源于上天对社会生活和现实政治中不合理现象的警戒和惩罚。所以,康熙帝在上谕中反复强调:"兹者异常地震,尔九卿、大臣各官其意若何?朕每念及,甚为悚惕,岂非皆由朕躬料理机务未当,大小臣工所行不公不法,科道各官不直行参奏,无以仰合天意,以致变生耶?"(第420页)"顷者,地震示警,实因一切政事不协天心,故召此灾变。"(第 421 页)"小民愁怨之气,上干天和,以致召水旱、日食、星变、地震、泉涸之异。"(第 422 页)

这样的灾荒观,当然是不科学的,未能揭示出自然灾害发生的真正原因。但是,这种灾荒观又并非只具有消极的意义。事实上,这种灾荒观,由于强调的方面不同,可以产生两种不同的社会效果。过于突出上天的作用,容易引导人们走向迷信,一味乞求老天的佑护,忽略和放松了抗灾救灾的实际努力,这是消极的一面。着眼于检讨和改进社会生活特别是政治统治中的问题,以此感动上苍,"挽回天意",这虽然也不是对灾荒的科学认识,但在现实生活中显然有着积极的意义。康熙帝对于此次京师地震的处置,提供了一个生动具体的实例。

灾难锤炼了我们民族的意志①

中国灾荒的频繁性、复杂性、严重性和广泛性，在世界上可以说是颇为少见的。一部二十四史，几乎就是一部中国灾荒史。而一部中华文明史，从某种意义上说，就是一部中华民族与自然灾害不断抗争的历史。英国历史学家汤因比在谈到黄河下游古代中国文明的起源时这样说过：人类在这里所要应付的自然环境的挑战要比两河流域和尼罗河流域的挑战严重得多。

在极其严酷的自然环境下，频繁而严重的灾荒固然给中华民族带来了无比深重的劫难，但也恰恰成为激励中华文明生长、绵延的一种积极力量。中华民族从很早的时候起，就不再匍匐于自然灾害的淫威之下，而是发展出"天定胜人，人定亦胜天"的思想，与灾荒进行了不间断的、不屈不挠的抗争，为后世留下了许多宝贵的历史遗产。

早在社会生产力还很低下的时代，就有人对消极祈禳弭灾的观念和活动进行了批评，形成了具有朴素唯物主义意味的灾害观。荀子明确说："天行有常，不为尧存，不为桀亡。"东汉王充坚决反对把自然灾害的发生加以神秘化的灾异谴告说。南北朝时期的《颜

① 该文原载《人民日报》，2008 年 6 月 24 日。

氏家训》中亦声称："日月有迟速,以术求之,预知其度,无灾祥也。"所有这些认识,都冲击了天命主义的灾害观,也成为中国古代积极进行抗灾救荒的思想基础。

与灾害观的发展相对应,关于采取怎样的有效措施来进行抗灾救荒的思想也很早就出现了。成于战国时代的《周礼》提出"以荒政十有二聚万民",其内容包括:"一曰散利,二曰薄征,三曰缓刑,四曰弛力,五曰舍禁,六曰去几,七曰眚礼,八曰杀哀,九曰蕃乐,十曰多昏,十有一曰索鬼神,十有二曰除盗贼。"这是我国历史上首次提出的较为系统的荒政思想。除了"索鬼神",其他各项大体涵盖了政治、经济和社会等方面切实可行的措施。差不多同时代的《礼记》,更明确阐述了积储备荒的必要性。这类思想在后世得到进一步发展,尤其是到了明清时代,救荒思想的内容更为丰富,也对当时荒政制度的建设起到极大的指引作用。直到今天,其中仍不乏值得借鉴的真知灼见。

我国积累了世界上可谓独一无二的、大量的灾害史料。在先秦时代的《竹书纪年》《春秋》《左传》《逸周书》等典籍中,就保存了相当多的灾害史料。《汉书》首创灾害专志"五行志",开正史记录灾害之先河,后来的正史几乎都有专门篇幅辑录历期历代的灾害史料。不仅如此,我国另外一项独有的史志编纂传统即地方志的修撰中,也都有"灾祥""灾异"等专章记录本地区灾害的历史,在很大程度上弥补了正史中灾害记录之不足。这些丰富的灾害史料,有助于我们总结、认识自然灾害的发生机理和规律。

我国在长期实践中形成了一套国家力量主导下的、相当系统而且周密的荒政制度。至少从秦汉时代开始就已出现了许多专门应对灾荒的有效政策和行动。后来各朝代几乎莫不在重视和继承前代荒政经验的基础上,对这项制度又有所发展,特别是清代,更是集中国古代荒政制度之大成。当然,在更多的时候,无论多么严密的制度规定,都无法避免封建统治下操作过程的种种弊端。

我国还形成了重视总结救荒经验的传统。大约从宋代起,一批有识之士就开始系统地总结和整理源自官方和民间的诸多救荒经验和赈灾措施,并著录成书。据初步统计,迄至清末民初,此类救荒专书约有250余种之多,其中如《救荒活民书》《康济录》《筹济编》《荒政辑要》等,均被当时的统治者奉为救荒圭臬和赈灾指南,且多次刊行,流传颇广。这些救荒文献,一方面详尽记录了中国历史上重大灾害的实况及其对社会的影响,另一方面则通过对各级官府与民间社会历次救灾实践的实录和总结,颇为系统地反映了中国救荒制度的变迁历程,对于今天的人们深入了解各历史时期的灾害情况特别是救灾减灾的经验教训,具有非常重要的理论意义和学术价值。在今天党和国家逐步完善社会保障制度、构建和谐社会的大背景下,它也可以从历史的角度提供极其珍贵的传统文化资源,为国家减灾救灾提供宝贵的借鉴。

中华民族是一个多灾多难的民族。这种民族灾难,既包括社会的,也包括自然的。但不论哪一种灾难,都从来没有把我们的民族压倒,都没有使我们的民族屈服。相反,灾难锤炼了我们民族的意志,昂扬了我们民族的精神,增强了我们民族的凝聚力,我们的国家、我们的民族正是在克服各种巨大灾难中不断奋起、不断前进的。

在灾难面前挺起民族的脊梁①

2008年5月23日上午，重返汶川特大地震灾区的温家宝总理，在刚复课三天的北川一中一间临时教室的黑板上写下了"多难兴邦"四个字，鼓励同学们"要面向光明的未来，昂起倔强的头颅，挺起不屈的脊梁，向前，向光明的未来前进"。温总理在这里所传达的在巨大困难面前不屈不挠的坚定信念，正是从中华文明发展进程中总结出来的。

中华民族是一个多灾多难的民族。这种民族灾难，既包括社会的，也包括自然的。但不论哪一种灾难，都没有把我们的民族压倒，都没有使我们的民族屈服。相反，灾难锻炼了我们的民族意志，昂扬了我们的民族精神，增强了我们的民族凝聚力。我们的国家、民族正是在克服各种巨大灾难中不断奋起，不断前进，群策群力，同心同德，努力在中国特色社会主义的大道上实现中华民族的伟大复兴。

著名经济史家傅筑夫先生曾经指出，一部二十四史，几乎就是一部中国灾荒史。而一部中华文明史，从某种意义上来说，也就是一部中华民族与自然灾害不断抗争的历史。英国历史学家汤因比

---

① 该文原载《光明日报》，2008年7月6日。本文系与朱浒合作撰写。

在谈到黄河下游古代中国文明的起源时这样说过:"人类在这里所要应付的自然环境的挑战要比两河流域和尼罗河的挑战严重得多。人们把它变成古代中国文明摇篮地方的这一片原野,除了有沼泽、丛林和洪水的灾难,还有更大得多的气候上的灾难,它不断地在夏季的酷热和冬季的严寒之间变换。"这样一种频繁而严重的灾荒,固然给中国人民带来了无比深重的劫难,但在同时,这样一种极其严酷的自然环境也恰恰成为刺激中华文明生长、绵延的一种积极力量。因此,了解和研究中国灾荒史,不仅可以更全面、更深刻地去体验我们这个民族曾经遭受过怎样一种巨大的苦难,也可以从历史上抗击灾荒的经验中得到有益于今天防灾御灾对策的借鉴和启示。

十年九荒:历史上触目惊心的灾害记录

中国地域辽阔,地理条件和气候条件都十分复杂,自古以来就是一个多灾的国家。据中国灾荒史研究的开拓者之一邓拓先生统计,我国历史上水、旱、蝗、雹、风、疫、震、霜、雪等灾害,自有确切历史记载的公元前 206 年算起,到 1936 年止,共计 2142 年间达到5150 次,平均每 4 个月强便有一次。另有学者通过统计成灾州县数目测算了受灾的广度。据估算,1644 年至 1839 年间成灾州县共 28938 州县/次,年均约 148 州县/次。进入近代后,为数更巨,如 1860 年至 1895 年间总数为 17278 州县/次,年均 493 州县/次;1912 年至 1948 年间共 16698 州县/次,年均 451 州县/次,这意味着此时每年都有近 1/4 的国土笼罩在灾荒的阴霾之下。

一旦接触到大量的、更为直观的有关灾情的历史资料,人们更不能不为其中展现出来的灾荒之频繁、灾区之广大及灾情之严重所震惊。就拿水灾来说,这是带给人们苦难最深重、对社会经济破坏最巨大的灾种之一。在我国重要的江、河、湖、海周围,几乎连年都要受到洪水海潮的侵袭。黄河是中华文明的摇篮,素有"母亲河"之称,但它也是中国历史上决口泛滥最多、为祸最烈的一条河流。仅中国最后一个封建王朝清朝立国后的 200 年间,黄河共决口 364 次。进入近代后的百余年间,更几乎"无岁不溃"。1855年,黄河又发生了有史以来的第 26 次大改道,也是离当代最近的一次大改道,给该流域造成了巨大的变迁和灾难。此后,河患更是变本加厉。在民国短短 38 年间,共决口 107 次,几乎年均 3 次决口。

较之黄河来说,我国第一大河长江原本造成的水患要小一些。据统计,从 1583 年到 1840 年的两个半世纪内,长江流域发生的特大水灾不过两次。而从 1841 年到 1949 年,竟发生特大水灾 9 次,超过了同一时期黄河重大灾害性洪水的次数。还在道光朝后期,著名经世思想家魏源就以敏锐的眼光注意到长江为患这一严峻的事实,指出"历代以来,有河患无江患",但近数十年来,长江"告灾不辍,大湖南北,漂田舍,浸城市,请赈缓征无虚岁,几与河防同患"。也就是说,此时的长江几乎已经变成第二条黄河了。

其他大河流域亦是水患频仍。在淮河流域,因黄河自金、元以后改道夺淮入海,黄水带来的大量泥沙堵塞从淮北到鲁西南的许多河道,淮河流域的灾害自此日甚一日,变成了著名的"大雨大灾,小雨小灾,无雨旱灾"的贫瘠地区。地处北京附近的永定河,原名无定河,变迁不定,防守之难,几与黄河相埒,致有"小黄河"之称。据各种资料统计,从 1840 年到清朝灭亡的 71 年间,永定河共漫决33 次,平均两年一次。其中,从 1867 年到 1875 年,更是创造了连续 9 年决口 11 次的历史记录。洞庭湖流域在有清一代几乎年年都有"被水成灾"的记录，并且随着时间的推移，水灾周期急剧缩短，灾情不断加重，鱼米之乡也就变成了实实在在的水患之区。我国第五长河珠江也经历了同样的生态变迁，尤其是晚清到民国年间，这里的水患已经增至几乎无年不灾的程度。1915年夏季，珠江终于爆发了一场200余年未见的特大洪水，珠江三角洲各县围堤几乎全部崩毁，广州城市被水淹浸长达7天之久。

与水灾相比，旱灾的发生频率毫不逊色。有人统计，1644年至1839年间，旱灾占到了全部自然灾害的32％，全国年受灾150州县以上的特大旱灾共12次。俗话说，"水灾一条线，旱灾一大片"，旱灾对农作物的破坏往往更为严重。它虽不像洪灾那样来势迅猛，但是覆盖面积广、持续时间长，而且由于它的影响有个积累的过程，以致人们一旦觉察到旱灾的威胁时，常常对之措手不及。特别是从19世纪中后期开始，旱灾范围不仅在北方地区大为蔓延，还呈现出自西北向东南扩张的势头，出现了不少特大型的灾荒，如光绪初年的华北大旱灾，1920年的北五省大旱荒，1928年至1930年的西北、华北大饥荒，1942年至1943年的中原大饥荒和广东大饥荒，都是旱魃肆虐的突出表现。其中，光绪初年的华北大旱灾，是以"丁戊奇荒"这一骇人听闻的特定称呼载入史册的。从1876年到1879年，旱情持续了4年之久，旱区覆盖了山西、河南、直隶、山东和陕西5省，并波及苏北、皖北、川北和甘肃东部。在总面积百余万平方公里的土地上，田地龟裂，河道干涸，树木枯槁，青草绝迹，真可谓"赤地千里"。连昔日纵横泛滥、溃决频闻的黄河，这几年也呈现出少有的枯水状况。据不完全统计，1876年至1878年，整个旱区受灾民众约在1.6亿到2亿之间，约占当时全国人口的一半，以致当时清朝官员每每称之为有清一代"二百三十余年未见之惨凄、未闻之悲痛"，甚至说这是"古所仅见"的"大祲奇灾"。

当时旅华的外国人士,也把它看成是中国自古以来的"第一大荒年"。可是,从后面的历史来看,几乎在同一区域,这样的悲剧仍不止一次地重演过。

"大旱(或大水)之后必有大蝗。"在旧中国,蝗灾也是一种相当严重的自然灾害,而且往往同水旱灾害相伴而生,使得灾荒火上加油。只要一闹蝗灾,便会出现"飞蝗蔽日"的骇人景象,而蝗阵一旦落地,该处庄稼、草木往往"顷刻而尽",出现"白地千里"的悲惨景象。晚从明末起,有关蝗灾的记录即无年不有。近代以来,至少出现过 3 次比较严重的蝗灾盛发期。其一发生在 1852 年至 1858 年,覆盖省份占全国面积的 1/3,"蔽空往来"的大队飞蝗甚至从正在京郊巡游的咸丰皇帝头顶飞过。其二是 1928 年至 1936 年,其间不仅几乎"无年不蝗",且有 6 年遍及 6 省以上。其三为 1942 年至 1947 年,主要集中在以黄泛区为中心的地带,由于庄稼全被蝗虫吃完,不少地方民众不得已以蝗虫充饥,结果蝗虫倒成了"风极一时的食品"。

另外一个不能不提及的为害至烈的灾害就是地震。我国处于世界上两个最强大的地震带即环太平洋构造带和欧亚构造带的夹持之中,使我国成为震多、震强、震频的国家之一。据《中国地震目录统计》,到 1949 年止,我国历史上发生的 4.75 级以上破坏性地震 1645 次。地震造成的破坏性更是骇人听闻。1556 年 1 月 23 日,发生了以陕西华县为震中的 8.25 级大地震,祸及陕西、山西和河南三省,至少有 83 万多人罹难,是世界地震史上迄今伤亡人数最多的一次地震。仅在 1840 年至 1949 年间,我国即发生 7 级以上地震 64 次,造成千人以上死亡的共 27 次。其中,1879 年甘肃武都、1902 年新疆阿图什、1906 年新疆沙湾、1920 年甘肃海原(今属宁夏)、1927 年甘肃古浪、1931 年新疆富蕴等处为震中的大地震,震级皆在 8 级或以上。

　　与地震灾害具有较强的区域特征相比,疫灾在全国范围的分布却相当普遍而平均,其危害性亦不容低估。有学者测算,1232年汴京大疫,所造成的死亡人口占全城的 40%;明崇祯末年肆虐华北的大鼠疫,在核心区即山西、直隶和河南三省北部,疫死人口可能达到总人口的 1/3。而在近代交通兴起以后,疫灾也随之迅速突破地域的限制。1911 年秋,黑龙江西北满洲里出现鼠疫,很快就沿着铁路传入哈尔滨、长春以及奉天等地,并侵入直隶、山东,估计东三省因疫而死者将近"五六万口之谱"。1919 年,瘟疫又席卷了从福州到哈尔滨之间的广大地域,约有 30 万人丧生。此外,地表生物、微生物造成的某些地方病灾害亦为祸甚烈。如中华人民共和国成立前仅血吸虫病即长期威胁长江流域 1 亿多人口,受其感染的高达 1000 万人以上。在灾重地区,确实是"千村薜荔人遗矢,万户萧疏鬼唱歌"。

　　除了上述几种灾害,严霜、奇寒、冰雹、大火等也不时袭击神州大地。而且,所有这些灾害往往接连不断或交相并发,出现"灾上加灾"的情况。事实上,某种自然灾害特别是重大灾害一经发生,常常导致连锁反应,形成颇为复杂的灾害链。有时候连一些看起来毫不相关的灾害之间,也存在着令人难以置信的触发关系。近代历史上,华北、西北地区多次出现旱震交织并发的状况,如光绪初年华北的大旱灾与 1879 年武都大地震、1920 年的北五省大旱与同年的海原大地震,从自然科学的角度来观察,都不是一种偶然的巧合,而是地震在孕震过程中引起的气象变异。

　　上述中国灾荒的频繁性、复杂性、严重性和广泛性,在世界其他国家中可以说是颇为少见的。流传了数百年的一首凤阳民谣中说"三年水淹三年旱,三年蝗虫闹灾殃""十年倒有九年荒",这绝不是凤阳一地的写照，而完全可以看作旧中国灾荒状况的一个缩影。

饿殍塞途：灾荒对社会生活的沉重打击

许多历史文献谈到自然灾害的严重后果时，总常用"饿殍塞途""饥民遍野"等字眼加以形容。由于经过了高度的抽象与概括，对这些字眼中间所包含的具体内容，人们往往不大去细想。实际上，在这短短的几个字背后，包含着多少血和泪、辛酸和悲哀！

灾荒对社会经济生活的严重打击，最明显和首要的表现就是对人民生命的摧残和戕害。在旧中国，每一次大的自然灾害，总要造成大量的人口死亡。前面已经提到的地震、瘟疫等灾害是如此，洪水、大旱等灾害更是有过之而无不及。例如，1931 年，长江发生全流域大洪水，黄河下游、淮河流域以及东北辽河、松花江等处亦纷纷泛滥成灾，仅受灾最重的湖南、湖北、安徽、江苏、江西、浙江、河南、山东 8 省之中，按照档案材料和其他各种报刊文献的记载估计，洪水吞没的生命至少在 40 万以上。但这还不是最严重的。鸦片战争后黄河连续三年在河南、江苏决口，死亡人口以百万计；1887 年黄河在郑州决口，河南、安徽、江苏等省死难人数，按当时外国人士的估计，高达 93 万余人；1938 年的花园口决口，又使该三省黄泛区失去了 89 万多条宝贵生命。由于社会条件和技术条件的限制，这些数字不可能非常精确，而根据研究的判断，实际情况只会比这个数字更加严重。

拿前面提到的 1876 年至 1879 年的华北大旱灾即"丁戊奇荒"来说，由于干旱时间长，灾情和人民生命财产的损失就极为惨重。据当时发行的《万国公报》报道，灾区人民无任何粮食可以充饥，只能"食草根，食树皮，食牛皮，食石粉，食泥，食纸，食丝絮，食死人肉,食死人骨,路人相食,家人相食,食人者为人食",直至最后"饥殍载途,白骨盈野"。当代学者对这次巨灾因灾死亡人数做了各种统计和估算,由于资料的限制,数字有相当大的出入,但最低数字至少在 1000 万人左右,最高数字竟达 2000 万人以上。近代发生的其他几次特大旱灾,死亡人数同样骇人听闻:1892 年至 1894 年山西大旱,死亡 100 万;1920 年北五省大旱,死亡 50 万;1925 年四川大旱,饿死、病死约 115 万;1928 年至 1930 年西北、华北大旱,死亡约 1000 万;1942 年至 1943 年中原大旱,死亡约 300 万人。

如果将造成万人以上人口死亡的灾害列为巨灾的话,那么仅近代史上这样的灾害包括水、旱、震、疫等,共发生了 119 次,平均每年 1 次以上,死亡总数为 3836 万余人,平均每年 35 万人,在受灾严重地区,灾害造成的人口损失实在不可低估。例如,由于人口损失奇重,河南、山西境内许多地方的人口数量,直至民国时期也未能恢复"丁戊奇荒"前的水平。

其次,频繁而严重的灾荒还破坏了人类的生活环境,迫使大量灾民为了活命不得不离家出走,四处逃荒。其数量通常是因灾害死亡者的数倍、十几倍乃至数十倍。例如,1931 年江淮大水灾,流亡人口估计有 1015 万余人,占灾区总人口的 40%;1934 年,安徽 870 余万灾民中有 500 多万流移乞讨;1935 年 7 月长江中下游大水,死亡 14.2 万人,逃荒灾民则达 1100 余万人;1938 年花园口决口后,黄泛区人口的 1/5 即 391 万人被迫漂流异乡。在一些环境恶劣、灾荒频发的地区,逃荒甚至成为人们习以为常、司空见惯的传统或习俗了,如河南黄河沿岸的不少地方、江苏的苏北、湖北的黄梅、江西的九江和北平的远郊等地,都有大批农民结队成群,以"逃荒"为名,出外乞食,形成季节性的流民潮。而那些被突发性灾害驱赶出家园的流民,虽然也有一些人能够在异乡安家立业,但更多的人则由于饥寒交迫，最终也摆脱不了贫病而死的悲惨命运。如 1942 年至 1943 年中原大饥荒中，有一位记者曾报道，当时每一列开往西安的火车上都爬满了难民，他们紧紧抓住火车上所能利用的每一个把手和脚蹬，但许多人还是由于过分虚弱而跌下火车，惨死在铁路线上。从洛阳到西安数百里长的铁路线上，到处都是难民的尸体。

再次，严重的自然灾害，除造成人口的大量死亡、逃亡以外，还对社会生产造成巨大的损伤和破坏。其实，人口的大规模死亡本身，就是对社会生产力的极大摧残。但问题还远远不止于此。较大的自然灾害中，除人员伤亡外，一般都伴有物质财富的严重破坏，如庐舍漂没、屋宇倾塌、田苗淹浸、禾稼枯槁、牛马倒毙、禽畜凋零等。并且，广大灾民为了充饥活命，总是不惜一切代价变卖家产，诸凡衣、住、行等方面被认为是有用的物品，无不拿到市场上进行廉价大拍卖。许多地方的灾民甚至将房屋拆卸一空，当作废柴出售，以致出现"到处拆毁，如同兵剿"的惨景。因此，千千万万的饥民，经过顽强的挣扎之后，常常将自己毕生辛勤积攒连同他们祖辈世代传承的极其有限的财产，也不得不同生命一起被残暴的天灾剥夺净尽了。结果在灾情缓解之后，幸存的灾民大多没有种子，没有农具，没有耕牛，连维持简单再生产的条件都丧失殆尽，自然很难重建残破的家园。

在历史上，每当发生重大的自然灾害后，社会生产绝非一两年之内能够缓过劲来，恢复到正常水平的。这一方面是因为灾荒期间人口损失过重，导致被灾地区的土地大量荒芜，另一方面则是因为各种自然灾害对农田生态系统的持久性破坏。如 1938 年黄河决口后，洪水在其后的 9 年中把约 100 亿吨的泥沙倾泻到了淮河流域，在黄泛区形成了广袤的淤荒地带，成为"不毛之地"。况且，近代以来自然灾害的一个显著特点,是灾害的续发性非常突出,往往是旧灾未苏,新的打击又接踵而至。这不但对社会经济的破坏更为严重,而且抗灾防灾的能力每况愈下,使得即使后来同样程度的灾害也会造成更具灾难性的后果。

最后,灾荒对社会生活的再一个影响,是破坏了正常的社会秩序,增加了社会的动荡与不安定,激化了本已相当尖锐的社会矛盾。如前所述,每次较大的自然灾害之后,随之而来的都是生产的凋敝和破坏,都是大量受到饥饿和死亡威胁的"饥民"和"流民"。而这么多风餐露宿、衣食无着的饥民、流民的存在,无疑是堆积在当时统治者脚下的巨大火药桶,只要一点火星,就可以发生毁灭性的爆炸。即使在"承平"之时即社会矛盾相对缓和的情况下,灾民也会为求得眼前温饱而经常进行"抗粮""抗捐""闹漕""抢米""抗租"等自发性斗争,从而在客观上冲击了旧的社会秩序。而接连不断的灾荒,还使本已存在的群众反对现存统治秩序的斗争,愈发扩大了规模和声势。这在太平天国运动、义和团运动和辛亥革命运动中,都得到了极其清楚的表现。

多难兴邦:中国抗灾救灾斗争的丰富历史遗产

胡适在谈到以往中国人对付灾荒的办法时,曾不无嘲讽意味地说:"天旱了,只会求雨;河决了,只会拜金龙大王;风浪大了,只会祷告观音菩萨或天后娘娘;荒年了,只好逃荒去;瘟疫来了,只好闭门等死;病上身了,只好求神许愿。"这段话,虽然在部分程度上反映了旧中国的社会现实,但若因此认为中国人面对灾荒只是采取消极的应对办法,却也并不符合客观的历史真实。事实上,中国人民从很早时候起就不再匍匐于自然灾害的淫威之下,而是以顽强的英雄气概,与灾荒进行了不间断的、不屈不挠的抗争,面对着严重的自然灾难,更加激发了自强不息的民族精神,在抗击和战胜灾难中不断积累经验,为后世留下了许多宝贵的历史遗产。

早在社会生产力还很低下的时代,就有人对消极祈禳弭灾的观念和活动进行批评,形成了具有朴素唯物主义意味的灾害观。如著名思想家荀子明确地说,"天行有常,不为尧存,不为桀亡",并把"田薉稼恶,籴贵民饥,道路有死人"的现象归结为"人祅"。东汉王充坚决反对把自然灾害的发生加以神秘化的灾异谴告说,认为"夫国之有灾异也,犹家人之有变怪也",并反驳说:"尧遭洪水,汤遭大旱,亦有谴告乎?"南北朝时期的《颜氏家训》中亦声称:"日月有迟速,以术求之,预知其度,无灾祥也。"所有这些认识都冲击了天命主义的灾害观,也成为中国古代积极抗灾救荒活动的思想基础。

与灾害观的发展相对应,关于采取怎样的有效措施来进行抗灾救荒的思想,也很早就出现了。如成于战国时代的《周礼》一书就提出"以荒政十有二聚万民",其内容包括:"一曰散利,二曰薄征,三曰缓刑,四曰弛力,五曰舍禁,六曰去几,七曰眚礼,八曰杀哀,九曰蕃乐,十曰多昏,十有一曰索鬼神,十有二曰除盗贼。"这是我国历史上首次提出的较为系统的荒政思想。除"索鬼神"外,其他各项大体涵盖了政治、经济和社会等方面切实可行的措施。差不多同时代的《礼记》中更明确阐述了积储备荒的必要性:"国无九年之蓄,曰不足;无六年之蓄,曰急;无三年之蓄,曰国非其国也。三年耕必有一年之食,九年耕必有三年之食。以三十年之通,虽有凶寒水溢,民无菜色。"这类思想在后世得到了进一步的发展,尤其是到了明清时代,救荒思想的内容更是极大丰富,对整个救荒过程的各个环节都有相当细致的总结和论述,也对当时荒政制度的建设起到了极大的指导作用。直到今天,这些思想中仍不乏值得借鉴和重视的真知灼见。

我国抗灾斗争的又一个宝贵历史遗产,是积累了世界上可谓独一无二的、大量的灾荒史料。众所周知,我国有着世界上最为悠久的连续文字记载的历史。而在这些史籍中,古人自很早时候起就很注意对灾害现象的记载。在先秦时代的《竹书纪年》《春秋》《左传》《逸周书》等典籍中,就保存了相当多的灾荒史料。而自《汉书》首创灾害专志"五行志",开正史记录灾害的先河后,后来正史中几乎无不有专门篇幅辑录历朝历代的灾荒史料。不仅如此,我国还有另外一项独有的史志编纂传统,那就是地方志的修撰。特别是到明清时代,纂修方志之风大盛,但凡省、府、州、县乃至乡镇皆有志书。据统计,1949 年前编成的方志总数不下 8000 种。而在绝大部分方志中,都有"灾祥""灾异"等专章记录本地区灾害的历史。由于方志中的灾害记录来源广泛,且有较为明确的地理范围,所以在很大程度上可弥补正史中灾害记录之不足。毫无疑问,如此大量且丰富的灾害记录,对于我们总结、认识自然灾害的发生机理和规律,其价值无论怎么强调都不会过分。

我国抗灾斗争的另一个重要历史遗产,是在长期的实践中形成了一套国家力量主导下的、相当系统且周密的荒政制度。如果说前述《周礼》所描绘的荒政还只是表达了一种理想的话,那么至少从秦汉时代开始,就已出现了许多专门应对灾荒的有效政策和行动。而后来各朝代几乎莫不在重视和继承前代荒政经验的基础上,对这项制度的建设又有所发展。特别是到了清代,更是集中国古代荒政制度之大成。至少就具体规定来说,其周密性、规范性都远超以前各代。大体上,清代荒政最值得注意的有两点。其一是备荒制度中的仓储与河防政策。在政权基本稳定以后,康熙、雍正、乾隆都大力推行仓储建设,除规定各地普遍设立官府主管的常平仓外,还倡导和鼓励或官民合办、或民间自办的社仓和义仓,从而形成一套相当完善的仓储网络,并一直延续到晚清时期。在河防方面,清朝也投入了很大的力气,如针对为患最大的黄河,在其立国不久即设河道总督,专门负责对黄河的治理和维护。其二是在救灾上制定了一套完整、固定的程序,使报灾、勘灾、赈灾等步骤环环相扣,强化了救荒行动的效率和效果。并且,为了防止各级官员救荒不力,清廷对报灾和勘灾的时限、审户和放赈的标准,都有极为严格的规定,对违犯者的处罚力度也很大。在政治较为清明、国力相对强盛时,这套荒政制度的确发挥了较大的作用。当然,后面也会谈到,在更多的时候,无论多么严密的制度规定都无法避免封建统治下操作过程的种种弊端。

最后一个值得注意的历史遗产,是我国重视总结救荒经验的传统。约从宋代开始,一批有识之士即系统地总结和整理源自官方和民间的诸多救荒经验和赈灾措施,并著录成书,其书名则直接冠以"救荒"、"救灾"或"荒政"等字样。据初步统计,迄至清末民初,此类救荒专书有 250 余种之多,其中如《救荒活民书》《康济录》《筹济编》《荒政辑要》等,均被当时的统治者奉为救荒圭臬和赈灾指南,且多次刊行,流传颇广。这些救荒文献,一方面为人们了解中国历史上重大灾害的实况及其对社会的影响提供了极为详尽的资料,一方面则通过对各级官府与民间社会历次救灾实践的实录和总结,颇为系统地反映了中国救荒制度的变迁历程,对于人们深入了解历史时期救灾减灾的经验教训,具有非常重要的理论意义和学术价值。在今天党和国家逐步完善社会保障制度、全面建设和谐社会的大背景下,它也会从历史的角度提供极其珍贵的传统文化资源,为国家减灾救灾建设提供宝贵的借鉴。

两重天地：不同社会制度下不同的抗灾成效

　　虽然一直到今天，自然灾害仍然在很大程度上成为经济发展和社会进步的一个重大障碍，但是，在不同的时代，在不同的社会制度下，由于人民的社会地位不同，组织程度不同，精神状态不同，生产和物质条件不同，更由于政权性质的不同，人们对待灾荒的态度、防灾抗灾的能力和水平，以及灾荒所造成的社会影响和消极后果，存在着巨大的差异。

　　前面说过，中国古代形成了一套相当周密和系统的荒政制度。在一些时候，这套制度也确实发生了相当的积极作用。但是，这套制度的运转，有关规定和措施的落实，都要靠人来完成，更主要是靠各级官吏去执行。历史上封建政权作为剥削者的政权，本质上与人民群众是根本对立的，而且从来都存在着腐败的一面。这种根深蒂固的腐败，使得任何看似合理的政治机制常常陷于失灵，任何严密的规章制度都难免会成为一纸空文。在许多场合下，实际活动都会表现为对成文规定的明目张胆的破坏和背离，也就从根本上限制了这些规定以及救荒活动的成效。

　　就拿中国古代荒政制度的集大成阶段即清代荒政来说，即使在被称为"康乾盛世"的鼎盛时期，其中的腐败活动也随处可见。1781年（乾隆四十六年），甘肃省发生巡抚以下全省上百名官员通同舞弊的冒赈案件，就是明显的例子。迨嘉道国势中衰之后，荒政活动中更是百弊丛生，各种各样的问题俯拾皆是。下至咸、同、光、宣各朝，尽管在形式上仍遵循康乾时期建立的荒政制度，其救灾效果却往往大打折扣。例如，就"报灾"而言，各级官僚不是常常"以丰为歉"，捏报灾情，就是"以歉为丰"，匿灾不报。虚报是为了贪污,匿灾则或是出于政治上的考虑,以粉饰太平来逃避自己对防灾不力的责任,或是出于对经济方面的贪婪追求。而关于勘灾要有期限、"如逾议处"的严厉规定,也在封建官僚政治面前变得毫无约束力。本来,救荒如救火,不能须臾耽搁。可是,许多官员拘文牵义,使救灾程序演变成一大套繁杂的手续,公文往来旷日持久,往往是远水不解近渴,无数生命就在封建官僚政治的文牍主义中白白葬送了。

至于放赈过程中的种种弊窦和黑幕,就更是一言难尽了。其中比较著名的花样有:"卖荒",即灾户必须给予查灾官吏一定数量的钱文,方可被填入受灾名册;"卖灾""买灾""送灾""吃灾",与"卖荒"含义相仿,只是内容更复杂一些,"如胥吏则更无所忌,每每私将灾票售卖,名余额'卖灾',小民用钱买票,名曰'买灾',或推情转给亲友,名曰'送灾',或恃强坐分陋规,名曰'吃灾'";"勒折",即强行向灾户勒索费用,无钱则以应发赈钱相抵;"积压誊黄",即地方官把刊刻朝廷蠲免钱粮之上谕的黄纸告示搁置起来,照旧催征,催征到一定程度或催征完毕,再放个马后炮,把这些告示冠冕堂皇地张贴出来。

事实上,上面列举的情况只是当时荒政活动中各种痼疾宿弊的一小部分。当时有人评论说,办赈向有"清灾""浑灾"之分。所谓"清灾",是指地方官在办赈过程中不仅奉公守法,清正廉洁,而且实心实力办事,绝无浮滥和遗漏。所谓"浑灾"则反之,是指办赈过程中一片混乱,赈灾钱物的发放,冒滥与克扣比比皆是,犹如一潭浑水。在当时的历史条件下,连统治者自己都承认"牧令中十人难得一循吏",那么真正能够办"清灾"者又有许呢? 这样也就不难理解,那时发生一次中等规模的自然灾害,就会出现大量人口或死或逃的惨重后果。

旧中国遇到自然灾害时那种噩梦似的惨况，毕竟已经成为过去。中华人民共和国成立后，由于社会制度和政权性质发生了根本性的变化，国家实实在在地开展了许多卓有成效的减灾抗灾工作，初步建设了一个防洪抗旱的工程体系，从而大大提高了人民群众的防灾抗灾能力，也减轻了灾害造成的损失。如中华人民共和国成立前"三年两决口，百年一改道"的黄河，由于国家投入了大量的人力、物力和财力，自中华人民共和国成立以来"岁岁安澜"，再未发生过重大的漫决事件。而"大雨大灾，小雨小灾，无雨旱灾"的淮河流域，也因为对淮河干流和支流进行了大规模的综合治理，自然灾害在很大程度上得到了有效的控制。此外，我国还已经建设或正在继续建设一系列大规模的生态工程。在"世界八大生态工程"中，我国就占了5项，这对缓解生态危机、改善生存环境都有重大的作用。

不仅如此，即使发生严重的自然灾害，党和政府也能够采取有效措施，领导人民群众取得抗灾救灾的胜利。如1991年和1998年两次长江大洪水，都是超过历史纪录的特大洪水，而在党和政府统一部署和指挥下，这两次洪水造成的损失都被减小到了最低限度。对比1931年长江洪水的景象，我们不难理解江泽民同志1998年在全国抗洪抢险总结表彰大会上所说的："我国社会主义制度具有巨大的优越性，能够集中力量办大事，动员和组织全国人民不断创造伟大的业绩。在我国社会主义制度下，人民是国家的主人……这是我国社会主义制度的显著政治优势。在这次抗洪斗争中，全国各地区各部门发扬'一方有难、八方支援'和'全国一盘棋'的大团结、大协作精神，做到了局部利益服从整体利益、眼前利益服从长远利益，集聚了气势磅礴的力量。……这次抗洪抢险的胜利，归根到底是人民力量的胜利。"

　　诚然，中华人民共和国以往的抗灾救灾工作中也存在着不足，在某些时候还出现过失误。但党和政府总是能够迅速总结正反两方面的经验教训，使之成为下一步制度建设的良好基础。如在2003年"非典"事件之后，我国花大力气开展了针对突发事件的应急机制。因此，我们看到，在此次汶川特大地震发生后仅1个多小时，以胡锦涛同志为总书记的党中央就对抗震救灾工作进行了全面的部署。温家宝总理在地震发生后2个小时，即亲临震中灾区第一线指导工作。而各相关部门、全国各地区也都在第一时间行动起来，积极投入救灾工作中去。与此同时，党和政府还通过各种渠道和途径，把灾情发展和救援工作进展的最新情况向全国以及全世界做了公开、及时的报道，最大限度地实现了救灾工作的透明化。并且，胡锦涛同志还在四川召开的抗震救灾会议上的讲话着重指出："抗震救灾工作必须坚持以人为本。抢救人民群众生命是首要任务，必须继续作为当前抗震救灾工作的重中之重。……只要有一线希望，只要有一点生还可能，我们就要作出百倍努力。"另外，此次救援工作还显示了改革开放以来我国取得的巨大进步，正是由于交通、通讯、医疗等各方面技术条件的改善，这次地震后的景象与32年前的唐山大地震相比又有了很大的进步。因此，尽管此次地震造成了巨大伤亡，尽管目前救援工作和余震还在继续，但我们坚信，只要坚持做到胡锦涛同志所说的"一手抓抗震救灾工作，一手抓经济社会发展"，全面贯彻科学发展观，就一定能够战胜地震等天灾，进而建成人与自然和谐相处的小康社会。

惨绝人寰的突发灾难

——光绪三年天津粥厂大火纪实①

1878 年 1 月 6 日(光绪三年十二月初四),天津发生一场特大火灾,造成了生命财产的重大损失,引起了社会各界的巨大震动,也为人们提供了深刻的历史教训。

近两千灾民葬身火海

这天清晨,天津东门外一处地方,突然浓烟滚滚,火光烛天。这时正值寒冬腊月,凛冽的西北风呼啸狂掠,火趁风势,风送火威,顷刻间熊熊烈火,将一座大悲庵及旁边搭建的一百几十间席棚统统吞没在火海之中。

被灾的原来是专门收容饥民的一处粥厂,名为"保生粥厂"。所谓"粥厂",是清代极其稀缺的社会救济机构中的一种。每到冬天,在一些城市中,由官府划拨或民间捐助,筹集粮款,收容流落街头无衣无食的灾黎和贫民,煮粥施赈。正如一些荒政书所说,一粥之微,虽然无异杯水车薪,但"得之尚能苟延残喘,不得则立时命丧沟壑"。1877 年(光绪三年),正是清代历史上最严重的一次旱灾

---

① 该文原载《光明日报》,2010 年 8 月 10 日。

"丁戊奇荒"期间,由于山西、直隶等华北五省连年大旱,流入京津的灾民较往年要多得多。因此,直隶总督衙门特地把天津的粥厂增设至12处,总共收养灾民近六万人。这次发生大火灾的"保生粥厂",就是专门收养妇女的粥厂之一,其中居住着妇女及幼童两千余人。

这次突发性灾难造成的严重后果,是触目惊心的。1878年1月25日《申报》做了这样的报道:

> 初四日凌晨,煮粥方熟,各棚人等正擎钵领粥,呷食未竟,西北角上烟雾迷空,瞬息透顶。……一时妇女蓬头赤脚,拖男带女,夺门而走。……于是人众哭声震天,以挤拥门前,求一生路。回顾西北各棚,已成灰烬。焦头烂额,死尸枕藉。门靠大悲庵,系在东南,逾刻火乘顺风,直逼门前,各人被烟迷目,人多跌倒,俯首听烧。然虽死在目前,而姐弟子母,仍互相依倚,有以额颅触母,有以身体庇子,其死事之惨,实难言状。
>
> 是日之火,起于辰,猛于巳,厂系篾席搭成,拉朽摧枯,至午前则该厂一百余棚,烧毁净尽。以后火尚不息,或炙人肉,或毁人骨,或熬人油,或烧棉衣棉裤,故至酉刻仍有余焰。

新闻报道开始说是"二千余众,尽付一炬""焚毙妇孺二千余名",后来经过清点收殓,大体弄清有三四百人获救,"所有尚具人形之老妪少妇孩童幼女,共收得尸一千另十九口",此外还有"烧毁尸骨无存及四肢散失"者若干。罹难者惨不忍睹,"将近头门之处,尸约积至五尺高"。"尸均烧毁焦黑,其形残缺,俯伸不一。所完整者,大都皮绽骨枯,较常人缩小,上下衣裤毛发,一概无存。最惨者……余如张口露齿,卷手屈足,面目模糊,肢体灰败者,难以殚述。"①我们把描写得最惨酷的部分文字略去,以减少读者在阅读时的情感刺激。即使这样,也足以使我们对这一场突发性灾难带给人们何等难以言状的痛苦,有着刻骨铭心的深刻印象了。

惨剧是怎样酿成的

这场巨灾,事发突然,却并不偶然。在这个看似偶然的突发事件背后,其实隐藏着许多必然。酿成这样的惨剧,是各种因素所促成的,是有深刻的社会根源的。

面对大量灾民和城市贫民的存在,封建统治者为了避免政治动荡,维护社会稳定,不能不采取一些救济措施,这当然是一件好事,是值得肯定的。但封建政权毕竟不是人民利益的代表者,它不可能思虑周详地顾及贫苦群众的安危。因此,好事并不一定能办好,甚至可能引来一场灾祸。就拿"保生粥厂"的建筑来说,本来是借用大悲庵的房舍,后来灾民众多,不敷应用,便在旁边搭盖一片临时"篷寮"。1878年1月25日《申报》对此做了如下的描写:

> 上系篾席盖成,外墙范以芦苇,里面彼疆此界,仍以篾席间之。计厂一所,内分百数十棚,南向六十余棚,北向数与相垺。南北棚后,各留一通道,以为进出之地,计一人独步则宽,两人并行则隘。

①《申报》,1878年1月26日。

对于这样一种居住条件，有记者责问说："毫无纪律之难民妇孺反聚之六营之众，共为一棚，而棚又以芦席为之，其尚欲望其不烧也，有是理乎？"①

谁都可以想到，如此地狭人稠，通道窄隘，四处全是席片芦苇，加之床板上垫的又是稻草，一旦发生火警，后果可想而知。可是，如此隐患四伏、危如累卵的生存环境，主事者既无任何预案，也不采取起码的防范措施。这不能不说是对于人的生命的漠视，是封建官僚政治的本质表现。

粥厂的管理十分混乱。火起时，竟然看不到一个委员、司事的身影，除了煮粥、分粥的工役，当时只有一个看门人在场。可是，当人们踉踉跄跄地挤到唯一可以逃生的大门边时，这个看门人竟然做出了一个绝对无法饶恕的举动：坚决不让人逃出门外，而且"将门下钥"，用锁把门关死了。这一来，也就彻底切断了一部分本可以逃离火海的人的生路。

如果脱离历史环境，人们是很难想象这个看门人为什么会采取如此丧心病狂的做法的。原来，官府对待灾民，一直存在着严重的戒备心理，很怕灾民为争取最低生存条件而闹事，其信条是，"驭饥民如驭三军，号令要严明，规矩要划一"②。在这样的指导方针下，粥厂灾民是不能随意出入的，出入有定时，或鸣锣为号，或击梆为记。看门人不让人逃出门外，大概就是根据这个规定。所以当时的报纸批评他是"守常而不达变"，就是说在这样的大灾面前，竟然仍按照平时规矩办事，从这个批评中就可以透露出上面所说的消息。当然，这个举动，不仅极其荒唐，而且可以说到了泯灭人性

① 《申报》，1878 年 1 月 29 日。
② 汪志伊：《荒政辑要》。

的程度,令人发指。

大火烧了一阵之后,分管粥厂的筹赈局会办、长芦盐运使如山,津海关道黎兆棠等终于赶到了现场,二人"睹二千余人死状之惨,泣下如雨","相与莫可如何而已"。也就是说,除了伤心落泪之外,完全是一筹莫展。稍后,当时称作"火会"的消防队赶来救火,救出的三四百人大概就是他们的功劳。这时恰好有一只兵船经过,士兵用船上的"洋龙"救火,不料因为取水问题,"火会"与士兵发生冲突,相互"追奔逐北",士兵"遗弃洋龙各器而逸"①。也就是说,面对灾难,"火会"与士兵不是同心协力,尽力施救,而是相互争斗,置危难于不顾。这虽是一个小插曲,却十分典型地折射出那个社会所特有的时代特征。

灾后官方的应对之策

一方面确实感到事态严重,责任重大,另一方面也是迫于社会舆论的压力,直隶总督兼北洋大臣李鸿章于事件发生后的第九天,向朝廷上了一个奏折,报告了这件事情。奏折虽然讲了"竟被烧伤毙多命,足见委员漫不经心,非寻常疏忽可比",请求对直接责任人——该厂委员吕伟章、丁廷煌"一并革职,永不叙用",对包括自己在内的负领导责任的人员像前面提到的如山、黎兆棠及天津道刘秉琳等,"分别议处"。但又强调官员"飞驰往救","救出食粥大小人口甚多,其伤毙者亦复不少,一时骤难确计"②。显然使用的还是官场惯用的"弥缝搪塞"的故伎,用含糊的文字把灾难严重程

---

① 《申报》,1878 年 1 月 25 日。
② 《津郡粥厂起火事故分别参办并自请议处折》,见《李鸿章全集·奏议》。

度掩盖起来,以便"大事化小,小事化了"。朝廷迅速做出反应,立即发布谕旨,除责令李鸿章等妥善做好善后工作外,还声色俱厉地指斥地方官员"平时漫不经心,临事又不力筹救护,致饥困余生,罹此惨祸,实堪痛恨",要求对包括李鸿章在内的相关官员一律"交部议处"①。上谕的用语是颇堪玩味的。既没有对李鸿章的掩饰之词公开反驳,给他留了面子,又指出了并未"力筹救护"的事实,表明朝廷并不相信李鸿章称官员"飞驰往救"谎言的欺蒙,维护了皇权的尊严,也间接地给了李鸿章一个警告。李鸿章的奏折和皇帝的上谕,深刻反映了封建官场政治博弈的曲折和微妙,其中的微言大义,是不加注意就很难察觉的。

这时的李鸿章,正是"内政外交,常以一身当其冲,国家倚为重轻"②的时候,是朝廷的"股肱之臣",所以,所谓"交部议处"云云,只不过是应付社会舆论而做的表面文章,以后就再没有下文,不了了之了。李鸿章的官位依然稳如泰山,不仅如此,相传因黎兆棠是慈禧太后的干女婿,在下旨"交部议处"后不久,就发布了升任直隶按察使的消息。对这件重大事故负有直接责任者在"严办"名义下不降反升,典型地反映了封建政治的黑暗与腐败。所谓责任追究,就在惩处了两个厂务委员后偃旗息鼓了。

平心而论,灾难发生后,地方政府也确实做了一些善后工作。例如,组织慈善机构"泽济首局"收殓罹难者的尸体,盛于薄木棺内,加以掩埋。发动社会捐助,十余日内共募得银三万九千余两,洋银一百二十元,津钱一万六千余吊,棉衣裤三万四千余件。对受害者给予抚恤,规定"当场烧死者每口恤银六两,烧后因伤而死者

---

① 《清德宗实录》卷 64。
② 《清史稿·李鸿章传》。

每口三两,伤重者二两,伤轻者一两,中分四等,由死者亲属及受伤本人报明给领"①。这些做法,当然是救灾的题中应有之义,但毕竟是应值得肯定的积极措施。

但是,也有一些做法,是未必恰当的。例如,"保生粥厂"大火后,为了害怕发生类似事件,竟关闭了天津的所有粥厂,饥民发给高粱一斗五升,统统遣散。这种因噎废食之举,立即引起了社会的强烈震动。原来借粥厂勉强度日的数万饥民,再度流落街头,"鹄面鸠形,目不忍睹"。不少人贫病交迫,冻饿而亡。又如,官府在抚恤受害者的同时,还大做佛事,"(十二月)初八日延僧众放瑜伽焰口,并盖大棚于被灾处,诵经至二十一日。复请城隍神出城赦孤,都魁老会随驾"。② 这种今天看来似乎十分可笑的举措,固然包含着浓厚的迷信成分,但仅仅这样看问题还未免有点过于简单,其实其中还有相当的政治作秀的作用。目的在于告诉大家,官府对于罹难者是关心的,虽然未能保护生命于生前,还是要虔心地超度亡灵于死后。对于一个迷信盛行的社会,这种姿态无疑对他们挽回失去的民心不无小补。

---

① 《申报》,1878 年 3 月 22 日。
② 《申报》,1878 年 2 月 11 日。

我们为什么要关注灾荒史

——访著名历史学家李文海[①]

2011 年 2 月 15 日的午后,我们见到了李文海老师。冬日和暖的阳光温柔地泻下光晕,让这位本就和蔼谦逊的大学者更显平易近人。从清史编委会办公楼 12 层的窗户俯瞰,高楼林立、一片喧嚣的中关村清晰可见,而在这间被书本占去"半壁江山"的办公室里,时间却似乎悄然放慢了脚步。

镜头中,光影镌刻出他的侧影,平静、淡然,却又深刻。1985 年,正是在他的呼吁下,中国的灾荒史研究才得以开展,是年,他 53 岁,历史学正遭受着前所未有的冷遇,周围的人要么打算下海经商,要么畅想着不久后含饴弄孙的退休生活,只有他,还在坚持"历史有用论",并倾 26 年之力实践以证明。在他的带领下,近年来,一部部研究灾荒史的著作相继问世,一支灾荒史研究的队伍得以建立。如今,历时 10 年编成、1300 万字的《中国荒政书集成》也已付梓,可李文海的脚步依然没有停下。"杂事多得很,不过还干得动。"他自我解嘲。他依然思维敏捷、条分缕析,缜密严谨的学者风范,让人在不经意间折服。

采访末了,问及如何在文中介绍具体职务,"就写人民大学教

---

① 该文原载《中国文化报》,2011 年 2 月 21 日。记者:焦雯、卢毅然。

授吧。"半天也未能从书桌中找出一张名片的李文海平淡地说。

我们为什么要编这套书

记者：在以政治史研究为主线的 20 世纪 80 年代，您是怎么想到开始进行灾荒史研究的？

李文海：1985 年，改革开放不久，人们的思想还不成熟，全民掀起了经商的热潮。大家都觉得历史学没用处了，教授下海去卖油饼，这是真事。为了回答历史无用论，证明历史于现实是有意义的、与我们是紧密结合的，我就想到了做一些灾荒史方面的研究，帮助人们更深入、具体地去观察近代社会，得出有益于今天的借鉴和启示。

记者：那时就有编这么一套书的想法吗？

李文海：我们从 1985 年成立"中国近代灾荒研究"课题组以来，一直在做资料搜集整理的工作，也出版过一些著作，比如《近代中国灾荒纪年》《灾荒与饥馑：1840—1949》等等，但编这套书的想法是逐渐形成的。1300 万字，可以说做了相当多的准备工作，搜集过档案、文集，各地的方志、报纸甚至是个人日记，整体历经了10 年左右。当然，期间也遭遇过一些挫折，不过现在还是出版了。

目前，就灾荒史来说，资料整理工作大大滞后于学术研究工作，甚至可以说已经成为学科发展的一个瓶颈。资料的发掘和整理，是一件吃力不讨好的事，投入的精力和财力多，遇到的困难和麻烦大，许多人不愿意或不屑于做这种事情。我们在编这部书的10 年间，就有过很深切的体会。看起来有些为他人做嫁衣裳的意思，但要有人来做这件事情，这个学科才能发展、传承。

回首灾荒，唤醒人们的历史记忆

记者：您觉得这套书除了学术价值，还能给我们提供怎样的精神支撑？

李文海：这些年，不论中国还是世界，自然灾害都很多，最近还有所谓 2012 世界毁灭的说法。人们心里都有疑惑，经济发展了，科技进步了，照理说人类抵抗灾难的力量应该增强了，为何反而问题越来越多？这就是人思想观念的问题。对生产生活环境的破坏，对自然界过分的掠夺，损害了与自然界的和谐，这也是大自然对我们的提醒，但人很多时候是健忘的。灾害发生时，往往惊心动魄、刻骨铭心，大灾一过，就故态复萌，为新的自然灾害的到来准备着条件。因此，历史学家有一个义不容辞的责任，就是要时时唤起人们的历史记忆，用历史上曾经经历的巨大灾难、进行的艰苦斗争、积累的丰富经验、发生的惨痛教训作为教材，不断提高全社会预防和应对自然灾害的意识和能力。

另外，中国历来多灾，积累了丰富的防灾抗灾的经验。荒政书就是这些经验的总结和结晶。拿这些古代的东西对照今天的生活现实，确实感觉到是一份珍贵的历史遗产。可惜的是，即使像《四库全书》这样的文化工程，也没有给予这一类书籍以一席之地，有些反映灾荒的作品，倒因为文字犯忌而被列入禁毁书目之中。所以，从历史传承和文化积累的角度看，编辑这么一套书也是十分必要的。

开疆拓土，一个崭新领域的呈现

记者：据说这部书的编纂，也为灾荒史研究领域培养起一支精干的中青年队伍。

李文海：的确，近20年来，灾荒史的研究得到了突飞猛进的发展，令人鼓舞。去年举办的第七届中国灾荒史研讨会，有100多人参加，研究的方向、领域也比从前又有扩展，像湖南师大，主要研究地方的灾害，首师大长于宋代灾荒，还有复旦等一些学校把灾害与历史地理结合在一起研究。要知道，1985年刚开始的时候，想找个人讨论我都找不到。

记者：《中国荒政书集成》的出版，可以说是灾荒史研究领域的又一个里程碑，那接下来，您对于灾荒史研究的发展，还有什么样的一些期待？

李文海：在2005年召开的"清代灾荒与中国社会"国际学术研讨会上，我就提出"加深和拓展灾荒史研究要重视五个结合"。分别是，注重社会科学工作者与自然科学工作者的结合，注重学术研究的开拓创新同历史资料的发掘整理的结合，注重基础研究同应用研究的结合，注重中外学者的结合，注重学术工作者同实际工作者的结合。任何一门科学，哪怕是最深奥的学问，如果不同鲜活丰富的社会生活发生紧密的关联，就不可能有生命力。中国有句老话，叫作"学术乃天下之公器"。学术不是学者个人自娱自乐的东西，它必须要有益于社会、服务于社会，学术成果要能为社会所共享。如果我们的研究不能得到关注和反响，那就不能不说是我们的悲哀。

近代灾荒是天灾更是人祸

记者：这几天我们也看到一些灾荒的资料，确实是触目惊心，感慨祖先们竟能在那样恶劣的环境里生存下来。您多年接触、研究灾荒史，又有些什么样的感触？

李文海：首先是看到我们的国家多灾多难，心里感到很沉重。在研究这些史料之前，也听说过"丁戊奇荒"，但就没有这么深的体会。1000多万人啊，一场旱灾，都死掉了，有的地方死了90％的人。历史上大的战争，都从来没有死过这么多人。可想而知，自然灾害对人类的打击何等严重，对环境的保护，一定要充分重视起来。

还有，就是觉得我们老祖宗很聪明，他们总结的天人关系以及许多思想，都是很现代化，很有前瞻性的。比如要敬畏自然，要环保等等，当然，也有荒唐的，但总体是有益的教训，值得借鉴。

给我体会最深的一点就是，危害严重的自然灾害，大部分不仅仅是自然的问题，更是社会的问题。有道是"华夏水患，黄河为大"，"三年两决口，百年一改道"，历史上有记载可查的黄河大决口即达1500次左右。进入近代以后，黄河"愈治愈坏"，河道衙门一时间成为最肥的差事，为了得到更多的拨款，治河官员们竟丧心病狂地偷偷挖开大堤，制造决口。而中华人民共和国成立60多年来，黄河"岁岁安澜"，从未决口，这确实是极为鲜明和强烈的对比。

此外，1931年、1998年中国南方都发生了同样规模的水灾，但前者死亡数十万人，后者仅死亡几千人，其中包括因抗灾牺牲的。足可见社会制度和政权性质的变革、政治文明的进步，对于应对自然灾害有着何等重要甚至关键的意义。

第四辑

灾荒书序与书评

《民国时期自然灾害与乡村社会》序①

　　夏明方同志的灾荒史专著《民国时期自然灾害与乡村社会》已经完稿，他希望我早已答应为这本书写的序言能在年前写出，以便一起交给出版社。看看桌上的台历，已经只剩下薄薄的几页，1998年快要过去了。没有办法，只好暂且把手头的其他事情放一放，先来完成这个任务。

　　对于中国人民来说，1998 年实在是极不平静的一年。

　　这一年，以改革开放、实现社会主义现代化为主要特征的历史新时期，刚刚走过了 20 年艰难曲折而又光辉灿烂的历程。人们正沉浸在欢庆胜利的喜悦之中时，却先后遇到了两个来自不同方面的严峻挑战和重大考验：一个是自去年以来由亚洲金融危机的冲击造成的一场经济风险；一个是今年夏天发生的历史上罕见的全国性大洪水造成的一场自然灾害风险。由于党和政府采取了正确的决策与有效的措施，由于全党和全国人民进行了顽强拼搏与艰苦斗争，我们终于成功地经受住了这两个方面的重大考验，使建设有中国特色社会主义的宏伟大业继续胜利行进。这个事实，反过来又恰恰成为改革开放 20 年巨大成就的检测和证明。

① 《民国时期自然灾害与乡村社会》，北京：中华书局，2000 年。

　　战胜今年夏天这样严重的特大洪水,确实是一个了不起的伟大胜利。江泽民同志在全国抗洪抢险总结表彰大会上说,"这将作为人类战胜自然灾害的一个壮举载入史册",这是一点也不过分的。从大洪水的发生到抗洪抢险斗争的胜利,包含了如此生动丰富的社会内容,也给我们提供了那样多的值得深入思考的问题。在这方面,已经有很多人发表了许多很好的意见。我这里只就灾荒史的学科建设问题,说一点自己的想法。

　　今年的大洪水,极大地引起了人们对灾荒史研究的重视和兴趣,这是十分令人鼓舞的。当抗洪抢险斗争还处于决战关头的时刻,北京出版社就征得了邓拓夫人丁一岚同志的同意,以极快的速度再版了邓拓同志的名著《中国救荒史》。稍后,中国国际减灾十年委员会决定汇集若干部研究自然灾害的学术著作,选编成一套丛书出版。至少有五六个出版社(这只是我接触到的)制定了组织编写出版有关灾荒史的专著或丛书的计划。有的省市的社科研究规划机构把灾荒史的研究列入了立项课题。几个月来,我们"近代中国灾荒研究课题组"接到讨论灾荒问题的来信来电,就不下百余次。这一切都使我更加深切地体会到,对于任何一门学科的发展,社会需要都是最终的推动力量。历史学尽管其研究客体是已逝的既往岁月,但它同今天的社会生活确实有着极为紧密的联系。

　　灾荒史,作为历史科学的一个分支,应该受到学术界更多的关注。对这个领域的研究应该投入更多的力量,应该产生更多具有科学价值和学术水平的研究成果。

　　这首先是由于自然灾害至今仍是人类生存和发展的大敌。尤其是我们国家,因为地域辽阔,地理条件和气候条件十分复杂,自古以来各种自然灾害就极其频繁。据文字记载,从公元前206年到1949年的2155年,几乎每年都有一次较大的水灾或旱灾。在神州广袤的大地上,滨河地区常"十岁九淹",高原区域则亢旱连年。不仅灾荒频仍,而且灾区扩大,灾情严重。有一组数字也许能说明问题:在近代社会,即从 1840 年至 1949 年的 109 年,因灾死亡人数在万人以上的大灾即达 124 次,其中死亡 10 万人以上的 28 次,死亡 50 万人以上的 11 次,100 万人以上的 6 次,1000 万人以上的 2 次。当然,那个时候统计数字不是很精确,各种资料间的出入也较大,但作为一种趋势和大致状况,还是能反映问题的严重程度。中华人民共和国成立后,情况有了很大的变化,但自然灾害对我们的威胁和损害依然是很大的,这一点,经过了今年的大洪水,就无须再多费笔墨了。自然灾害同许多自然现象和社会现象一样,也是有规律可循的。通过对灾荒史的研究,逐步探索和掌握自然灾害发生发展的客观规律,加深对自然规律的认识和把握,从而进一步提高人们防灾抗灾的能力,更加科学地利用自然为自己的社会和社会发展服务,这显然是极有意义的。

　　历史上每一次重大灾荒的发生,都必然要对当时的社会生活产生巨大的、深刻的影响。最直接的影响当然是在经济方面。一场稍大一点的自然灾害,往往使灾区十几年、几十年都难以恢复元气。如鸦片战争期间连续三年的黄河大决口,造成河南省祥符到中牟长数百里、宽 60 余里的广阔地带,10 余年间成为一片荒原,"膏腴之地,均被沙压,村庄庐舍,荡然无存"。光绪初连续三年的"丁戊奇荒",使山西省"耗户口累百万而无从稽,旷田畴及十年而未尽辟",重灾地区甚至半个世纪后人口尚未恢复到灾前的水平。经济的凋敝必然要冲击社会的稳定。在历史上,几乎没有一次大规模的农民起义与群众斗争,不是在严重自然灾害的背景下发生和发展起来的。因此,每一个王朝的更迭,灾荒当然地成了直接的导火线。不仅如此,灾荒还深深影响着社会生活的各个方面,从统治政策到社会观念,从人际关系到社会风习,这种影响也许是间接而隐性的,但恰如水银泻地,无孔不入。这样,要完整而深入地了解特定时期的社会历史,如果忽略了几乎连年不断而其影响又无处不在的灾荒史的研究,那就难免不遗憾了。

自然灾害一方面带给我们长期的威胁和侵袭,另一方面也使我们中华民族积累了丰富的抵御和抗击自然灾害的宝贵经验。这是中华文明史中人和自然作斗争过程中形成的珍贵历史遗产。譬如,在许多文物典籍中,有各种灾荒观的分析论述,有治水防洪等的对策研究,有具体抗灾经验的专题总结,也有历代封建王朝救荒政策与实践的文书记录。所有这些,同我国传统文化其他方面的内容一样,由于受时代的和阶级的历史局限,其中既有精华,也有糟粕,需要我们以辩证的分析态度,下一番去粗取精、去伪存真的功夫。事实上,我们祖先在同自然灾害的斗争中,那些符合科学的、行之有效的认识和实践,当然是我们今天可以继承发扬的历史财富;就是那些错误的认识和有害的行为,经过分析批判之后,同样可以成为反面的历史借鉴而产生积极的社会效应。应该强调的是,我们的前人曾经达到的有些认识,即使在今天,也依然没有丧失它的现实光彩。我们可以举一个小小的例子。一个半世纪以前,著名思想家魏源在谈到当时长江"数十年来告灾不辍,大湖南北,漂田舍,浸城市,请赈缓征无虚岁"的原因时,就极有见地地指出,造成这种严重状况的根源主要是,长江上游森林的破坏和中下游水道的淤塞导致的生态失衡。联系到今年长江全流域的大洪水,我们难道能不为魏源的这种远见卓识所深深折服吗?

夏明方同志的这本著作,初稿完成于今年夏天的大洪水之前,修改定稿于这次大洪水之后。由于研究主题的原因,这次大洪水没有反映到他的著作中。但毫无疑问,作为一位灾荒史研究工作者，今年大洪水的经历，确实使他以一种更加强烈的如本书"绪论"中所说的"关注人类命运和社会进步而甘于寂寞、勇于探索的历史使命感和责任感"，完成了对自己作品的加工修改。这本书的学术评价，应该留待广大读者和学术同行去做，我不想在这方面多说什么。但我还是想强调一点：本书多处提到，自然灾害史的研究，应该由自然科学工作者和社会科学工作者携手来进行，"突破传统的学科界限，把灾荒问题和自然、生态、技术，和经济、政治、文化、心理等各个方面联系起来进行全方位多层次的综合考察，以最大限度地减少机械、片面、静止地看问题所易滋生的弊端"。这个主张，我是十分赞成的。各个不同学科之间的联合、交叉与渗透，是当今科学发展的一个趋势。灾荒史的研究，由于它本身的特点，尤其需要提倡这一点。

噩梦重温:《20 世纪中国灾变图史》序①

当我动笔写这篇序言的时候,20 世纪还剩下 45 天;当本书正式出版的时候,20 世纪将成为真正的历史。在这样的时刻,从某一个方面对刚刚逝去的世纪做一点回顾和总结,实在是不早不迟,适逢其会。

20 世纪是怎样的一个世纪? 它有着什么样的历史内容? 关于这个问题,学术界已经出版了好几部书,还发表了不少的论文,做出了各种各样的回答。如果要说得概括和简明一点,那么,江泽民同志的下面这句话可以说是画龙点睛之笔:"二十世纪的一百年,是中国人民从逆境中顽强奋斗,最终掌握了自己的命运,走上全面振兴的康庄大道的一百年。"

这里所说的"逆境",首先当然是指中国人民受侵略、受宰割、受凌辱、受掠夺、受欺压的悲惨处境,以及由中外反动统治带给他们的极端贫困和落后的非人生活。与此相应,"顽强奋斗"的主要目标,首先在于推翻黑暗的反动统治和改变不合理的社会制度,争取民族独立和人民解放,以便为实现国家繁荣富强和人民共同富裕创造必要的前提。也就是说,20 世纪特别是它的前半期,使中

---

① 《20 世纪中国灾变图史》,福州:福建教育出版社,2001 年。

国人民身处逆境的主要原因,中国人民为摆脱逆境而斗争的主要
对象,是社会方面的。但是,往往被人们所忽略而在现实生活中又
确实给人们带来巨大损失和创痛的还有另一个因素,那就是自然
灾害。一场严重的自然灾害给社会造成的破坏之惨重,给人们带
来的苦难之深切,往往不亚于一场战争。而且,就社会的角度说,
随着民主革命的胜利和中华人民共和国的建立,中国人民已经"掌
握了自己的命运",虽然前进的道路上仍然不免遇到种种困难和曲
折,但毕竟开始走上了"全面振兴的康庄大道";但自然灾害并不因
革命胜利而稍许敛迹,停止肆虐,它依然残酷无情,作威作福,以一
种威力无比的破坏力量祸患人间。直到今天,同自然灾害做斗争,
仍然是中华民族伟大复兴过程中必须高度重视的紧迫课题。这说
明,对于社会的革新和改造,固然要经过前赴后继的不懈努力,付
出巨大的甚至流血牺牲的惨痛代价,但调适人和自然的关系,改造
和战胜自然界中不利于人类的消极方面,则任务更加艰巨,更加困
难,而且需要经历更长的时间。

正是在这个意义上,夏明方、康沛竹等同志编著的《20世纪中
国灾变图史》的出版,是一件令人高兴和值得欢迎的事。因为这本
书系统地描述了20世纪我国人民同自然做斗争的一个重要方面
的情况,具有较高的学术价值和很强的现实意义。

本书收集了近800幅珍贵的历史图片,直观的形象同理性的
文字相互印证,既使人从中体察到科学的历史观,又使人从中感受
到强烈而生动的历史感。这样一种历史的表现方法,我以为是很
值得提倡的。长期以来,历史学界产生了许多非常有价值的学术
成果,可惜的是,大多是十分深奥而又相当枯燥的学术专著或学术
论文。这些论著往往只以同行、专家为阅读对象,结果就大大影响
了学术成果社会效益的充分发挥。当然,由于历史学科本身的特

点,要求所有的学术论著都写得浅显易懂,不仅是不现实的,而且
是不合理的。但是,既然历史学是一门同社会生活有着紧密联系
的学问,那么,总应该有相当一部分史学作品是面向社会广大读者
的,它们能够以丰富深邃的内容,以生动活泼的形式,吸引人们的
阅读兴趣。过去曾经有过这样的成功之作,本书在这方面做了有
益的探索。

　　以往出版的有关灾害史的著作,大多偏重于特定历史时期灾
害状况的记录和描绘。本书的一个值得称道之处是,在对灾害状
况做客观描述之外,还以更加宽阔的眼光,探求灾荒的自然成因和
社会成因、灾荒产生的社会影响,以及人们在不同的历史条件和社
会条件下与自然灾害做艰苦斗争的情况。这就大大地深化了人们
对这一问题的认识,并且把灾荒史真正变成了 20 世纪历史的有机
组成部分。

　　读完这本书,可以使我们强烈感到,不论 20 世纪上半期还是
20 世纪下半期,不论旧中国还是新中国,自然灾害都给我们的生
命财产造成了巨大损失。但是,在不同的时代,在不同的社会制度
下,由于人民的社会地位不同、组织程度不同、精神状态不同、生产
条件不同,更由于政权性质的不同,人们对待灾荒的态度、防灾抗
灾的能力和水平,以及灾荒所造成的社会影响和消极后果,是完全
不一样的。1931 年的江淮大水灾,同 1998 年的全国性大洪水相
比,从灾情来说,后者远重于前者,但后者死亡人数为数千人,而前
者则有数十万人为滔滔浊浪所吞没。对于造成如此天壤之别的原
因,本书有极为详尽具体的分析。鲜明的对比,使我们再一次领悟
了这样一个朴素的真理:建设有中国特色社会主义的道路,是实现
中华民族伟大复兴的必由之路。

　　习于遗忘,大概是人类最常见的弱点之一。人们经历过的包

括自然灾害在内的各种劫难，当大难临头之际，承受着切肤之痛时，往往惊心动魄，刻骨铭心，但是，随着时光的流逝，印象也就渐渐地淡漠，甚至对以往的经历不甚了然起来。严重一点的，竟像《列子》中所记的那个健忘症患者华子那样，弄得"今不识先，后不识今"。人类生息繁衍在地球之上，大自然为人类的生存与发展提供了各种必要的条件。同时，也有降灾肆虐的另外一面。特别是人类对大自然的过度索取，对生态环境的肆意破坏，极大地加强了自然力量的破坏作用。从某种意义上来说，自然灾害正是对人类破坏自然生态的一种报复和惩罚。可惜的是，自然灾害过去之后，人们往往好了伤疤忘了痛，为了暂时利益、局部利益而肆意破坏生态环境的现象依然到处可见。历史学家的任务之一就是，时时唤起人们的历史记忆，希望大家不要忘记历史的经验教训。我们期望，《20世纪中国灾变图史》的出版能够在这方面也起到积极的作用。

《灾荒与晚清政治》序①

　　康沛竹同志的博士论文《灾荒与晚清政治》，经过增补、充实和修改，即将由北京大学出版社正式出版了。作者要我写一篇序言。我作为这篇论文写作的指导教师，当然是义不容辞。

　　人们常常说灾荒史的研究，是一个长期被冷落的领域，几乎是一片未开垦的处女地，只是最近几年才引起了较多的关注。其实，这个说法并不完全符合实际，至少不是十分准确。事实上，早在20世纪的20、30年代，就有一些自然科学和社会科学的学者开始进行灾荒史的研究，并取得一批相应的学术成果。1937年，邓拓同志以邓云特为笔名发表了在他河南大学经济系的毕业论文基础上写成的著作《中国救荒史》，成为我国学术史上第一部较为完整、系统、科学地研究中国历代灾荒的专著。可惜的是，此书出版后，抗日战争全面爆发，学术界人士同全国各阶层人民一样，全身心地投入这场决定中华民族生死存亡的伟大战斗中去，当然也就不大可能有人继续从事灾荒史的研究工作。抗日战争胜利后，紧接着是三年解放战争，中国经历着由黑暗走向光明的伟大历程，学者的主要精力，大抵被更加现实、更加紧迫的政治问题所吸引，也很难

① 《灾荒与晚清政治》，北京：北京大学出版社，2002年。

顾及灾荒史的研究。这样，邓拓的《中国救荒史》，一时竟似乎成了后继无人的绝响。但这种情况，在中华人民共和国成立后，立即发生了根本的变化。中华人民共和国成立后，为满足国家水利事业和经济建设区域规划的需要，中国科学院、国家地震局、中央军委气象局以及各地气象局、水利局、农林院所和文史馆等单位的科学工作者，通力合作，从浩如烟海的正史、别史、笔记、方志、档案、诗文集、杂录等古籍中，对中国历代各地各类灾荒史料或旱涝等历史气候资料进行了有组织大规模的发掘整理工作，并在此基础上进一步展开了对各种自然灾害规律的探讨，从天象、气象、水文、地质、地理、生态等角度，运用现代科学理论方法和手段，重点探讨自然灾害本身的发生发展规律，系统地研究和揭示了几千年来特别是近五百年来旱涝地震等各类灾害的演变趋势、自然成因以及影响，提出了灾害防治的技术、工程对策。应该说，这是灾荒史研究的一个巨大的成就。看不到这一点，或者对这方面的成绩估计不足，是毫无道理的，是十分片面的。

当然，这项工作也存在着明显的不足。由于参与其事的主要是自然科学工作者，他们关注的着重点主要是灾荒的自然因素，灾荒与社会的关系常常被排除在研究视野之外，所整理的资料，除水情雨情、农作物歉收或生命财产损失外，其他有关社会方面的资料大都极为可惜地被舍去了。与自然科学工作者相比，社会科学工作者不论是投入的精力还是取得的成果，都远远落在了后边。实事求是地说，在相当长的一段时间里，社会科学工作者特别是史学界，几乎没有什么人涉足这个领域，当然也谈不上有什么值得称道的学术成果。这种情况，直到 20 世纪 80 年代末才开始有所变化。我们前面提到的认为灾荒史研究几乎是一片空白的错觉，大概就是由此而来的。

近年来,随着国内外环境问题的日益加剧,自然灾害肆虐人类依然猖獗,灾荒史的研究越来越引起人们的广泛关注。据初步统计,仅 1990—2000 年间发表的有关论文的数量,即相当于 1920—1980 年间研究论文的总和。这是一个十分令人鼓舞的现象。

上面简要的学术史回顾,可以给我们这样一点启示:灾荒史研究要在现有基础上继续深入,取得新的重大进展,有两个问题必须要着重解决。一是要大大加强从社会角度对自然灾害的观察和研究,看社会状况和社会因素对自然灾害的发生具有什么样的作用;同时也看严重的自然灾害在哪些方面以及在多大程度上对社会生活发生着什么样的影响。二是要大大加强自然科学和社会科学之间的学科交叉和渗透,加强社会科学工作者同自然科学工作者之间的交流与合作,有些问题则需要两支队伍的联合攻关。这两个问题之所以重要,不仅是因为研究现状存在着这样的要求,而且也是自然灾害本身的特点所决定的。自然灾害,顾名思义,是由自然原因造成的,就这个意义说,是天灾造成了人祸。但是,人生活在一定的自然环境之中,同时也生活在一定的社会条件之下,自然现象同社会现象从来不是互不相关而是相互影响的。有的时候,人祸往往又会加深了天灾。恩格斯在批评自然主义的历史观的片面性时说道:"它认为只是自然界作用于人,只是自然条件到处在决定人的历史发展,它忘记了人也反作用于自然界,改变自然界,为自己创造新的生存条件。"[①]在很大程度上,自然灾害不过是大自然对人类过度索取和肆意破坏的报复和惩罚。因此,不同时从自然和社会两个方面开展对灾荒的研究,是很难深刻揭示自然灾害的客观规律,全面了解自然灾害的完整面貌的。

----

① 　恩格斯:《自然辩证法》。

　　康沛竹同志关于"灾荒与晚清政治"的研究课题，就是在这样一个大的学术背景下确定的。本书的内容，涉及思想观念的层面，分析了晚清时期社会各个阶段、阶层以及各个政治派别对灾荒的认识，即灾荒观；涉及制度的层面，具体论述了晚清政权的防灾、救灾机制；双向讨论了灾荒与政治之间的互动关系，既揭示了晚清灾荒频发的政治原因，又展开叙述了严重的自然灾害对晚清政局产生了一些什么样的重大影响。对这些问题的回答是否清晰，是否深刻，是否有说服力，应该由读者来做出判断和评论。但无论如何，这些问题的提出，本身就是很有意义的事情。

　　讨论这些内容，有一个问题是无法回避的，那就是封建政治的黑暗和腐败。如果仅仅看官方的制度规定，或者看公开的官方文书，我们会得出一个印象，就是晚清政权有着一个规范的、完善的救荒体制，有一套明确有效的救荒政策。但如果我们深入到当时的政治实践，则我们可以很容易地发现，实际情况完全不是这样。贪污渎职，趁火打劫，弄虚作假，草菅人命，几乎成了各级封建官吏在严重灾害面前的常态。其实，说一套、做一套、表面一套、背后一套，这本是封建政治的本质表现。但是，有的人往往习于轻信，以为封建统治者是怎样说的也一定就是这样做的，而不肯去深究一下他们的实际作为究竟如何，结果就使得我们对历史的描述和认知往往离历史的真实甚远。我在这里提到这个问题，当然绝不是说要对封建帝王将相一概加以否定，不去实事求是地、分析地肯定封建统治阶级中某些人的历史功绩，而是说不应该在今天再去笼统地歌颂封建主义，把封建统治者一概打扮成忧国忧民、关心民瘼、一心为百姓谋利益的圣君贤相，让老百姓时时高呼"青天大老爷"和"吾皇圣明"！还是邓小平同志说得好："旧中国留给我们的，封建专制传统比较多，民主法制传统很少。"①"我们进行了二十八年的新民主主义革命，推翻封建主义的反动统治和封建土地所有制，是成功的，彻底的。但是，肃清思想政治方面的封建主义残余影响这个任务，因为我们对它的重要性估计不足，以后很快转入社会主义革命，所以没有能够完成。现在应该明确提出继续肃清思想政治方面的封建主义残余影响的任务，并在制度上做一系列切实的改革，否则国家和人民还要遭受损失。"②

　　但愿读这本书，不但能够了解晚清时期的灾荒状况，吸取历史上抗灾防灾的经验教训，提高今天与自然灾害作斗争的能力，还能够进一步了解封建主义，划清文化遗产中民主性精华同封建性糟粕的界限，以便更好地建设民族的、科学的、大众的、有中国特色社会主义的新文化。

---

① 《邓小平文选》，2版，第2卷，第332页，北京：人民出版社，1994年。
② 《邓小平文选》，2版，第2卷，第335页。

《中国共产党执政以来防灾救灾的
思想与实践》序[①]

　　两年以前,康沛竹同志出版了《灾荒与晚清政治》一书。之后,她决定把所关注的历史时段向下延伸,致力于中华人民共和国成立以来有关自然灾害情况的研究,以及党和政府防灾、抗灾、救灾经验教训的分析总结。经过两年多的努力,写出了《中国共产党执政以来防灾救灾的思想与实践》书稿,即将由北京大学出版社出版。

　　康沛竹同志的灾荒史研究,把研究重点从晚清转向当代,我是非常赞成的。这是因为:第一,自然灾害,虽然首先是一种自然现象,但人们生活在一定的自然环境之中,同时也生活在一定的社会条件之下,自然现象同社会现象从来不是互不相关而是相互影响的。在大体相似的自然条件下,政治条件和社会环境不同,自然灾害的发生及其后果会有很大的差异。晚清和当代,不论是社会性质还是政治制度,都有着本质的不同。把这两个有着根本区别的历史阶段的灾害状况加以比较研究,就可以大大深化我们对社会和灾荒相互关系的认识。第二,灾荒史的研究,当然有着重要的学术价值,但更重要的,是它所具有的极为强烈的现实意义和实践意

① 《中国共产党执政以来防灾救灾的思想与实践》,北京:北京大学出版社,2005年。

义。人们通过对历史上自然灾害造成的巨大苦难以及同它艰苦斗争的曲折经历的揭示，从中得到深刻的历史借鉴和有益的启示。就这方面说，对当代自然灾害情况的研究较之对晚清的研究显然更加直接、更加切近。

从书稿可以看出，作者在描述和分析研究对象的时候，坚持了马克思主义的实事求是的优良学风。对许多问题，既不做刻意的夸张，也不加存心的讳饰；既明确指出自然灾害对社会所造成的后果，在旧社会与中华人民共和国之间存在着天壤之别，又强调自然灾害至今仍然以巨大的破坏力给人民的生命财产带来严重损害，成为经济发展和社会进步的重要制约因素；经济发展固然能极大地增强防灾、抗灾的能力，但是如果处理不当，也会在某些方面增加灾害发生的频率和灾害损失的程度；既充分肯定中国共产党和人民政权在对待自然灾害的态度和做法上，同以往任何一个剥削阶级政权不可同日而语，又指出人们对自然灾害的认识，也必然要经过一个不断深化的发展过程；既满腔热情地讴歌了党领导人民坚韧不拔、顽强拼搏的抗灾斗争，又并不回避曾经有过的失误和挫折。为了能全面、准确地反映历史面貌，作者在写作过程中搜集了大量资料，包括历史典籍、国情报告、政府公告、报章杂志，以及政府有关部门，如民政部、卫生部、农业部等在网上公布的各种最新统计资料。这样一种尊重客观、尊重事实的态度，我以为是值得称道的。

进入新世纪后，时间虽然只有短短的几年，中国人民建设中国特色社会主义的宏伟大业，在党的领导下，不论在理论上还是在实践上都有了新的发展、新的前进。正是在这样的情况下，灾荒史的研究更加凸显了它的重要性和紧迫性。这可以从以下三个方面表现出来：

　　一是科学发展观的提出。坚持以人为本，全面、协调、可持续的发展观，是总结了20多年来中国改革开放和现代化建设的成功经验，吸取了世界上其他国家在发展进程中的经验教训，反映了中国政府和中国人民对发展问题的新认识。胡锦涛同志对科学发展观做过精辟的论述，指出："坚持以人为本，就是要以实现人的全面发展为目标，从人民群众的根本利益出发谋发展、促发展，不断满足人民群众日益增长的物质文化需要，切实保障人民群众的经济、政治和文化权益。让发展的成果惠及全体人民。全面发展，就是要以经济建设为中心，全面推进经济、政治、文化建设，实现经济发展和社会全面进步。协调发展，就是要统筹城乡发展、统筹区域发展、统筹经济社会发展、统筹人与自然和谐发展、统筹国内发展和对外开放，推进生产力和生产关系、经济基础和上层建筑相协调，推进经济、政治、文化建设的各个环节、各个方面相协调。可持续发展，就是要促进人与自然的和谐，实现经济发展和人口、资源、环境相协调，坚持走生产发展、生活富裕、生态良好的文明发展道路，保证一代接一代地永续发展。"[①]在这里，人与自然的和谐发展，经济发展和人口、资源、环境相协调，被放到了突出的位置，而这些，正是灾荒史应该关注和研究的重要内容。

　　二是加强党的执政能力建设问题的提出。党的十六届四中全会强调："加强党的执政能力建设，是时代的要求、人民的要求。进入新世纪新阶段，在机遇和挑战并存的国内外条件下，我们党要带领全国各族人民全面建设小康社会，实现继续推进现代化建设、完成祖国统一、维护世界和平与促进共同发展这三大历史任务，必须

---

① 《认真落实科学发展观的要求　切实做好人口资源环境工作》，载《人民日报》，2004年3月11日。

大力加强执政能力建设。"作为一个掌握着全国政权并长期执政的党,其执政能力反映在各个方面。毫无疑问,做好防灾救灾工作,尽可能减少自然灾害对社会发展带来的危害,在发生重大灾情时保持社会稳定,是中国共产党始终要面对的一项紧迫而严峻的问题。提高党和政府应对突发性灾害、加强防灾救灾的能力,是提高党的执政能力的一个重要方面。

三是自十六大以来,党不止一次地提出,在充分肯定改革发展的大好形势的同时,必须要"增强忧患意识,居安思危,清醒地看到日趋激烈的国际竞争带来的严峻挑战,清醒地看到前进道路上的困难和风险"。在诸多的困难和风险中,自然灾害的侵袭是决不能掉以轻心的。可惜的是,遗忘似乎是人类最常见的弱点之一。当人们遭受着重大自然灾害的浩劫,承受着切肤之痛时,往往惊心动魄,刻骨铭心,颇有点没齿不忘的样子;但是,随着时光的流逝,印象也就渐渐地淡漠,久而久之,不免好了疮疤忘了痛。人类对大自然的过度索取,对生态环境的肆意破坏,正是自然灾害猖狂肆虐的主要根源。而大灾之后,为了暂时利益、局部利益而肆意破坏生态环境的现象依然到处可见。历史学家的任务之一,就是时时唤起人们的历史记忆,希望大家不要忘记历史的经验教训,不断提高大家居安思危的忧患意识。

在这样一个大的背景下,康沛竹同志的这部著作的出版,可以说是适当其时了。学术发展史告诉我们,任何一种学术,任何一个学科,只有存在着巨大的社会需求时,才可能得到迅猛的发展。既然社会发展对人和自然的关系,其中也包括灾荒史的研究,提出了客观的强烈要求,这就必然成为一种强大的推动力量,促进灾荒史研究的发展和进步。我们完全可以相信,更多更好的灾荒史研究成果一定会不断地涌现。

《嘉道时期的灾荒与社会》序①

　　张艳丽同志经过几年努力写出的学术专著《嘉道时期的灾荒与社会》，即将由人民出版社出版了。作者希望我为这本书写一篇序言，我当然义不容辞，因为从选题到构思到写作，我同艳丽同志有过几次讨论，也算同这部书有着不解的缘分。

　　拿到这部书稿的清样，正好是汶川大地震过了整整一个月。这个时候，人们因这场大灾巨祲引起的震惊、悲恸、焦虑、感奋的强烈感情冲击远未过去，余震依然不断地随时发生，地震灾区的抗灾斗争仍在紧张而有序地进行。重读书稿，不由得不从历史到现实，对有关自然灾害的方方面面，对人与自然的种种关系，产生若干联想，寻求历史的启示。

　　从 2008 年 5 月 12 日 14 时 28 分这一刻起，一个月来，国人经历了前所未有的悲伤与感动。悲伤，为着那么多不幸罹难的宝贵生命，为着更多在肉体和精神上受到双重创伤的幸存者，为着无数失去了亲人、破碎了家园的父老乡亲。感动，则是为了那些不惜牺牲自己用身体护翼着幼弱生命的老师和父母，为了那些因救护学生而重新冲入摇晃着的教学楼而以身殉职的师长，为了那些全力

---

① 《嘉道时期的灾荒与社会》，北京：人民出版社，2008 年。

抢救别人却舍弃了自己亲人的无私的人,为了那些被埋十几、几十甚至百余小时凭着勇敢和坚强终于使死神望而却步的强者,为了冒着连续不断的余震危险从四面八方自动汇集的志愿者,为了在最艰苦的条件下同群众同甘共苦一起抗震救灾的各级党政干部、共产党员和人民子弟兵,为了所有用各种方式献出一颗炽热爱心的人们。这场地震,极大地净化了人们的心灵,昂扬了我们的民族精神,增强了我们的民族凝聚力和战斗力。

中国地域辽阔,地理条件和气候条件都十分复杂,自古以来就是一个多灾的国家。据中国灾荒史研究的开拓者之一邓拓先生统计,我国历史上水、旱、蝗、雹、风、疫、地震、霜、雪等灾害,自有确切历史记载的公元前 206 年起计算,到 1936 年止,共计 2142 年间达到 5150 次,平均每 4 个月强便有一次。在各种灾害中,震灾是对人民生命、财产造成损害极大的灾种之一。我国处于世界上两个最强大的地震带即环太平洋构造带和欧亚构造带的夹持之中,使我国成为震多、震强、震频的国家之一。据《中国地震目录统计》,截至 1949 年,我国发生的 4.75 级以上破坏性地震 1645 次。仅在 1840 年至 1949 年间,我国即发生 7 级以上地震 64 次,造成千人以上死亡的共 27 次。其中,以 1879 年甘肃武都、1902 年新疆阿图什、1906 年新疆沙湾、1920 年甘肃海原(今属宁夏)、1927 年甘肃古浪、1931 年新疆富蕴等处为震中的大地震,震级皆在 8 级或以上。

中华人民共和国成立以后,由于政权性质和社会制度发生了根本性的变化,自然灾害的发生及其影响也有了完全不同的情形。正如本书的"绪论"所说:"随着经济的发展、生产规模的扩大和社会财富的积累,社会抗灾、防灾的能力大大增强。"但是,并不是说从此以后,自然灾害已经不再对我们构成重大威胁了,事实上,"经济发展的同时，由于某些方面处理不当，也带来一些问题，新的灾害种类如环境污染、水污染等凸显，自然灾害呈现出越来越严峻的发展势头。灾害种类愈益增多，对社会造成的破坏力愈益增大，灾害对人类造成的损失也越来越严重"。1998 年的全国性大水灾，2003 年的"非典"流行，以及刚刚发生的汶川大地震，明白无误地告诉我们，突发性的严重自然灾害，仍然是戕害我国人民生命财产的巨大威胁，是我国实现社会主义现代化、走向中华民族伟大复兴的重大障碍。我们不仅要提高对政治性、社会性各种可能发生的危机的警惕，同时还要加强对由自然原因造成严重灾害的预防和对策研究。在全社会不断增强风险意识和忧患意识，应该是思想政治工作的题中应有之义。

中华民族是一个多灾多难的民族。这种民族灾难，既包括社会的，也包括自然的。但不论哪一种灾难，都没有把我们的民族压倒，都没有使我们的民族屈服。相反，灾难锤炼了我们的民族意志，使我们的民族精神得到极大的发扬。我们的国家、民族正是在克服各种巨大灾难中不断奋起，不断前进。正如江泽民同志指出的："中华民族有着自己的伟大民族精神。这个民族精神，积千年之精华，博大精深，根深蒂固，是中华民族生命机体中不可分割的重要成分。中华民族在五千多年的发展中，历经磨难而信念愈坚，饱尝艰辛而斗志更强，开发建设了祖国的大好河山，创造了灿烂的中华文明，为人类文明进步作出了不可磨灭的贡献。"[①]

正因为我们国家自然灾害频繁而众多，所以我国人民也就积累了丰富的防灾、抗灾的宝贵经验。这是一笔巨大的历史财富，它既包括在天人关系及灾荒观方面的某些带有科学性的认识，也体

---

① 《江泽民文选》，第 2 卷，第 231 页，北京：人民出版社，2006 年。

现在政治设施方面相对完整严密的救荒机制，更反映在人民群众生动具体的救灾实践，以及记录和总结这些实践的种类繁多的荒政著作之中。本书虽然主要研究清代嘉庆、道光年间的情况，但对这方面也有很好的分析和阐述。

自然现象同社会现象从来不是互不相关而是相互影响的。在大体相似的自然条件下，政治条件和社会环境不同，自然灾害的发生及其后果会有很大的差异。本书具体描述了在清代封建政治统治下救灾、赈灾中的种种弊端，把这个历史情况同今天汶川地震抗震救灾的现实相对比，就让人更加明白地看清了两种社会制度的本质区别，看清了社会主义制度的无比优越性。如果没有党中央科学发展观的正确指引，如果没有社会主义条件下特别是改革开放 30 年来积累的雄厚物质力量的支持，如果没有迅速发展的科技力量的有力保证，如果没有社会主义可以集中力量办大事的优势，如果没有"以人为本""执政为民"理念对干部、党员和人民解放军的思想武装，要取得今天这样抗震救灾的初步胜利是不可想象的。通过这次抗震救灾的斗争，人们把科学发展观变成了可以看得见摸得着的东西，看到中国共产党"全心全意为人民服务"的根本宗旨不是一句抽象的口号，而是实实在在的从党中央到广大党员的实际行动。

近年来，灾荒史的研究得到了迅速的发展，引起了国内外学术界的浓厚兴趣，也取得了一大批有价值的学术成果。但同社会的现实需要相比，这一学科还有着广阔的发展余地，进一步加深和拓展灾荒史研究，是一个紧迫的时代任务。我们希望有更多的学术工作者关注这一研究领域，产生更多更好的学术精品。我们也希望，张艳丽同志在现有的基础上，百尺竿头，更进一步，在这个领域做出更多的学术贡献。

《近代北京慈善事业研究》序[①]

五年前,王娟同志准备以"近代北京的慈善事业"作为自己一个时期研究的专题,前来征求我的意见,我深表赞同。原因有二:一是这些年来,随着经济社会的发展和人们观念的转变,全社会对慈善事业作用和意义的认识有了极大的提高,我国慈善事业的春天正在到来;二是中华民族自古就有慈心为人、善举济世的优良传统,实事求是地回顾和总结我国慈善事业的历史,将会对今天促进社会慈善观念和慈善意识的增强、实现慈善事业的进一步发展,提供有益的历史借鉴。

慈善事业是改善民生、促进社会和谐的崇高事业。它不仅对处于社会底层的弱势群体、因遭受各种难以避免的天灾人祸而出现的困难人群提供种种物质和精神的援助,更重要的是通过各种慈善活动,大力弘扬我们民族固有的乐善好施、济困扶危、热心公益、关爱他人的传统美德。这些崇高品德,正是一个文明、健康、理性、和谐的社会所不可或缺的精神财富。

正因为这样,科学发展观把加快发展慈善事业作为一个有机的内容。党的十六届六中全会强调,要大力发展慈善事业,增强全

---

① 《近代北京慈善事业研究》,北京:人民出版社,2010年。

社会的慈善意识，逐步建立社会保险、社会救助、社会福利、慈善事业相衔接的覆盖城乡居民的社会保障体系，努力构建和谐社会。在 2008 年 12 月 5 日举行的中华慈善大会上，胡锦涛同志号召大家要"高度重视慈善事业"，"进一步发扬人道主义精神，乐善好施，扶危济困，热情参与慈善活动，向需要帮助的人们奉献更多的关爱"，"把各方面的积极性充分调动起来，为发展我国的慈善事业，为夺取全面建设小康社会新胜利作出更大贡献"。

正是在这样的大背景下，王娟同志经过几年锲而不舍的顽强努力，终于完成了学术论著《近代北京慈善事业研究》书稿。初稿写成后，又做了反复的修改，现在即将正式面世了。看着书中引用的各种私人著述、官方文书、报章杂志、档案、方志以及统计报表、社会调查等大量资料，以及根据这些资料做出的言之成理、持之有故的分析判断，不难想象作者在谋篇成章、缀字成文时付出了怎样的辛勤劳动。特别是，作者在完成这部专著的时候，不仅承担着繁重的教学任务，还恰好遇上添丁之喜，经历了初为人母的艰辛和欢乐。在这样的环境下写出的书，自然更增加了一份珍惜之情和值得祝贺的缘由。

从内容来说，这部书把近代北京地区的慈善事业放在我国慈善发展史的大背景下，从慈善事业的思想和实践，慈善活动的救助对象、救助主体以及组织机制等重要方面，较为全面、系统地探讨了北京地区慈善事业的总体状况及其由传统向现代的转型过程，比较细致地分析了产生这一转型过程的社会环境、具体表现与基本特征，并且力求与同一时期江南地区和西方近代慈善事业做横向比较，尽可能地揭示近代北京慈善事业的地区特色。既充分肯定了慈善事业在近代发展的历史进步性，也不回避由当时社会性质和政权本质所决定的历史局限性。

　　谁都不会忘记，一年多以前发生的四川汶川特大地震，在引起全国人民极大悲痛的同时，怎样激发了中华民族空前的慈善热情，展开了共和国历史上最大规模的社会捐助行动，为灾区人民战胜灾害、重建家园提供了宝贵的支持。这既是中华民族精神的有力展示，也是社会主义制度优越性的生动体现。

　　据民政部统计，仅 2008 年一年，我国慈善捐款捐物就超过了千亿元，从事慈善活动的志愿者达数千万人。以慈善文化、慈善组织、慈善政策、慈善募捐为基本架构，政府支持、社会举办、公众参与的慈善事业发展格局已初步形成。但是，我们也应该清醒地认识到，我国虽有开展慈善活动的悠久传统，但现代意义的慈善事业毕竟起步较晚，慈善事业的发展还有很大的空间。据报纸公布的材料，发达国家的善款一般占到 GDP 的 7％甚至更高，而我国则还不到 1％。可见，使慈善事业同社会发展相适应，还需要付出很大的努力。其中，培育慈善意识，倡导慈善观念，弘扬慈善文化，是一个带有基础意义并要持之以恒长期积累的任务。在这方面，史学工作者有很多事情可做，甚至可以说承担着义不容辞的历史责任。几年以前，周秋光、曾桂林所著的《中国慈善简史》的出版以及人民出版社出版的"中国慈善研究丛书"的问世，起了很好的带头作用。我也希望，王娟同志的这部书，同样能为加快发展我国的慈善事业做出积极的贡献。

邓拓与《中国救荒史》[①]

在国内外学术界，只要一提到救荒问题，就不能不想起 1937 年由邓云特（即邓拓）撰写、商务印书馆出版的《中国救荒史》。

一

邓拓的一生，是富有传奇色彩的一生。1930 年，这个出生在福建闽侯、年仅 18 岁的青年，刚至上海求学不久，即积极投身革命，勇敢地从事党的地下工作。1932 年和 1937 年，两度被捕入狱。抗战爆发后又秘密北渡黄河，进入晋察冀敌后抗日根据地，受命创办《抗敌报》（后改为《晋察冀日报》），从此在新闻战线上开始了"血火文章""戎马书生"的生涯，并曾主编中国革命史上第一部《毛泽东选集》，成为党的杰出的政论家、宣传家。

1949 年中华人民共和国成立后，邓拓受中央委托，出任《人民日报》总编辑，1958 年改任社长；次年即调任中共北京市委书记，主管文教工作，并主编北京市委理论刊物《前线》杂志，此后直至 1966 年含冤去世，邓拓本着实事求是的原则和捍卫真理的勇气，

---

① 该文原载《中国社会工作》，1998 年第 4 期。署名：李文海、夏明方。

以凌云健笔，撰写了一系列政论文章和在当代中国文坛上独树一帜的杂文随笔《燕山夜话》和《三家村札记》（与吴晗、廖沫沙合作），对当时思想战线和社会生活中甚嚣尘上的"左"倾思潮和主观主义、教条主义及官僚主义作风展开了尖锐辛辣的批评，由于人所尽知的原因，其结果却成为那场历史大浩劫的最早的牺牲者。

这样一名新闻界的健将和"精神界之武士"，又是如何与中国的历史研究特别是救荒史研究结下不解之缘呢？说起来，这大约也正是他传奇式文墨生涯中最具传奇色彩的一页了。谁能想到，一部25万字的经典学术名著，竟是一位25岁的革命青年，在他的第二次铁窗生活之前，利用不到两个月的时间完成的呢？

1933年秋，第一次被捕出狱的邓拓，因失去了和党的联系，先是回家乡福州疗伤，后又于次年转道上海，往至河南开封，经其兄邓伯宇的介绍，进入河南大学经济系就读，并在随后的三年度过其一生中极其难得的平静生活。不过，安定的生活环境，不仅没有消融其斗争的意志，反而玉成了一位卓有建树的马克思主义历史学家和中国救荒史研究园地中迄今为止最为著名的专家。当时，他在写给同学的一封信中这样说："目前困难当头，我们应该做一件扛鼎的工作，不是在战场上和敌人进行生死搏斗，就应该在学术上有所贡献，写一二种大部头的学术著作，发扬祖国的文化。"①

正是基于这样的考虑，邓拓充分利用了当时相对平稳的环境和河南大学以及附近大学大量的图书资料，孜孜不倦地致力于中国社会经济史的研究，力求在马克思主义唯物史观的指导下探寻中国社会发展的规律，他在《中山文化教育馆季刊》《新世纪》《时代周刊》等刊物上先后发表了7篇学术论文，对中国文化领域正在激

———————————

① 廖沫沙等：《忆邓拓》，第233页，福州：福建人民出版社，1980年。

烈争论着的重大历史问题，如中国奴隶社会的存在及分期问题、封建社会长期停滞的历史原因、中国古代农业手工业发展及资本主义萌芽问题等，进行了系统深入而又独到的分析，在当时的史学界产生了很大的震动。在研究过程中，有关中国灾荒问题的史料是如此触目惊心，以至引起了这位青年史学家的注意，他随时把它们汇编在一起，后又以此为选题撰成毕业论文。适值商务印书馆正在组织出版"中国文化史丛书"，邓拓即以中国救荒史为题应约，但由于各种情况的阻滞，当接到限期交稿的通知时，为时已极紧迫，邓拓不顾暑天酷热，一边写作，一边请人誊抄，夜以继日，落笔如雨，终于克尽其功。此后不久，他因从事抗日救亡运动，再次身陷囹圄。只是由于其长兄亲身赴沪，他的书稿才得以及时付梓问世。

二

当然，邓著《中国救荒史》之所以能在短时间内杀青，除了他的勤奋与博学，还与历史上悠久丰厚的救荒思想之渊源分不开。

自古以来，我国即是一个多灾的国家，灾害频度之繁、强度之深、广度之大，世所罕见，其结果不仅给广大人民的社会经济生活带来了惨重的灾难，而且危及矗立于其上的上层建筑。因此，历代封建统治阶级中比较贤明的政治家和思想家，从维护自身利益出发，也曾提出、设计和制定了不少救治灾荒的思想、措施与方法，经数千年的递嬗演进，逐步形成了一套比较完整的救荒理论和救荒机制。近代以来，特别是 20 世纪的二三十年代，伴随着内忧外患日甚一日，自然灾害也更加频繁、更加严重，以至引起了社会各界的广泛关注。许多有识之士在批判和继承古代救荒经验的基础上，运用现代科学的理论和方法，从各个不同的角度，对灾荒的成因、危害及救治的途径进行了广泛深入的思考，初步建立了具有现代科学基础的治灾救荒思想，相关著述亦蔚为大观。这就为邓拓救荒理论的形成提供了丰富的思想素材。

不过，这些著述大多只涉及某一历史时段或某一方面的灾荒、救荒问题，少有系统的探析，而且毕竟由于历史的或阶级的局限，在分析过程中不可避免地存在着片面化、绝对化和唯心主义的错误，只有邓著以其翔实的史料、缜密的分析、科学的历史观和现实主义的批判精神，成为其中的"扛鼎之作"，并将中国救荒史的研究推进到一个全新的阶段。

全书共分三编：第一编是关于历史灾荒的史实分析，作者根据各种可靠的历史资料，运用统计方法，第一次全面准确地探讨了中国历史上自远古以迄于民国历代灾荒的实况及演变趋势和特征，同时分析了灾荒的自然成因、社会成因及其相互关系，并从人口流移和死亡、农民起义、民族之间的战争、经济衰落等方面，就灾荒对社会的实际影响做了较具体的论述。第二编"历史救荒思想的发展"，首先对相应历史时期的灾荒救治思想进行了科学的归类，也就是将其分为天命主义的禳弭论、消极救济论、积极救济论三大类，其中消极救济论又分为遇灾治标论（包括赈济、调粟、养恤、除害）和灾后补救论（包括安辑、蠲缓、放贷、节约）两小类，而包括重农、仓储在内的"改良社会条件"论和包括水利、林垦在内的"改良自然条件"论则是积极救济论的主要内容；继而对各类救荒思想的内涵、特点及其社会根源和历史演进趋势亦条分缕析，系统而清晰地揭示出中国数千年救荒思想的全貌和发展脉络。以此编的分类为基础，作者在全书的重点第三编中详尽地探讨了"历代救荒政策的实施"及其利弊得失，既总结了历史上的经验教训，又为未来救荒事业的发展指明了方向。从史实、思想到政策，作者第一次全面完整地论述了中国救荒史的状况,可以说,这是该书区别于其他同类书的鲜明特点之一。

对于此部著作,作者曾在重印本序言中将其视为自己从事"中国社会经济史研究的副产物的一种"。然而,正因为它是这样一种副产物,所以作者在一开始清理中国历史上的灾荒状况和救治对策时,即将其纳入此前在历史研究过程中已经初步掌握的马克思主义的分析框架,第一次对灾荒问题进行了真正科学的论述,其作品也因此成为马克思主义救荒史学筚路蓝缕的开山之作。实际上,这也正是它之所以能够成为一部"扛鼎之作"并不同于其他救荒著述的最重要的原因。

综观初版全文,作者并无一字明言马克思主义的历史观,但却时时透析出一种唯物辩证法的精髓。在"绪言"部分阐述"灾荒"的定义时,作者即一反古今学者仅仅"以表面现象之摄取为足",而"以客观存在之一般具体事实之全内容为根据",明确指出"灾荒者,乃以人与人社会关系之失调为基调,而引起人对于自然条件控制之失败所招致之物质生活上之损害与破坏也"。他还进一步指出,"吾人欲寻求历代灾荒积累发展不断扩大再演之原因,惟有于此人与人之生产关系中求之"。基于这样的认识,他批判了以往有关灾荒成因的比较流行的"自然条件决定论""技术落后决定论"以及"人口决定论",认为"从来灾荒之发生,带根本性的原因无不在于统治阶级的剥削苛敛"。他指出,地理环境、气候变迁等自然条件固然是构成灾荒的原因之一,"但并不是终极的惟一的原因",作为一种外部条件,"惟有通过社会的内在条件,才能对社会发生影响";生产力的落后、技术的不进步,"实为自然条件得以发生作用而加害于人类的基本原因",但"不应脱离生产关系而孤立地考察生产力的发展","如果在一定的历史阶段,生产关系能够与生产力相适应,因而促进生产力的发展,那么,即使在当时的技术水平下,也可能避免天灾的袭击,或减轻灾荒的凶险程度";至于从人口的过多来解释,虽然不是完全没有道理,但绝不是"彻底之科学观察法",因为人口因素,作为一种社会条件,是离不开"在一定的社会结构中人与人的生产关系"这一"基本的社会条件"的。邓拓在这里所做的论述以及他在此后展开来的对灾荒与苛政、战争、生产技术、社会变乱和经济衰败等相互关系的分析,恰恰是以这种"彻底之科学观察法"即唯物辩证法为基准的,并有大量的历史事实为佐证,其所得出的结论较之前人也就准确和深刻得多,并为后世相当长一段历史时期内的中国救荒史研究铸定了最基本的理论框架。而且,从文中的叙述来看,作者实际上已经将主要由大自然造成的"天灾"与由此演变而来的主要由人祸造成的"饥馑之患"即饥荒区别开来,从而为后来者在解释新的社会制度下饥荒绝迹而灾害未见减少甚至愈趋扩大的矛盾现象提供了可贵的线索,作者的远见卓识,于此可见一斑。

实事求是,坚持真理,原是马克思主义历史观的本质要求,而救荒史的研究,诚如邓拓所言,其宗旨本身就在于"揭示灾荒这一社会病态和它的病原","借以探求防治的途径",所有这一切学科特质再加上邓拓自己的个性和经历,又使得他的救荒史研究充溢着秉笔直书和批判现实的锋芒。虽然我们的史学恰恰也是以"究天人之际,通古今之变"开其端绪的,但却不幸而几乎成了绝响,当时即使有不少著作对现实亦表示不满,但也大多隔靴搔痒的"但书"。邓拓则将其批判的笔触一直延伸到他所生活的那个极度黑暗而又凶险不测的年代,对国民政府时期政治的不良、剥削的严酷、军阀的混战以及救荒政策的弊端痛加针砭,这不正是一位正直的历史学家执着以求的愿为真理而献身的最高精神境界吗?

三

邓著《中国救荒史》初版以后，很快在日本被译成日文出版。1957 年，作者将原来的文言文改为语体文，由三联书店重印。1986 年，北京出版社出版《邓拓文集》时，将其收入其中的第二卷。近年，商务印书馆亦将其作为百年学术经典予以再版。从某种意义上来说，邓著是迄今为止有关中国救荒史研究的唯一的一本教科书。

不过，主要由于当时客观条件的限制，这部巨著也留下了不少的遗憾。如原稿中"近代灾荒中新的社会因素"一项初版时即被略去了，以致整部著作于民国灾荒史的状况未能尽言。中华人民共和国成立后，作者原拟花费相当的时间"加以修改和补充"，把史料补足到中华人民共和国成立时，并对历史上救荒政策的重要经验教训和若干重要论点"进一步地加以探究"，"展开来作充分的说明"，但由于众所周知的历史原因，此项工程仍付之阙如。事过境迁，当历史的车轮早已碾碎了痼蔽或阻碍学术研究的重重枷锁和绊脚石之后，当人们可以直面现实而现实的大自然又以与历史上同样的困境活生生地逼迫着当代人类的时候，进一步充实和加强中国救荒史乃至开展当代中国救灾减灾事业的研究，就显得十分必要。就此而言，当年邓拓的遗憾，客观上又为后来的研究者提供了可以任意驰骋的空间。

灾害研究的力作①

　　湖南人民出版社花 5 年的时间高质量地出版了《中国灾害研究丛书》，这是我国出版界的一件大事。该丛书在以下几个方面有很高的价值。

　　1. 社会意义、社会价值方面。从目前情况看，我国灾害非常严重，但整个社会的防灾意识很淡薄，这是一个非常尖锐的矛盾。过去我们讲灾害的严重性往往流于抽象，水灾则是"京城泽国"，旱灾则是"赤地千里"，死人则是"饿殍塞途"。20 世纪以来开始具体记录，从这些记录中可以看出，战争中死亡人数往往赶不上一次大灾害，除了抗日战争这样的长期战争。因此，灾害对社会的影响非常巨大，需要人们从思想上高度重视，而我们恰恰不是这样。举一个例子，去年水灾之后，国家明确规定，长江上游、黄河上游停止砍伐森林，但仍有一些地方在砍伐，还不准新闻记者采访。这些情况说明，提高全社会防灾抗灾的意识、观念是非常重要的。这套书全面研究了灾害问题，能够极大地提高人民群众的认识，是非常重要、非常及时的一个工作。

　　2. 学术价值方面。我国对灾害问题的研究，存在严重的不足。

---

① 该文原载《新闻出版报》，1999 年 4 月 19 日。

古代对于灾害只是一些记录，谈不上对灾害的研究。直到 1937年，邓拓同志的《中国救荒史》才较早地系统地用唯物史观来研究灾害。中华人民共和国成立以后，有了很大的变化，灾害研究有了较大的成绩，但是有一个特点，即主要从科技角度，从自然科学的角度研究，从社会的角度进行的研究非常薄弱，说得严重点几乎是空白。我们大家都知道，灾害的成因及整个过程与人的因素、社会的因素分不开，这方面所起的作用至少不小于自然因素。因此，从学术价值上说，这套丛书有那么几个成就。一是为灾害研究提供了一个框架。二是更多地从社会科学与自然科学相结合的角度开展研究，这一点是非常重要的、值得称道的。自然科学与社会科学联手，不仅灾害研究必要，其他一些学科也存在这样一个发展趋势。三是从当前的出版情况来看，这套丛书不计盈亏，怀着为学术发展作贡献、为灾害研究的深入做出努力的强烈责任心，这也是很值得称道的。

从人与自然关系的视角观察历史
——《危机与应对：自然灾害与唐代社会》简评[①]

　　随着自然灾害对人类造成生命财产损失严重后果的日益凸显，随着加强生态环境建设自觉性的日益提高，灾害学越来越引起学术界的高度关注和重视。其中，灾荒史的研究，是发展迅速、进步显著的一个重要领域。在近年来出版的多部中国灾荒史著作中，由阎守诚教授主编并由他组建的学术团队集体完成的《危机与应对：自然灾害与唐代社会》一书，是资料丰富、内容充实、颇具新见的一部。

　　唐代是我国历史上生产发展、经济繁荣、国力强盛的时期，曾经出现过封建时代著名的"盛世"。同时，也是一个自然灾害逐渐频发的时代。在这个颇具典型意义的历史时段，自然灾害发生的状况究竟如何？灾害给予唐代社会何种影响？唐代社会从政府到民间对灾害造成的危机如何应对？怎样从唐代社会的发展看待灾害的因果？本书就是对这些问题的具体而清晰的回答。可以这样说：对于唐史研究来说，本书提供了一个观察唐代社会的新视角；对于灾荒史来说，本书对一个特定历史时期做了具体的标本解剖。这些应该是这部著作的新的学术贡献所在。

---

① 该文原载《光明日报》，2009 年 4 月 25 日。

作为读者，我从这部书中得到的最深印象有以下三个方面：

一、完整再现了唐代自然灾害的真实面貌。唐代 290 年历史，灾害不断。要从十分分散而又相对稀缺的历史资料中，比较准确、完整地反映出当时自然灾害的历史情景，其难度可以想见。本书根据编著者自己研究提出的灾种分类标准，按照洪涝灾害、干旱灾害、气象灾害、生物灾害、地质灾害、火灾六大类，每类又根据特大、大、一般、微四个灾度等级，不仅具体复原了历年自然灾害的发生状况，而且还尽可能地总结出一些带有规律性的现象，如各种灾害季节发生频率、年度发生频率、时空分布规律等，为读者了解唐代自然灾害的全貌，提供了可靠的依据。如果再配合书末所附的《唐代自然灾害年表》，则对整个唐代历年灾情，就可以一目了然了。编著者所以能做到这一点，一个重要原因，在于他们的研究工作是从做"中国古代灾荒数据库"开始的。这种做法，既很好地继承了我国史学研究方法的优良传统，又充分利用了现代科研手段和方法，是很值得学习和推广的。

二、深入分析了社会与自然灾害之间的相互关系。正如本书编著者所说，"自然灾害本身具有自然属性和社会属性"，"以灾害为切入点，是观察、研究唐代历史的重要途径"。但是，如果不深入揭示灾害成因中的社会因素，不充分了解灾害对唐代政治、经济、军事、民族、文化诸多方面的全方位影响，对自然灾害的认识就只能停留在"灾象""灾情"的表面，无法给人们提供思想启示和历史借鉴。本书在这些方面做了很大的努力。如在论述唐代自然灾害发生的社会因素时，具体分析了黄河流域的屯田、长江流域的人水争地、关中地区的过度开发，怎样破坏和恶化了这些地区的生态环境，造成水土流失、土地荒漠化，进而造成这些地区水旱频仍，灾荒不断。这就用生动的历史事实，说明了如果人类违反自然规律，对自然一味掠夺和过度索取，最终就要遭到大自然的报复的道理。同时，本书还着重剖析了唐代一些重大的自然灾害怎样造成了严重的社会危机，给予了当时的政治、经济和社会生活的各个方面以深刻的影响。这方面的论述，在很大程度上加深了对唐代历史的认识。例如，藩镇割据是唐中后期历史上一个关系全局的重要问题，以往的研究，大抵都是从政治层面上加以分析，很少同自然灾害相联系。本书则指出，自然灾害对于藩镇势力的形成，中央政权关于藩镇割据的处置方略，以及藩镇本身的发展变化，都有着重大的影响。

三、全面考察了唐代社会防灾救灾的政策与措施。这是本书研究的重点，从篇幅来说，全书共 10 章，这方面的内容占了 6 章。既分析了从帝王将相到平民百姓占主导地位的自然灾害观，又厘清了唐代从中央到地方政权有关防灾救灾的一整套政治体制和运作规程；既论述了官方有关荒政的一系列方针政策和具体实践，又注意到有社会各阶层参与的民间灾害救助活动；既充分肯定政府的救灾活动在减轻灾害后果、缓解社会矛盾方面的积极作用，又如实揭露了在封建统治下救灾工作的局限性甚至存在着的种种弊端和黑幕。为了说明政权机构面对灾害引起的突发危机采取的应对措施是否及时、是否正确、是否有力，对整个社会生活影响的极端重要性，本书用两个历史事件进行了鲜明的对比。唐代末年，发生严重的旱灾和蝗灾，河南一带灾情尤重。地方政府不仅不积极救灾，反而继续征税征徭，终于激发了黄巢起义。正是这次起义成为唐王朝覆亡的直接导因。但是，在 715、716 年（开元三、四年），同样是在河南地区，同样是严重的旱灾和蝗灾，由于救治得力，灭蝗及时，百姓生活有着，社会稳定。这个历史对比是很有说服力的，它充分说明，统治权力用什么态度和方法去应对自然灾害造成的危机，不仅于灾荒后果、人民疾苦影响甚大，而且也关系到这个政权的存亡绝续。

作为科学发展观的一个重要内容，人们对人与自然的关系给予了越来越强烈的关注。党中央明确提出了要"统筹人与自然的和谐发展"，"建立良好的生态环境"，"要促进人与自然的和谐，实现经济发展和人口、资源、环境相协调，坚持走生产发展、生活富裕、生态良好的文明发展道路"。要让这些思想深入人心，成为人们的自觉意识和行动，深入研究和总结历史的经验教训，应该是不容忽视的重要一环。